高等职业教育"十三五"规划教材
"任务引领，项目驱动"型教材

室内环境质量检测

主　编　许国梁
副主编　龙建旭　王晓丽
主　审　张玉杰

武汉理工大学出版社
·武汉·

内 容 简 介

本书依据我国现行的相关规范、标准,结合土木工程室内环境检测行业的岗位要求,参照《民用建筑工程室内环境污染控制标准》(GB 50325—2020)进行编写。主要内容包括:室内空气中氡的浓度检测;甲醛的浓度检测;氨的浓度检测;苯、甲苯、二甲苯的浓度检测及 TVOC 的浓度检测等。

本书可作为高职高专土木工程检测技术等土建类相关专业的室内环境检测课程教学用书,也可作为相关工程技术人员的培训教材及参考书。

图书在版编目(CIP)数据

室内环境质量检测 / 许国梁主编.—武汉:武汉理工大学出版社,2021.7
ISBN 978-7-5629-6148-2

Ⅰ.①室… Ⅱ.①许… Ⅲ.①居住环境-环境质量-环境检测 Ⅳ.①X8

中国版本图书馆 CIP 数据核字(2021)第 148518 号

项目负责人:戴皓华	责 任 编 辑:戴皓华
责 任 校 对:张　晨	版 面 设 计:正风图文

出 版 发 行:武汉理工大学出版社
地　　　址:武汉市洪山区珞狮路 122 号
邮　　　编:430070
网　　　址:http://www.wutp.com.cn
经　　　销:各地新华书店
印　　　刷:武汉乐生印刷有限公司
开　　　本:787×1092　1/16
印　　　张:13
字　　　数:325 千字
版　　　次:2021 年 7 月第 1 版
印　　　次:2021 年 7 月第 1 次印刷
定　　　价:35.00 元

凡购本书,如有缺页、倒页、脱页等印装质量问题,请向出版社发行部调换。
本社购书热线:027-87515778　87515848　87785758　87165708(传真)
·版权所有,盗版必究·

高等职业教育"十三五"规划教材
编审委员会

主　任：张玉杰

副主任：肖志红　　汪迎红

委　员（排名不分先后）：

汪金育	伍亭垚	汤　斌	王忆雯	杜　毅
姚　勇	杨　萍	姚黔贵	姜其岩	王方顺
张　涛	龙建旭	郝增韬	王　转	王　懿
卢　林	谭　进	穆文伦	蒋　旭	王　娇
胡　蝶	罗显圣	范玉俊	许国梁	张婷婷
吕诗静				

前　言　Preface

本书按照高职高专土建类相关专业的人才培养目标、教学计划及课程标准，以《民用建筑工程室内环境污染控制标准》(GB 50325—2020)为主要依据编写。

全书分为室内环境基础知识，室内环境检测行业的发展，室内环境现场采样技术，氡的检测技术，化学检验基础，分光光度法检测甲醛及氨，气相色谱法检测 TVOC、苯、甲苯、二甲苯，室内装饰装修材料中有害物质检测共八章，读者通过本书学习，可以了解及掌握室内环境质量检测涉及的基本知识、性能和试验检测方法。本书理论联系实际，简单实用，讲述的检测技能内容详细、操作规范。

本书主要作为高职高专土木工程检测技术等土建类相关专业的室内环境检测课程教学用书，也可作为相关工程技术人员的培训教材及参考书。本书由许国梁担任主编；龙建旭、王晓丽担任副主编，张玉杰教授担任主审。

本书在编写过程中参考了大量现行规范、标准及同行的相关资料和论著，在此表示衷心的感谢。

因编者水平有限，加之时间仓促，书中疏漏之处在所难免，敬请广大读者批评指正。

编　者
2020 年 11 月

目　录　Contents

 # 室内环境基础知识

 学习目标

★ 了解室内环境、室内污染的概念。
★ 熟悉室内环境污染物、室内环境污染的特征及来源。

1.1 室内环境概述

1.1.1 环境

环境是相对于一定中心事物而言的,与某一中心事物相关的周围事物的集合就称为这一中心事物的环境。中心事物是环境最主要的属性,代表了环境服务的对象和重点,是环境的主体。与中心事物相关的周围事物就是环境客体,这些客体可以是物质的,也可以是非物质的。环境范围的大小取决于主体的影响力,存在着有效影响半径。

环境基本类型,按照环境的主体可以分为人类环境、生物环境等;按照环境的客体可以分为自然环境、人工环境等;按照环境的范围大小可以分为室内环境、建筑环境、城市环境、地球环境等。在不同的领域里,环境有着不同的主体、客体以及范围。环境的构成也存在明显差别,例如社会环境、小区环境、办公环境、学习环境、生产环境等都有着各自的特定主体。

在生态学中,环境的主体是生物,生物周围相关事物的集合称为生物环境。而在环境学中,环境有别于其他生物的环境,是指以人类为中心的外部世界,即人类赖以生存和发展的各种因素的综合体,称为人类环境。也就是说,人类环境其主体是人类,客体是人类周边的相关事物。人类环境是一个极其复杂的、互相影响和制约的综合体,周围环境中的其他生物和非生物的相关事物被视为环境要素,与人类息息相关。

1.1.2 室内环境

1.1.2.1 室内环境的概念

居室是随着人类社会的产生、发展而发展起来的,最初是人类祖先为了生存、抵御野兽、遮风避雨,基于安全的需求而建造的居住场所。随着社会经济的发展、科学技术的进步和人们生活水平的提高,人们对高质量居住条件包括对室内各种舒适环境的要求越来越高。

室内和室外一墙之隔,墙外是室外,墙内是室内。室内就是指人类为了生存和发展,用天

然材料或人工材料围隔,形成抵御雨雪、大风、寒冷、炎热及敌人的人工小环境。广义上讲,室内环境包括室内的工作、生产和生活场所,即日常工作、生活的所有室内空间,如会议室、办公室、教室、医院诊疗室、娱乐场馆、旅馆、体育场馆、健身房、舞厅、候车候机室等,以及民航飞机、汽车、客运列车等相对封闭的各种交通工具内。

自古以来,人类为了生存和发展,创造出了抵御降雨、大风、寒冷、炎热及敌人的居身之处。最初居室是为了防身而已,后来开始利用窗户自然采光、通风换气,巧妙地利用自然获得舒适的生活环境。居室的功能已不仅仅是遮风避雨,更重要的是为人类提供良好的工作与学习环境以及优雅舒适的休憩之地。室内环境是人类接触最频繁、最密切的环境之一,现代人平均80%～90%的时间是在室内度过的。因此,室内环境质量的优劣对人类的身体健康和工作效率有着重要影响。

1.1.2.2 室内环境的功能要求

建筑的功能是在自然环境不能保证令人满意的条件下,创造一个小环境来满足居住者的安全与健康以及生活、生产过程的需要,因此从建筑出现开始,"建筑"和"室内环境"这两个概念就是不可分割的。从躲避自然环境对人身的侵袭开始,随着人类文明的进步,人们对建筑物的要求不断提高,至今人们希望建筑室内环境能满足的要求包括:

(1)安全性

能够抵御飓风、暴雨、地震等各种自然灾害或人为的侵害。

(2)功能性

能够满足居住、办公、营业、生产等不同需要的使用功能。

(3)舒适性

能够保证居住者在室内的健康和舒适。

(4)美观性

能够满足亲和感,反映当时人们的审美追求。

1.1.2.3 室内环境的研究内容

室内环境是一门反映人、建筑、自然环境三者之间关系的科学,主要研究建筑内的空间环境,包括空气环境、热湿环境、声环境、光环境等。其主要内容如下。

(1)室内空气环境

室内空气环境是整个建筑室内环境中最重要的部分,其研究内容主要包括室内空气污染物对室内空气品质的影响,进而讨论室内空气品质的概念、影响因素、评价方法与控制方法,重点讨论室内空气环境监测方案的设计、室内空气样品的采集以及室内空气污染物的检测方法。

(2)室内热湿环境、声环境、光环境

室内热湿环境在室内环境中具有重要的作用,其研究内容主要包括热湿环境的物理因素及其变化规律,室内热湿环境与人体生理和心理感受的关系,室内热湿环境及其影响因素,室内热湿环境的评价及其方法,室内热湿环境的温度、湿度检测。室内声环境的研究内容包括室内声音与噪声的基本概念、度量、特性,从人的听觉生理特性出发,讨论人对噪声的反应与评价,以及噪声的检测原理与方法。室内光环境的研究内容包括室内天然光特性、影响因素、评价方法,讨论影响人工光环境质量的照明光源,人工光环境的评价方法与检测方法。

1.2 室内环境质量

1.2.1 室内环境质量的重要性

目前,室内空气质量状况不尽如人意,室内污染程度比室外严重,病态建筑综合征案例增多,室内空气质量的重要性和迫切性日显突出,已经引起全球各国政府、公众和研究人员的高度重视。这主要是由于以下几方面原因造成。

(1)室内环境是人们接触最频繁、最密切的环境。在现代社会中,人们至少有80%以上的时间是在室内度过的,与室内空气污染物的接触时间远远大于室外。因此,室内空气的品质直接关系到每个人的健康。

(2)室内空气中污染物的种类和来源日趋增多。由于人们生活水平的提高,家用燃料的消耗量、食用油的使用量、烹调菜肴的种类和数量等都在不断地增加。另外,随着工业生产的发展,大量挥发出有害物质的建筑材料、装饰材料、人造板家具等产品不断地进入室内。这都使得人们在室内接触的有害物质的种类和数量比以往明显增多。据统计,至今已发现的室内空气中的污染物就有3000多种。

(3)建筑物密封程度的增加,使得室内污染物不易扩散,增加了人与污染物的接触机会。随着世界能源的日趋紧张,包括发达国家在内的许多国家都十分重视节约能源,因此,许多建筑物都被设计和建造得非常密闭,以防室外过冷或过热的空气影响到室内的适宜温度。这就严重影响了室内的通风换气,使得室内的污染物不能及时排出室外,在室内造成大量的聚积,并使得室外的新鲜空气不能正常地进入室内,从而严重地恶化了室内空气品质,对人体健康造成极大的危害。

1.2.2 室内环境的污染

1.2.2.1 室内环境污染的概念、特征及污染源

(1)室内环境污染的概念

室内环境污染主要指室内空气污染,是指室内正常空气中引入能释放有害物质的污染源或室内环境通风不佳而导致室内空气中有害物质的数量、浓度和持续时间超过了室内空气的自净能力,导致空气质量恶化,对人们的健康和精神状态、生活、工作等方面产生影响的现象。

室内空气污染往往比室外空气污染的危害更为严重,空气中的微粒、细菌、病毒和其他有害物质日积月累地损害着人们的身体。我国20世纪80年代以前,室内空气污染物主要是燃煤所产生的二氧化碳、一氧化碳、二氧化硫、氮氧化物等;20世纪90年代末期,随着住宅装修热的兴起,由装饰材料所造成的污染成了室内空气污染的主要来源,甲醛和苯成为主要室内空气污染物。特别是空调的普遍使用,要求建筑结构有良好的密闭性能,以达到节能的目的,而现行设计的空调系统多数新风量不足,在这种情况下极易造成室内空气质量的恶化。

(2)室内环境污染的特征

室内环境污染具有累积性、长期性、多样性的特征。

① 累积性：从污染物进入封闭的室内导致污染物浓度升高，到排出室外污染物浓度逐渐趋于零，需要经过较长的时间。室内的各种物品，如建筑装饰材料、家具、家用电器、计算机、复印机、打印机等都可能释放出一定的化学物质，在室内逐渐积累，导致污染物的浓度增大，构成对人体的危害。通风环境较好的室内环境中污染物的浓度一般较低。

② 长期性：大多数人大部分时间处于室内，即使浓度很低的污染物，长期作用也会影响人体健康。

③ 多样性：室内环境污染物种类具有多样性特征，有生物性污染物，如细菌等；化学性污染物，如甲醛、氨气、苯、甲苯、一氧化碳、二氧化碳、氮氧化物、二氧化硫等；还有放射性污染物氡气及其衰变子体等。同时室内污染物来源也具有多样性。

（3）室内环境污染源

室内环境污染源按污染物的性质分为化学污染源、物理污染源和生物污染源。

① 化学污染源：主要包括从装修材料、家具、玩具、燃气热水器、杀虫喷雾剂、烟草、化妆用品、涂料等中释放或排放出来的氨、氮氧化物、硫氧化物、碳氧化物等无机污染物，以及甲醛、苯、二甲苯等有机污染物。

② 物理污染源：主要包括室外交通工具产生的噪声，室内灯光照明不足或过亮，温度、湿度过高或过低所引起的相关问题及石棉污染等，地基、井水、砖、混凝土、水泥中释放出来的氡气及其衰变子体，还有大理石台面、洁具、地板等释放的 γ 射线。

③ 生物污染源：主要包括垃圾、湿霉墙体产生的细菌、真菌类孢子和花粉，藻类植物呼吸放出的二氧化碳，人在活动、烹饪、吸烟时产生的废气及烟雾，人、宠物的代谢产物（如皮屑、碎毛发、排泄物、口鼻分泌物等）等。

1.2.2.2 室内环境污染物

（1）室内环境污染物的存在状态

室内环境污染物一般分为气态、蒸气态污染物和颗粒、气溶胶污染物。

① 气态、蒸气态污染物：气态污染物是指在常温下以气体形式分散在空气中的污染物，常见的有一氧化碳、氮氧化物、氯气、氟化氢、臭氧、甲醛和各种易挥发性有机化合物。蒸气态污染物是指某些在常温、常压下是液体或固体（如苯、汞是液体，酚是固体）的物质，由于它们的沸点低，挥发性大，因而能以气态挥发到空气中。气体、蒸气分子的运动速度都较快，因此在空气中扩散快并分布比较均匀。污染物的相对密度决定其扩散情况，相对密度小者向上飘浮，相对密度大者向下沉降。受温度和气流的影响，它们随气流以相等速度扩散，故室内空气中许多气态、蒸气态污染物常能污染到很远的地方。

② 颗粒、气溶胶污染物：颗粒大小以颗粒的物理性状或直径来表示，或者根据颗粒的光学、电学或气体动力学的性质确定。细小颗粒能聚集或凝集成较大颗粒，较大的颗粒多具有固体物质的特点，它们受重力影响很大，很少聚集或凝集。颗粒物的化学性质受颗粒的化学组成和颗粒表面可能吸附的气体性质影响，在某些情况下颗粒和可吸附的气体结合，会产生比各单个组分更大的毒性。

任何固态或液态物质当以小的颗粒形式分散在气流或空气中时都叫作气溶胶，其沉降速度极小。气溶胶状态的物质包括粉尘、烟、煤烟、尘粒、轻雾、浓雾、烟气等。

气溶胶按其形成的方式不同,可分为分散性气溶胶、凝聚性气溶胶和化学反应性气溶胶。分散性气溶胶是以液体泡沫或固体粉末飞散到空气中而形成的,属于液体分散性的有硫酸雾、碱雾及喷洒的杀虫剂等,属于固体分散性的有风沙扬尘、各种建筑物粉尘等。这一类气溶胶颗粒较大,分散度范围较宽。凝聚性气溶胶如在厨房中的烹调油烟等,是相对分子质量高的食用油在高温下分解、挥发出的相对分子质量低的油蒸气,在空气中遇冷凝聚成油雾,并与燃料燃烧产物相凝结所形成的气溶胶。化学反应性气溶胶是许多原生污染物进入空气后,发生一系列的化学反应,从而产生许多新的化学物质,有的形成颗粒状物质,飘浮在空气中形成气溶胶,如硫在一定条件下氧化形成三氧化硫,进一步与水蒸气结合形成硫酸,再与空气中的无机尘粒形成各种硫酸盐气溶胶。在一般情况下,污染物质以多种状态存在于空气中。一般认为多环芳烃是颗粒状物质,但实际上在空气中,如苯并[a]芘蒸气与苯并[a]芘的颗粒物是混存的。又如金属铅主要以气溶胶状态存在于空气中,同时也有蒸气态的铅。

颗粒物是空气污染物中固相的代表,是污染物的主体,因其多形、多孔和具有吸附性成为多种物质的载体,是一类成分复杂、能较长时间悬浮于空气中,可飘行至几千米至几十千米的主要污染物。室内的悬浮颗粒来源很多,主要来自室外燃煤、工业排放、机动车、水泥生产、建筑工地和地面扬尘、生活炉灶及吸烟和家用电器等。这些颗粒成分很复杂,除一般尘埃外,还有炭黑、石棉、二氧化硅、铁、镉、砷、多环芳烃类等 130 多种有害物质,在室内经常可以测出的有 50 多种。因此,悬浮颗粒物是多种有害物质进入人体的载体,通过人的呼吸,将有害物带入人体。能进入呼吸道的直径为 $10\mu m$ 的颗粒物为可吸入颗粒物,有 60% 以上的细颗粒物(PM2.5)更值得关注。

颗粒物分为液态、固态两种状态,同时存在于空气中,其存在形态、化学成分、密度各异,具有重要的生物学作用。

飘尘的特征是具有吸湿性,能形成表面吸附性很强的凝聚核,能吸附有害气体、金属微粒及致癌性很强的苯。飘尘表面具有催化作用,如三氧化二铁(Fe_2O_3)微粒表面吸附二氧化硫经催化作用转化为三氧化硫,吸水后转化为硫酸,毒性比二氧化硫至少高 10 倍。

(2)室内环境主要污染物

室内环境污染物主要包括氨、臭氧、甲醛、苯、甲苯、二甲苯、二氧化碳、一氧化碳、二氧化硫、二氧化氮、可吸入颗粒物、挥发性有机物、苯并[a]芘、尘螨、细菌、花粉、军团菌、病毒、氡等。

(3)室内环境污染物来源

室内环境污染物主要来源包括室外来源和室内来源两个方面。

① 室外来源

室外空气中的各种污染物如二氧化硫、氮氧化物、铅尘、颗粒物、汽车尾气、植物花粉、真菌孢子、动物毛皮屑、昆虫鳞片等,都能通过门窗、通风孔等途径直接进入室内。房屋地基中含有某些可逸出或挥发出有害物质,如氡及其衰变子体,建房前遗留的某些农药、化工原料、汞等污染物,通过地基的缝隙可逸入室内。用于饮用、室内淋浴、冷却空调、加湿空气等方面的质量不合格的生活用水,以喷雾形式进入室内,不合格的水中可能存在致病菌或化学污染物如军团菌、苯等。

由于人们工作环境不同、出入场所不同,可把室外的污染物人为带入居室内,污染物也可通过楼房内的厨房排烟道从邻居家中传来。周围建筑物对室内光照、色彩能产生影响,铁路、街道和工厂等附近的房屋,还会受到火车、汽车、机器等产生的噪声污染影响。

②室内来源

A. 室内建筑、装饰材料。建筑材料是建筑工程中所使用的各种材料及其制品的总称。建筑材料的种类繁多,有金属材料如钢铁、铝材、铜材等,非金属材料如砂石、砖瓦、陶瓷制品、石灰、水泥、混凝土制品、玻璃、矿物棉等,植物材料如木材、竹材等,合成高分子材料如塑料、涂料、胶黏剂等。另外,还有许多复合材料。装饰材料是指用于建筑物表面(墙面、柱面、地面及顶棚等)起装饰效果的材料,也称饰面材料,如地板砖、地板革、地毯、壁纸、挂毯等。装饰材料中的某些成分对室内环境质量有很大影响,对人的不良反应主要表现为全身不适、皮疹、鼻塞、眼花、头痛、恶心、疲乏等,如有些石材和砖中含有高本底的镭,可蜕变成放射性很强的氡,能引起肺癌。另外,很多有机合成材料可向室内空气中释放甲醛、苯、甲苯、醚类、酯类等许多挥发性有机物,有人已在室内空气中检测出500多种有机化学物质,其中有20多种有致癌或致突变作用。有时尽管有机化学物质浓度不是很高,但它们的长期综合作用,可使室内的人群出现不良建筑物综合征及与建筑物材料污染相关的疾病,装有空调系统的建筑物内尤其突出。

B. 室内燃料燃烧产物。我国常用的生活燃料有:固体燃料,主要是原煤、蜂窝煤和煤球,用于炊事和取暖;气体燃料,主要有天然气、煤气和液化石油气,是我国城市居民的主要家用燃料。另外,少数农村地区,还有使用生物燃料作为家庭取暖和做饭的燃料。煤的燃烧伴有各种复杂的化学反应,如热裂解、热合成、脱氢、环化及缩合等反应,产生不同的化学物质。气体燃料的燃烧产物是一氧化碳、氢氧化物、甲醛和颗粒物等。生物燃料主要指木材、植物秸秆及粪便(主要指大牲畜如牛、马、骆驼等的干粪),燃烧的主要污染物有悬浮颗粒物、碳氢化合物和一氧化碳等。

C. 烹调油烟。烹调是家庭居室室内空气污染物的主要来源之一。烹调油烟是食用油加热后产生的,通常炒菜温度在250℃以上,油中的物质会发生氧化、水解、聚合、裂解等反应,随沸腾的油挥发出来。烹调油烟是一组混合性污染物,有200余种成分。烹调油烟的毒性与原油的品种、加工精制技术、变质程度、加热温度、加热容器的材料和清洁程度、加热所用燃料种类、烹调物种类和质量等因素有关。烹调油烟中含有多种致突变性物质,它们主要来源于油脂中不饱和脂肪酸和高温氧化或聚合反应。

D. 吸烟烟雾。吸烟是室内污染物的重要来源之一。烟雾的成分复杂,目前已鉴定出3000多种化学物质,很多是致癌、致畸、致突变的物质。它们在空气中以气态、气溶胶状态存在,其中气态物质占90%以上。气态污染物有一氧化碳、二氧化碳、氮氧化合物、氰化氢、氨、甲醛、烷烃、烯烃、芳香烃、含氧烃、亚硝胺、联氨等。气溶胶状态物质主要成分是焦油和烟碱(尼古丁),每支香烟可产生0.5~3.5mg尼古丁。焦油中含有大量的致癌物质,如多环(三环至八环)芳烃、砷、镉、镍等。

E. 家用化学品。有些家庭常用的物品和材料中能释放出各种有机化合物如苯、三氯乙烯、甲苯、三氯甲烷和苯乙烯等,或者其本身含有毒有害物质(如铅、汞、砷等),对人体健康产生危害。家用化学产品包括洗涤剂、消毒剂、化妆品、樟脑丸、灭鼠剂、化肥、医药品、蜡烛等。

F. 家用电器。长期接触家用电器会患家电综合征。电视机、计算机屏幕会产生电磁辐射,在其表面和周围空气产生静电,使灰尘、细菌聚集,当人接触屏幕后,它们将附着于人的皮肤表面而造成疾病。各种家用电器在使用时均会产生噪声,如冰箱为 $30\sim40dB$,电吹风为 $80dB$,洗衣机为 $40\sim80dB$,电视机为 $65dB$。长期使用会使人情绪低落、易烦躁,精神受到损伤。燃气热水器造成室内一氧化碳、二氧化碳的污染,在燃烧时还能产生氮氧化物、二氧化硫等污染物。电话机的细菌污染可直接侵害人的呼吸系统,加湿器中的细菌可随水汽散发到室内空气中,洗衣机中的细菌可污染被洗的衣物。故应定期清除家电中的灰尘、微生物,尤其是在细菌容易滋生的地方。

G. 人体排出物。科学家经过研究发现,人体内的大量新陈代谢废物主要通过呼出气、大小便、汗液等排出体外。人在室内活动,会增加室内温度,促使细菌、病毒等微生物大量繁殖。人呼出的气中主要含有二氧化碳和其他代谢废气,如氨等内源性气态物质。此外,呼出气中还可能含有一氧化碳、三氯甲烷等数十种有害气态物质,其中有些是外来物的原型,有些则是外来物在体内代谢后产生的气态产物。呼吸道传染病患者和带菌者通过咳嗽、喷嚏、谈话等活动,可将其病原体(如流感病毒、结核杆菌、链球菌等)随口腔飞沫喷出,污染室内空气。皮肤是最大的污染源,经它排泄的废物多达 271 种、汁液 151 种,这些物质包括二氧化碳、一氧化碳、丙酮、苯、甲烷等,造成空气污染。

H. 公共场所污染物。公共场所是指人们公共聚集之地,包括购物、休息、娱乐、体育锻炼、求医等公共福利事业的场所,其功能多样,服务对象不尽相同,且流动性大。功能不同的公共场所存在着不同的污染因素,通过空气、水、用具传播疾病和污染室内环境,危及人体健康。

I. 饲养宠物。宠物身上的寄生虫以及其代谢产物、毛屑都含有真菌、病原体,不仅能直接传染疾病,且污染环境,使室内有特殊的臭味。对于皮屑、皮毛和飘起的尘埃,人体会直接吸入产生病源而致病。

随着人们生活水平的提高,室内空气污染物的来源和种类日益增多,同时,建筑物密闭程度的增加使得室内空气污染物的浓度增大,进一步提高了室内空气的污染程度。实际上,室内空气污染物的来源是非常广泛的,而且一种污染物也可以有多种来源,同一种污染源也可产生多种污染物。掌握其各种来源是十分必要的,只有准确了解各种污染物的来源、形成原因以及进入室内的各种渠道,才能更有针对性、更有效地采取相应措施,切断接触途径,真正达到预防的目的。

 思考题

1. 什么是室内环境?室内主要污染物和室内空气污染的特征有哪些?
2. 室内环境的功能有哪些?室内环境的研究内容有哪些?

 **室内环境检测行业的发展**

 学习目标

★ 了解室内环境检测行业的产生、发展过程。

★ 熟悉室内环境检测治理应该注意的误区。

2.1 室内环境检测行业的产生过程

室内环境检测行业的产生主要经过了发现问题、制定标准、行业形成与不断发展三个阶段。

2.1.1 发现问题阶段

2.1.1.1 室内环境污染案件频频发生

中央电视台名牌栏目《今日说法》曾以"尘封的新房"和"怪病的来路"为题连续播放了两起分别发生在上海和广东的室内环境污染案件，引起了全社会的广泛关注。因装饰装修和家具造成的室内环境污染事件频频出现使得人们对室内环境状况尤为重视。

早在 2004 年，美国职业安全和健康研究所调查了 11039 名曾在甲醛超标环境中工作 3 个月以上的工人，发现有 15 名死于白血病，美国国立癌症研究所调查了 25019 名工人，发现有 69 名死于白血病，死亡比例略高于普通人群，相对危险度随着甲醛浓度的增高而增加，所以推测甲醛可能与白血病发生有关，认为甲醛可能引发白血病。

我国发布的流行病学统计，白血病的自然发病率较高，每年约新增 4 万名白血病患者，其中 40% 是儿童，而且以 2~7 岁的儿童居多。家庭装修导致室内环境污染，被认为是导致城市白血病患儿增多的主要原因。2001 年北京儿童医院统计就诊的城市白血病患儿中，有九成以上的患儿家庭在半年内装修过。2004 年深圳儿童医院与有关部门曾对新增加的白血病患儿进行了家庭居住环境调查，发现 90% 的小患者家中在半年之内曾经装修过。

调查证实，在现代城市中，室内空气污染的程度比户外高出很多倍，更重要的是 80% 以上的城市人口，七成多的时间在室内度过，而儿童、孕妇和慢性病人，因为在室内停留的时间比其他人群更长，受到室内环境污染的危害就更加显著，特别是儿童，他们比成年人更容易受到室内空气污染的危害。一方面，儿童的身体正在成长发育中，同等体重下呼吸量比成年人高近

50%；另一方面，儿童有 80% 的时间生活在室内。

很多触目惊心的报道都源于室内装修污染。据国家权威部门公布：全国每年由室内空气污染引起的死亡人数已达 11.1 万人，平均到每天大约是 304 人。中国室内装饰协会环境检测中心透露的这个数字，恰好相当于全国每天因车祸死亡的人数，室内装修污染防治已是刻不容缓。

2.1.1.2 医学专家发布室内环境污染伤害警示

世界卫生组织已将室内空气污染归为危害人类健康的五大环境因素之一，也将室内空气污染与高血压、胆固醇过高症以及肥胖症等共同列为人类健康的十大威胁。据统计，全球近一半的人处于室内空气污染中，室内环境污染已经引起 35.7% 的呼吸道疾病，22% 的慢性肺病和 15% 的气管炎、支气管炎和肺癌。

甲醛已经被世界卫生组织确定为一类致癌物，并且认为甲醛与白血病发生之间存在着因果关系。目前甲醛是我国新装修家庭中的主要污染物，儿童是室内环境污染的高危人群，甲醛污染与儿童白血病之间的关系应该引起全社会关注。

医学研究证明，室内环境中的铅、铬、汞等重金属，甲醛、苯、甲苯、酚等有机溶剂均可严重损害肾脏，在一般室内装饰装修材料和用品中可以发现一些化学元素与急性和慢性肾病有关联，过敏者接触这些有机溶剂，短时间内就可能导致肾功能损伤。同时，室内环境中的甲醛、苯污染作为过敏源也会导致和加剧肾病的发作。人们接触高浓度有机溶剂毒物几天至几周内，出现少尿、浮肿症状，实验室检查可见血尿素氮、肌酐升高，尿糖、尿蛋白、尿酶亦升高，甚至出现急性肾功能衰竭。若长期接触低浓度有机溶剂毒物，会导致肾炎综合征或肾病综合征，或加重原有慢性肾脏病变，加速发展为尿毒症。

孕产期妇女和婴儿是最易受室内环境污染伤害的高危人群，室内空气中的污染物质对其造成的伤害更加严重。主要表现为：复合木地板和人造板等装饰装修材料中的游离甲醛不仅是可疑致癌物，还可能引起妇女月经紊乱和月经异常。当室内空气中甲醛浓度每立方米在 0.24～0.55mg 时，40% 的适龄女性主诉有月经不规则；装饰装修使用的油漆、涂料和胶黏剂造成的苯污染容易造成胎儿发育畸形和流产。医学研究证明，妇女对苯的吸入反应格外敏感，妊娠期妇女长期吸入苯会导致胎儿发育畸形和流产；建筑、装饰材料产生的污染容易造成女性不孕和胎儿畸形，还会对新婚夫妇的生殖能力产生影响。

中国室内装饰协会室内环境监测中心常发布警示，提醒消费者警惕室内环境污染对儿童和老人健康造成的危害。调查表明，老人、儿童和婴幼儿在居室内活动的时间更长，所以更容易受到室内空气污染的危害，室内环境污染对这一群体的危害不容忽视。

2.1.2 制定标准阶段

2.1.2.1 室内环境受到人们的重视

进入 21 世纪以后，我国开始加紧对环境污染的治理工作，将环境污染的治理提升到前所未有的高度，其中也包括室内环境污染的治理和控制。随着人们日常生活水平的提高，室内空气污染越来越受到人们的重视，不少消费者搬进新居前都要经过长时间通风，甚至请专业人员对室内进行环境检测，以保证自己和家人的身体健康。室内环境，从来没有像今天这样牵动着千家万户的心。国家有关部门多次指出室内环境问题关系居民身体健康,已经成为广大群众关注和议论的热点,由于装饰材料和家具涂料有害物质的释放而引起中毒的现象越来越多,必须引起重视,并要求有关部门立即研究技术质量标准和检查监督、惩处方法。

2.1.2.2 室内环境污染控制进入民用建筑工程

2001 年 1 月 8 日,承建北京重点工程之一北京顺义国际学校工程的中集建设集团与中国室内装饰协会室内环境检测中心正式签订了首例工程室内环境控制检测实施合同,说明我国的建筑施工质量管理进入了一个新的阶段。

同年,中国室内装饰协会室内环境监测中心正式成为国际室内空气质量与气候协会(ISIAQ)会员单位,这说明我国室内环境事业的发展受到了国际的认可,同时也标志着我国室内环境检测治理行业开始与国际同行业接轨。

为了预防和控制民用建筑工程中建筑材料和装修材料产生的室内环境污染,保障公众健康,维护公共利益,做到技术先进、经济合理,2001 年 11 月,建设部与国家质量监督检验检疫总局联合发布了《民用建筑工程室内环境污染控制规范》(GB 50325—2001)强制性国家标准。规范要求对于新建、扩建和改建的民用建筑工程,由建筑材料和装修材料产生的室内环境污染,竣工验收时必须进行室内环境污染物浓度检测,主要为必须严格限制甲醛、苯、TVOC、氨、氡这五项有害气体含量。2010 年 8 月修订发布了《民用建筑工程室内环境污染控制规范》(GB 50325—2010);2020 年 1 月再次修订发布了《民用建筑工程室内环境污染控制标准》(GB 50325—2020),并于 2020 年 8 月 1 日起施行。

依据《民用建筑工程室内环境污染控制标准》(GB 50325—2020)这部强制性验收标准,对新建、扩建和改建的民用建筑竣工后的工程项目室内环境污染进行验收检测,室内环境污染物浓度检测结果全部符合该规范的规定时,可判定为室内环境质量合格。室内环境质量验收不合格的民用建筑工程,严禁投入使用。

2.1.3 行业形成与不断发展阶段

从 20 世纪 80 年代开始,我国室内检测治理行业就已经开始起步。随着我国改革开放以后经济的快速发展和工业化、城市化水平的不断提高,在人们享受现代文明和社会繁荣的同时,建筑、装修、家具和现代化的家电、办公器材等造成的室内环境污染相伴而生,并成为影响人们健康的一大杀手。据监测,室内空气污染是室外的 5~10 倍,在特殊情况下可达到 100 倍。室内空气中可检出 500 余种挥发性有机物,某些有害气体浓度可高出户外十倍乃至几十倍,其中 20 余种是致癌物,人们逐渐意识到室内环境污染对人体的危害,于是专门从事室内环境检测和治理的行业应运而生。1987 年,国内第一家专业从事优化室内空气品质的高新技术企业成立,经过多年的发展,目前这一行业已经形成了一个比较完整的新兴行业链。2003 年初,"非典"极大地推动了人们室内环境质量意识的提高,带动室内环境监测行业进入了新一轮快速发展阶段。

目前,我国室内环境检测治理行业已经发展成为包括空气净化器,空气净化材料,空调净化和清洗系统,具有净化功能的室内装饰装修材料,具有节能功能的热交换系统,室内污染环境检测、控制、评价系统的一个相对完整行业体系。其主要表现为:①全社会室内环境保护意识得到了迅速提高,而且形成一种全社会的共识;②室内环境保护的标准体系已基本形成;③室内环境检测治理和净化产品已经形成规模。

随着雾霾连续不断地污染我国大部分地区,且愈演愈烈,同时大气环境污染又直接影响室内环境,进而影响人们的身体健康和工作以及生活。人们室内环境意识的不断增强和国家对室内环境质量的相关知识的大力普及,导致室内环境监测和治理受到人们的广泛关注。目前,市场上已出现一批室内环境监测机构及室内环境污染治理公司,人们也逐渐认识和关注室内环境监测行业。在一些发达省市(主要集中在北京、上海、浙江、广东、福建、江苏)出现了上百家从事室内净化治理产品生产或代理的企业,目前我国从事室内净化治理产品生产或代理的企业已达到200余家。

广大消费者对室内环境污染的普遍重视也给室内环境污染净化治理提供了商机。目前,室内环境检测行业相对是一个新兴产业,我国的相关管理部门对于室内环境的检测标准以及检测机构资质认证的规定尚未健全,同时对于室内环境污染治理的标准和机构资质的认定方案尚不完善,因此在我国室内环境检测治理行业一片欣欣向荣的发展景象之下,同时也暴露出来很多问题。主要表现为:管理部门不明确,室内空气污染治理市场比较混乱,某些未获得检测资质或有检测资质而不具有检测能力的机构(或公司)充斥市场,检测数据失真,误导客户,使用非标准检测方法,不公平竞争竞相压低检测费用等。

2.2 开展室内环境检测治理的误区

室内环境污染早已被联合国卫生组织确认为"第三代环境污染",室内环境治理在国外起步较早,并形成了一定规模,行业管理规范,发展较为成熟,我国的室内环境治理起步相对较晚,相关行业规范和管理制度尚不完善。另外,室内环境污染事件层出不穷,广大消费者对室内环境检测的需求十分迫切,而检测市场混乱,鱼目混珠,这些都是目前开展室内环境检测治理所面临的问题。

室内空气污染治理是指在民用建筑设计、建设、装饰装修等过程中,以我国已经颁布实施的室内空气质量标准或规范中的检测标准和判定标准为依据,对建筑材料、装饰装修材料进行选择,对施工全过程中能引起室内空气污染的污染源进行预测和分析,并治理污染物以及治理后检测质量并验收,以满足人们的正常生活呼吸安全需要,保有健康的生活环境。

尽管我国室内空气质量标准和规范的实施和执行已经有多年,但是,由于室内环境保护和污染治理是一个新兴产业,人们对室内空气质量的重视程度不同,对室内环境重要性的认识也不一致,因此,对于室内环境检测治理还存在许多认识上的误区,重点表现在如下几方面:

(1)先建设后治理

这一现象的产生是由于对室内空气污染治理认识不足。从我国现有颁发的室内空气质量相关标准和规范的内容来看,没有一部标准或规范在建筑工程和装饰装修工程施工过程中,列出防止污染的施工工艺。从民用建筑建设的现状来看,只是规定了材料的检测,而没有对相关使用量、承载度提出细致的控制要求。从而导致建筑工程、装饰装修工程或多或少地存在室内环境污染现象,只是污染物种类的多少和污染量大小不同。值得一提的是,目前所有室内环境污染治理中并没有一蹴而就的技术和产品,只是这些技术和产品降低室内环境中污染物含量的能力大小、时间长短不同而已。换句话说,对由建筑材料、室内装饰装修引起的室内环境污染的治理是一个长期和复杂的过程。因此,要真正实现"绿色"住宅、"绿色"建筑,我们还有很长的路要走。

(2) 只重视检测而轻视治理

由于《民用建筑工程室内环境污染控制标准》(GB 50325—2020)是强制性的国家标准,必须严格执行。在工程竣工验收时,必须进行室内环境检测,并在工程报验时提供检测报告。因而,大部分建筑业主和建设单位,把室内环境检测作为一个程序来机械地执行,没有把室内环境检测和治理从维护室内人员健康与安全角度来认识和考虑。只是简单地进行室内环境中五项污染物的检测,并没有认真分析引起室内环境污染的原因和潜在因素,大部分建筑工程缺少对环境污染的分析与综合治理。

(3) 凭气味来判断是否有污染

几乎所有的在建、改建和扩建民用建筑工程、装饰装修工程,人们都能感受到室内环境中存在不同的气味。因此,人们习惯性地凭个人对室内空气的气味来判断是否有污染。其实在室内环境中存在多种有毒有害气体,有的气体在污染比较严重的情况下其浓度大于人的嗅味阈值,才可以感受到明显的异味,而且还存在个体差别,不同的人对不同的污染气体嗅味阈值也存在很大差别。另外,室内空气中很多污染物是没有气味的,如放射性污染物氡就是没有气味的,而室内可挥发性有机化合物(VOCs)至少有数百种,由于它们单独的浓度低,人的嗅觉是闻不到气味的,因此凭气味来辨别是否有污染物是不准确的。

(4) 只要装修时全用合格的材料就没有室内空气污染

这种认识表面上行得通,但实际室内污染情况却不是这样,这要从合格装饰材料的含义讲起。我们所讲的合格材料是指受检材料中有害物质释放量小于或等于国家标准规定的限量值,如人造板及其制品的甲醛释放量小于或等于 1.5mg/L,而国家标准中对人造板材中 VOCs 含量并没有设定限量标准。即使室内采用的人造板材都合格,但在相对狭小的室内空间中,同一种材料的使用量、承载度超过一定值,这些装饰材料中的污染在室内空气中形成累积效应,也会产生严重的空气污染。

(5) 过分依赖植物去除室内污染物

在新装修好的居室内放几盆绿色植物,能适当减少空气污染。例如一些家庭在居室里种植龟背竹、虎尾兰和芦荟等,放置茶叶、柠檬、菠萝等,可吸收掉部分有害气体。事实表明,这些物品的确有一定的祛除和吸附有害气体的功用,但其作用小之又小,并不能从根本上消除有害气体,更不能解决室内污染物问题。因为某些植物的叶片、根部及土壤虽然对不同的有害气体有一定的吸附和分解作用,但植物吸附作用速度慢、时间长,而且吸附分解量有限,对于因装饰装修材料而产生的室内空气污染物及其污染量来说,其效果可以忽略不计。此外,有人在室内放上几包活性炭、竹炭,气味似乎减轻了一些,可没几天,又开始头晕、气喘,甚至流眼泪,这种去除室内污染物的方法也是不可取的。

总之,改善或解决室内污染问题是一项艰巨的任务和庞大的系统工程。实现室内环境污染的有效控制措施涉及基础理论研究、环境意识、标准建设、经济实力、技术水平、管理水平等多方面的问题。因此,必须转变传统观念和控制思路,建立动态的、全过程的、系统的控制理念。

过程控制也是解决室内环境污染问题的有效途径。室内环境污染问题是"过程"的产物,是室内污染过程和控制过程对立统一的结果。只有在污染的形成过程中实施过程控制,才能有效地解决室内外环境污染问题。主要措施为:①加大环境执法力度;②积极推行清洁生产,从根本上防止和减少污染物的产生;③采用通风、净化等技术手段,降低室内环境污染程度。

 思考题

1. 简述我国室内环境检测行业的发展过程?
2. 室内环境检测治理的误区主要有哪些?

3 室内环境现场采样技术

学习目标

★ 掌握我国室内环境检测的相关标准及污染物种类。

★ 了解室内环境样品采集方案的制定方法,以及了解采样仪器和采样效率。

★ 熟悉采样的布点原则及方法,采样的一般步骤,采样仪器的组成,采样的时间。

★ 了解采样的注意事项。

3.1 室内环境国家标准解读

任何检测和试验工作都要依据一定的方法标准,这是进行检测检验工作的前提。采用不同的检测方法和检测仪器所得到的数据会产生一定的出入,进行室内环境的检测试验也是同样的道理。目前,控制室内环境污染物指标的国家标准主要有两个:一个是由国家市场监督管理总局和住房和城乡建设部联合发布,并于 2020 年 8 月 1 日起实施的《民用建筑工程室内环境污染控制标准》(GB 50325—2020);另一个是由国家质量监督检验检疫总局、卫生部、国家环境保护总局联合发布,并于 2003 年 3 月 1 日起实施的《室内空气质量标准》(GB/T 18883—2002)。由于检测标准直接影响检测结果的可靠性,所以在室内环境检测工作开始之前,有必要对上述两个国家标准进行解读。

3.1.1 《民用建筑工程室内环境污染控制标准》(GB 50325—2020)要点解读

3.1.1.1 简介

根据"关于印发《二〇〇〇至二〇〇一年度工程建设国家标准制订、修订计划》的通知"(建标〔2001〕87 号)的要求,由河南省建筑科学研究院会同苏州市卫生检测中心、国家建筑工程质量监督检验中心、河南省辐射环境监测管理站、苏州城建环保学院、南开大学、清华大学组成编制组共同编制完成《民用建筑工程室内环境污染控制规范》(GB 50325—2001),于 2001 年 11 月 26 日建设部以建标〔2001〕263 号文批准,并会同国家质量监督检验检疫总局联合发布。根据住房和城乡建设部"关于印发《2008 年工程建设标准制订、修订计划(第一批)》的通知"(建标〔2008〕102 号)的要求,河南省建筑科学研究院有限公司和泰宏建设发展有限公司会同有关单位,在 GB 50325—2001 基础上,考虑了我国建筑业目前发展的水平,建筑材料和装修材料工业发展现状,结合我国新世纪产业结构调整方向,并参照了国内外有关标准规范,修订完成了《民用建筑工程室内环境污染控制规范》(GB 50325—2010)。根据住房和城乡建设部"关于印发《2016 年工程建设标准规范制订、修订计划》的通知"(建标函〔2015〕274 号)的要求,标准编制组开展了"中国室内环境概况调查与研究""中国室内氡研究"等课题调查研究,基本摸清了我国室内污染状况和影响室内环境质量的主要因素及其影响大小,总结了我国民用建筑工程室内环境污染控制方面的实践经验,同时参考了世界卫生组织(WHO)、美国《新甲醛法案》、国际标准化组织(ISO)等国外先进技术法规、技术标准,为《民用建筑工程室内环境污染控制标准》(GB 50325—2020)的修订提供技术支持。该标准共分 6 章和 5 个附录。主要内容包括总则、术语和符号、材料、工程勘察设计、工程施工、验收等。

3.1.1.2　名词解释

民用建筑工程(Civil Building Engineering):新建、扩建和改建的民用建筑结构工程和装饰装修工程的统称。

环境测试舱(Environmental Test Chamber):模拟室内环境测试装饰装修材料化学污染物释放量的设备。

表面氡析出率(Radon Exhalation Rate from the Surface):单位面积、单位时间土壤或材料表面析出的氡的放射性活度。

内照射指数(Internal Exposure Index):建筑主体材料和装饰装修材料中天然放射性核素镭-226 的放射性比活度,除以比活度限量值 200 而得的商。

外照射指数(External Exposure Index):建筑主体材料和装饰装修材料中天然放射性核素镭-226、钍-232 和钾-40 的放射性比活度,分别除以比活度限量值 370、260、4200 而得的商之和。

氡浓度(Radon Concentration):单位体积空气中氡的放射性活度。

人造木板(Wood-based Panels):以木材或非木材植物纤维为主要原料,加工成各种材料单元,施加(或不施加)胶黏剂和其他添加剂,组坯胶合而成的板材或成型制品。主要包括胶合板、纤维板、刨花板及其表面装饰板等产品。

木塑制品(Wood-plastic Composite Products):由木质纤维材料与热塑性高分子聚合物按一定比例制成的产品。主要包括木塑地板、木塑装饰板、木塑门等。

水性处理剂(Water-based Treatment Agents):以水作为稀释剂,能浸入建筑主体材料和装饰装修材料内部,提高其阻燃、防水、防腐等性能的液体。

本体型胶黏剂(Bulk Construction Adhesive):溶剂含量或者水含量占胶体总质量在 5% 以内的胶黏剂。

空气中总挥发性有机化合物的量(Total Volatile Organic Compounds):在《民用建筑工程室内环境污染控制标准》(GB 50325—2020)规定的检测条件下,所测得空气中挥发性有机化合物的总量,简称 TVOC。

材料中挥发性有机化合物的量(Volatile Organic Compound):在《民用建筑工程室内环境污染控制标准》(GB 50325—2020)规定的检测条件下,所测得材料中挥发性有机化合物的总量,简称 VOC。

装饰装修材料使用量负荷比(Decorate Material Loading Factor):室内装饰装修时,使用的装饰装修材料总暴露面积与房间净空间容积之比。

3.1.1.3　主要污染物质

室内环境污染已经检测到的有毒有害物质达数百种,常见的也有 10 种以上,其中绝大部分为有机分子,另外还有氨、氡气等。在拟订《民用建筑工程室内环境污染控制标准》(GB 50325—2020)过程中,编制组人员参考国内外大量研究成果,组织了多项专题验证性调查和研究,这些调查研究可以反映出我国目前所使用的建筑装修材料的性能状况,具有良好的代表性。测试结果表明,将氡、甲醛、氨、苯、甲苯、二甲苯、TVOC 列为规范控制的污染物是合理的,理由是:①这几种污染物普遍存在,属常见污染物;②这几种污染物挥发性强,空气中挥发量大,对身体危害较大,社会上各方面的反响大。

（1）氡

氡,化学式 Rn-222,空气中主要的天然放射性元素,是一种比空气重 7.5 倍的无色无味的放射性气体,很容易随着呼吸进入肺部,随血液流向全身。Rn-222 原子核放射出的 α、β 粒子对人体,尤其是上呼吸道、肺部产生很强的内照射,破坏细胞结构分子,对细胞造成不可修复的伤害,对人的呼吸系统造成辐射伤害,诱发肺癌,且发病潜伏期长。研究表明,氡是除吸烟以外引起肺癌的第二大因素,被世界卫生组织公布为 19 种主要的环境致癌物质之一,国际癌症研究机构也认为氡是室内重要致癌物质。

氡主要来自以天然土石为基本材料的建筑材料如水泥、沙石、砖、瓦、花岗岩、大理石、石膏等,其中地下地质构造断裂是民用建筑低层室内氡气污染的重要来源,随着地基土壤的扩散,氡通过地表和墙体裂缝进入室内。氡浓度达到 $10^4 Bq/m^3$ 时的地下水也是室内的重要氡源,天然气和液化石油气燃烧时,如果室内通风不好,其中的氡全部释放到室内。另外,氡会来自一些矿渣砖、炉渣砖等建筑材料(通常都含有不同程度的镭)和那些含铀高的室内装饰材料,如花岗岩、瓷砖、洁具等。

（2）甲醛

甲醛,化学式 HCHO,是一种无色、有强烈刺激性气味的气体。易溶于水、醇和醚。甲醛在常温下是气态,通常以水溶液形式出现,其 40% 的水溶液称为福尔马林,此溶液沸点为 19℃。甲醛已经被世界卫生组织确定为致癌和致畸形物质,是公认的变态反应源,也是潜在的强致突变物之一。长期接触低剂量的甲醛会引起慢性呼吸道疾病、女性月经紊乱、妊娠综合征,引起新生儿体质降低、染色体异常。高浓度的甲醛则对神经系统、免疫系统、肝脏等都有毒害。甲醛还有致畸、致癌作用,能凝固蛋白质,可引起鼻腔、口腔、鼻咽、皮肤和消化道的癌症。

甲醛是制备脲醛树脂、三聚氰胺甲醛树脂、酚醛树脂等聚合物的主要原料,这些树脂主要用作黏合剂和涂料中的基料。室内装饰装修材料及家具中的胶合板、大芯板、中纤板、刨花板(碎料板)中的黏合剂和涂料在遇热、潮解时就会释放出甲醛,成为室内环境甲醛污染的主要来源。另外,UF 泡沫作为房屋防热、御寒的绝缘材料,在光和热的作用下泡沫老化,会释放出甲醛。室内吸烟也会产生甲醛,每支香烟气中含甲醛 20～88μg,并有致癌协同作用。还有用甲醛作防腐剂的涂料、化纤地毯、化妆品等产品。

（3）氨

氨，化学式 NH_3，是一种无色而具有强烈刺激性臭味的气体，比空气轻（相对密度为 0.5），熔点 $-77.7℃$，沸点 $-33.5℃$，易被液化成无色液体，易溶于水、乙醇和乙醚。氨是一种碱性物质，对人的感官系统、呼吸系统和皮肤组织有刺激作用，可感觉最低浓度为 5.3ppm。吸入氨轻者引起充血和分泌物增多，进而引起肺水肿。长时间接触低浓度氨可能会出现面部皮肤色素沉积，可引起支气管炎、皮炎、喉炎、声音沙哑，重者表现出流泪、头痛、头晕症状，可发生喉头水肿、喉痉挛而引起窒息，也可出现呼吸困难、肺水肿、昏迷和休克。

氨主要来自建筑施工中使用的阻燃剂、混凝土外加剂（防冻剂、膨胀剂、早强剂等）。在施工中，许多建筑商为防冻会将含有氨或尿素的防冻剂加入水泥中，为提高混凝土的凝固速度加入高碱混凝土膨胀剂、早强剂等，这些外加剂都会释放出氨气，造成室内氨的污染。另外，也可能来自室内装饰材料，如家具涂饰时所使用的添加剂和增白剂大部分都用氨水，还有室内装修的织物和木材使用的阻燃剂、理发店里的染发水等。这种污染释放期比较快，不会在空气中长期大量积存，对人体的危害相对小一些。

（4）苯

苯，化学式 C_6H_6，是最简单的芳香烃类化合物，常温下为一种无色、具有特殊芳香气味的液体。苯可燃，有毒，难溶于水，易溶于有机溶剂，本身也可作为有机溶剂，极易挥发。国际卫生组织已经把苯认定为强烈致癌致突变物质，苯对人体造血功能有抑制作用，会使白细胞、红细胞和血小板减少。短时间接触苯会导致头晕、嗜睡、头痛、胸闷、恶心、呕吐等症状，重者甚至会中毒而亡。长期吸入苯可导致牙龈出血、鼻出血、皮下出血或紫癜，女性月经量过多、经期延长等，重者可出现再生障碍性贫血、全细胞减少等，甚至可引起各种类型的白血病和恶性肿瘤。

苯主要来自建筑装饰中大量使用的化工原材料，如塑料、橡胶、涂料、填料等。油漆、涂料的添加剂、稀释剂，胶黏剂，防水材料及有机溶剂中都含有大量的苯，例如苯、甲苯、二甲苯是油漆中不可缺少的溶剂，天那水和稀料的主要成分都是苯、甲苯和二甲苯及各种有机溶剂，胶黏剂的溶剂多数为苯或甲苯，这些物质经装修后，产生大量的苯挥发到室内。另外，苯还可来自烟草的烟雾、染色剂、图文传真机、电脑终端机和打印机、墙纸、地毯、合成纤维和清洁剂等。

（5）总挥发性有机化合物

总挥发性有机化合物，简称 TVOC，从广义上说，室内任何液体或固体在常温常压下自然挥发出来的有机化合物都属于 TVOC。TVOC 在室内空气中作为一类污染物，是极其复杂的，按其化学结构可分为醛类、烷烃类、芳烃类等八大类，据不完全统计，一般的室内环境中有 $50 \sim 300$ 种挥发性有机化合物，其中除醛类以外，已知的有苯、甲苯、二甲苯、三氯甲烷、苯乙烯、乙苯、乙酸丁酯、十一烷、二异氰酸酯等数十种，而且新的种类不断被合成出来。长期接触低浓度 TVOC 会引起嗅味不舒服和感觉有刺激性，过敏反应、神经毒性作用和局部组织反应以及流泪、呼吸频率改变、咳嗽或打喷嚏等反应。高浓度 TVOC 能引起机体免疫失调，影响中枢神经系统功能，出现头晕、头痛、嗜睡、无力、胸闷等自觉症状，还可能影响消化系统，出现食欲不振、恶心等，严重时可损伤肝脏和造血系统，出现变态反应等。

室内 TVOC 主要是从建筑材料、室内装饰材料及生活和办公用品等处散发出来的。如建筑材料中的人造板、泡沫隔热材料、塑料板材;室内装饰材料中的油漆、涂料、黏合剂、壁纸、化纤窗帘、地毯等;生活中用的化妆品、洗涤剂等;办公用品主要是指复印机、打印机等。

3.1.1.4 要点解读

《民用建筑工程室内环境污染控制标准》(GB 50325—2020)共有 6 章和 5 个附录,主要包括总则、术语和符号、材料、工程勘察设计、工程施工、工程验收等章节,技术内容包括主要污染物、限量要求、检测方法、材料的选择要求、工程验收规范等,内容全面,条款众多,为了便于更快掌握《民用建筑工程室内环境污染控制标准》(GB 50325—2020)的主要内容,特将要点进行如下解读:

(1)《民用建筑工程室内环境污染控制标准》(GB 50325—2020)适用于民用建筑工程(无论是主体工程还是装饰装修工程)的室内环境污染控制,不适用于工业生产建筑工程、仓储性建筑工程、构筑物(如墙体、水塔、蓄水池等)和有特殊净化卫生要求的室内环境污染控制,也不适用于民用建筑工程交付使用后,非建筑装修产生的室内环境污染控制。工程交付使用后自购家具污染,燃烧,烹调等生活工作过程和吸烟等所造成的室内环境污染问题,不属于《民用建筑工程室内环境污染控制标准》(GB 50325—2020)控制范围。

(2)《民用建筑工程室内环境污染控制标准》(GB 50325—2020)将民用建筑工程根据控制室内环境污染的不同要求,划分为以下两类:

Ⅰ类民用建筑工程:住宅、居住功能公寓、医院病房、老年人照料房屋设施、幼儿园、学校教室、学生宿舍等;

Ⅱ类民用建筑工程:办公楼、商店、旅馆、文化娱乐场所、书店、图书馆、展览馆、体育馆、公共交通等候室、餐厅等。

(3)《民用建筑工程室内环境污染控制标准》(GB 50325—2020)规定了民用建筑工程中所用建筑主体材料和装饰装修材料的不同类别污染物检测标准和限量要求,所选用的材料必须符合《民用建筑工程室内环境污染控制标准》(GB 50325—2020)的规定。

(4)新建、扩建的民用建筑工程设计前,应对建筑工程所在城市区域土壤中氡浓度或土壤表面氡析出率进行测定,当土壤氡浓度大于或等于 50000Bq/m³ 或土壤表面氡析出率平均值大于或等于 0.3Bq/(m² · s)时,应采取建筑物综合防氡措施。

(5)Ⅰ类民用建筑只允许使用的无机非金属装饰装修材料必须为 A 类,民用建筑室内装饰装修中所使用的木地板及其他木质材料,严禁采用沥青、煤焦油类防腐、防潮处理剂。

(6)民用建筑工程中所采用的无机非金属建筑主体材料和装饰装修材料必须进行放射性指标检测,人造木板及其制品必须进行甲醛释放量检测,涂料、胶黏剂、水性处理剂必须进行VOC、游离甲醛、苯、甲苯+二甲苯+乙苯、TDI 等指标的检测,检测项目不全或检测结果不合格的材料严禁使用,民用建筑室内装饰装修时严禁使用苯、工业苯、石油苯、重质苯及混苯作为稀释剂和溶剂。

(7)民用建筑工程及室内装饰装修工程的室内环境质量验收,应在工程完工不少于 7d后、工程交付使用前进行。

(8)《民用建筑工程室内环境污染控制标准》(GB 50325—2020)控制的室内环境污染物有氡(化学式为 Rn-222)、甲醛、氨、苯、甲苯、二甲苯和总挥发性有机化合物(TVOC),工程验收时其限量必须符合表 3.1 的规定。

表 3.1   民用建筑室内环境污染物浓度限量

污染物	Ⅰ类民用建筑工程	Ⅱ类民用建筑工程
氡(Bq/m³)	≤150	≤150
甲醛(mg/m³)	≤0.07	≤0.08
氨(mg/m³)	≤0.15	≤0.20
苯(mg/m³)	≤0.06	≤0.09
甲苯(mg/m³)	≤0.15	≤0.20
二甲苯(mg/m³)	≤0.20	≤0.20
TVOC(mg/m³)	≤0.45	≤0.50

注:① 污染物浓度测量值,除氡外均指室内污染物浓度测量值扣除室外上风向空气中污染物浓度测量值(本底值)后的测
量值。

② 污染物浓度测量值的极限值判定,采用全数值比较法。

(9) 民用建筑工程验收时,应抽检每个建筑单体有代表性的房间的室内环境污染物浓度,氡、甲醛、氨、苯、甲苯、二甲苯、TVOC 的抽检量不得少于房间总数的 5%,每个建筑单体不得少于 3 间,当房间总数少于 3 间时,应全数检测。凡进行了样板间室内环境污染物浓度检测且检测结果合格的,其同一装饰装修设计样板间类型的房间抽检量可减半,并不得少于 3 间。

(10) 幼儿园、学校教室、学生宿舍、老年人照料房屋设施室内装饰装修验收时,室内空气中氡、甲醛、氨、苯、甲苯、二甲苯、TVOC 的抽检量不得少于房间总数的 50%,且不得少于 20 间。当房间总数不大于 20 间时,应全数检测。

(11) 民用建筑进行室内环境中污染物浓度检测时,对采用集中通风的民用建筑工程,应在通风系统正常运行的条件下检测;采用自然通风的民用建筑工程,进行甲醛、氨、苯、甲苯、二甲苯、TVOC 浓度检测时,应在对外门窗关闭 1h 后进行,氡浓度检测时,应在对外门窗关闭 24h 以后进行。Ⅰ类建筑无架空层或地下车库结构时,一、二层房间抽检比例不宜低于总抽检房间数的 40%。

(12) 当室内环境污染物浓度检测结果不合格时,应查找原因并在采取措施进行处理后,对不合格项再次加倍抽样检测,抽样应包含原不合格的同类型房间及原不合格房间;当再次检测结果全部合格,应判定为室内环境质量合格。室内环境质量验收不合格的民用建筑工程,严禁投入使用。

3.1.2   《室内空气质量标准》(GB/T 18883—2002)要点解读

3.1.2.1   19 项参数指标

《室内空气质量标准》(GB/T 18883—2002)于 2002 年 11 月 19 日由国家质量监督检验检疫局、国家环保总局、卫生部联合发布,对于不断提高人们的室内环境意识,促进与室内环境有关的行业和企业从室内环境方面规范自己的行为,保障人民的身体健康,具有十分重要的意义。

《室内空气质量标准》(GB/T 18883—2002)中规定的控制项目不仅有化学性污染,还有物理性、生物性和放射性污染等共 19 项参数指标。化学性污染物质中不仅有人们熟悉的甲醛、苯、氨、氡、TVOC 等污染物质,还有可吸入颗粒、二氧化碳、二氧化硫等,详见表 3.2。

表 3.2 室内空气质量标准指标

序号	参数类别	参数	单位	标准值	备注
1	物理性	温度	℃	22~28	夏季空调
				16~24	冬季采暖
2		相对湿度	%	40~80	夏季空调
				30~60	冬季采暖
3		空气流速	m/s	0.3	夏季空调
				0.2	冬季采暖
4		新风量	m³/(h·人)	30	
5	化学性	二氧化硫(SO_2)	mg/m³	0.50	1 小时均值
6		二氧化氮(NO_2)	mg/m³	0.24	1 小时均值
7		一氧化碳(CO)	mg/m³	10	1 小时均值
8		二氧化碳(CO_2)	%	0.10	日平均值
9		氨(NH_3)	mg/m³	0.20	1 小时均值
10		臭氧(O_3)	mg/m³	0.16	1 小时均值
11		甲醛(HCHO)	mg/m³	0.10	1 小时均值
12		苯(C_6H_6)	mg/m³	0.11	1 小时均值
13		甲苯(C_7H_8)	mg/m³	0.20	1 小时均值
14		二甲苯(C_8H_{10})	mg/m³	0.20	1 小时均值
15		苯并[a]芘[B(a)P]	mg/m³	1.0	日平均值
16		可吸入颗粒(PM10)	mg/m³	0.15	日平均值
17		总挥发性有机物(TVOC)	mg/m³	0.60	8 小时均值
18	生物性	菌落总数	cfu/m³	2500	依据仪器定
19	放射性	氡(Rn-222)	Bq/m³	400	年平均值(行动水平)

注:新风量要求大于或等于标准值,除温度、相对湿度外的其他参数要求小于或等于标准值。

3.1.2.2 特点

(1)国际性

《室内空气质量标准》(GB/T 18883—2002)在借鉴国外相关标准的基础上引入了室内空气质量这个概念。20 世纪 70 年代后期在一些西方国家出现了室内空气质量(IAQ)的概念。这次明确该标准为室内空气质量标准,说明加入 WTO 以后我们国家缩小了与世界的差距。

（2）全面性

《室内空气质量标准》（GB/T 18883—2002）规定了人们在正常居住或工作条件下，能保证人体健康的各项物理性指标、化学污染性指标、微生物指标和放射性指标等4种类型19种污染物作为民用建筑室内空气污染评价指标，可以比较全面地反映出室内综合的空气质量。

（3）针对性

《室内空气质量标准》（GB/T 18883—2002）紧密结合我国的实际情况，即考虑到发达地区和城市建筑中的新风量、温湿度以及甲醛、苯等污染物质，同时，也制定出了一些不发达地区的使用原煤取暖和烹饪造成的室内一氧化碳、二氧化碳和二氧化氮的污染指标。

（4）前瞻性

《室内空气质量标准》（GB/T 18883—2002）中加入了"室内空气应无毒、无害、无异常嗅味"的要求，使标准的适用性更强。

（5）权威性

《室内空气质量标准》（GB/T 18883—2002）的发布和实施，为广大消费者解决污染难题提供了可靠的依据。

（6）完整性

《室内空气质量标准》（GB/T 18883—2002）与《民用建筑工程室内污染控制标准》（GB 50325—2020）、"室内装饰装修材料有害物质限量"10项强制性国家标准（见8.1节）共同构成我国一个比较完整的室内环境污染控制和评价体系，对于保护消费者的健康，发展我国的室内环境事业具有重要的意义。

3.1.3 《民用建筑工程室内环境污染控制标准》（GB 50325—2020）与《室内空气质量标准》（GB/T 18883—2002）的比较

首先，这两个标准之间并不冲突，只是各自侧重点不同，使用范围和控制指标有所不同，前者适用于工程验收，后者适用于人们正常生活工作的环境长期评价。可以说，这两个标准互相补充，各有侧重，构成一个完整的室内环境质量评价体系，引导人们生活的室内空气环境向健康化发展。这两个国家标准在其条文中都明确地规定了测试数据的取样条件、检测方法和不同实验分别所使用的仪器，但两者也存在着一定的区别，主要有以下几个方面：

（1）侧重点不同

《民用建筑工程室内环境污染控制标准》（GB 50325—2020）主要是从工程验收的角度出发，规定了在工程施工过程中最易引起污染的五个参数，便于明确开发方、装饰装修方的责任，可操作性强。该标准明确规定了民用建筑工程对工程勘察设计、工程施工、材料选择、工程验收整个过程的规范要求，对治理室内环境污染注重过程控制。《室内空气质量标准》（GB/T 18883—2002）是从保护人体健康的最低要求出发，全面系统地将影响健康的物理参数和主要污染物纳入监测范围。室内环境质量不仅取决于工程建设和装饰装修的材料，还依赖于个人生活习惯，如生活中由于烧饭、抽烟、生活垃圾、外购衣物、家具等产生的污染，造成室内环境污染的责任难以界定。

（2）污染控制的指标不同

《民用建筑工程室内环境污染控制标准》（GB 50325—2020）主要对危害程度大、分布范围广的氡、甲醛、氨、苯、甲苯、二甲苯、总挥发性有机化合物 7 类污染物指标的浓度进行限制，《室内空气质量标准》（GB/T 18883—2002）对室内空气中的物理性、化学性、生物性和放射性 4 种类型 19 项污染物指标进行全面控制。

（3）限量值不同

《民用建筑工程室内环境污染控制标准》（GB 50325—2020）将限量值划分为以住宅为主的I类建筑和以办公楼为主的II类建筑，分别予以规定，《室内空气质量标准》（GB/T 18883—2002）则不进行划分，采用统一的标准，相对于《民用建筑工程室内环境污染控制标准》（GB 50325—2020）的同种污染物参数指标相比略为宽松，除氨外，其他限量值基本为《民用建筑工程室内环境污染控制标准》（GB 50325—2020）的II类建筑限量或介于两类之间，而苯的限量值则更大。

（4）采样条件不同

对于氡、甲醛、氨、苯、TVOC 这 5 个参数，两个国家标准要求的检测方法一样，但规定的采样条件却有较大差异，《民用建筑工程室内环境污染控制标准》（GB 50325—2020）规定采用自然通风的民用建筑工程，除氡外，其他参数在封闭房间 1h 后采样，这主要考虑到国家行业标准《夏热冬冷地区居住建筑节能设计标准》（JGJ 134—2010）规定居住建筑冬季采暖和夏季空调室内换气次数为 1.0h/次。《室内空气质量标准》（GB/T 18883—2002）评价在人们正常活动情况下室内空气质量对人体健康的影响时，要求年平均浓度至少采样 3 个月，日平均浓度至少采样 18h，8h 平均浓度至少采样 6h，1h 平均浓度至少采样 45min，早晨不开窗通风，采样周期较长。

（5）强制力不同

《民用建筑工程室内环境污染控制标准》（GB 50325—2020）是国家强制性标准，《室内空气质量标准》（GB/T 18883—2002）是国家推荐性标准，但是都具有法规的性质，前者必须强制执行；后者相当于一些非强制的法律法规，一方面在国家的法律法规引用了以后才具有了强制性，另一方面，双方当事人在合同及协议中约定了要求达到的标准要求才具有强制性。

3.1.4 小结

通过上述比较，总结归纳以下三点：

第一，消费者在今后进行室内环境检测时，应明确自己的目的，在进行检测前先要与检测机构加强沟通，约定检测执行标准。如果装修完后，检测结果是用于竣工或装饰装修工程的验收，应以《民用建筑工程室内环境污染控制标准》（GB 50325—2020）为准，因为它简单明了，易于操作，责任便于界定；如果所有家具到位或入住一段时间后，为了了解自己的生活、工作环境的空气质量，以便采取必要措施时，可以依据《室内空气质量标准》（GB/T 18883—2002）选择性地检测某些参数，因为它比较全面，强调了污染物浓度的长期存在性。

第二，当因为室内空气质量问题发生纠纷时，以《民用建筑工程室内环境污染控制标准》（GB 50325—2020）检测结果为仲裁依据，因为根据《中华人民共和国民法典》第五百一十一条，当事人对产品质量要求不明确的，按照强制性国家标准履行；没有强制性国家标准的，按照推荐性国家标准履行。

第三，本书将以《民用建筑工程室内环境污染控制标准》(GB 50325—2020)为依据讲解室内空气的采样、检测以及限量要求等相关内容。

3.2 室内空气采样技术

采样就是从大量分析对象中抽取一部分作为分析材料，抽取的分析材料称为样品或试样。采样必须遵守两个原则：①代表性。样品能够反映全部被测室内环境的组分、质量和污染状况。②真实性。样品的组分和污染物质与实际的检测环境一致，样品能够反映被测环境的真实情况。

样品的采集是空气检测的第一步，正确的采样是保证检测结果准确性的前提和基础。由于空气样品的特殊性(摸不着、看不见、具有流动性)，采样人员必须掌握正确的采样方法，熟悉采样理论、原则和基本方法以及相关的规范要求和国家标准。

3.2.1 采样的仪器

(1) 大气采样器

大气采样器是采集大气污染物或受污染空气的仪器或装置。其种类很多，按采集对象可分为气体采样器和颗粒物采样器；按使用场所可分为环境采样器、室内采样器和污染源采样器。此外，还有特殊用途的大气采样器，如同时采集气体和颗粒物质的采样器。不同用途、不同型号、不同生产厂家的大气采样器，其仪器构造、工作原理都有所区别，但一般的大气采样器都是由气体收集系统、流量控制系统和抽气动力系统三部分组成，如图 3.1 所示。

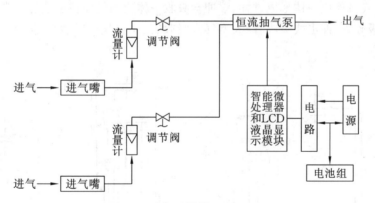

图 3.1 大气采样器工作原理图

随着科学技术的不断进步和国家对环境问题越来越重视，以大气采样器等环保仪器为产品的企业也越来越多，大气采样器也不断推出新品，使得大气采样器向更加便携、更加精确、更加智能化、功能更加齐全的趋势发展，如目前已经面市的有 24 h 自动连续采样器、恒温恒流大气采样器、智能型大气采样器、防爆大气采样器、双气路大气采样器、智能四路大气采样器等产品，大大丰富了大气采样器的种类。

智能四路大气采样器是一种对建筑工程室内空气进行采样的专用仪器，符合《民用建筑工程室内环境污染控制标准》(GB 50325—2020)标准要求，采用微机系统恒流控制，定时设置，可同时采集一个监测点空气的甲醛、氨、苯、TVOC 四项参数的样品,广泛适用于大气环境监测、卫生防疫、劳动保护、科研等单位使用,也可与有关仪器配套使用,如图 3.2 所示。

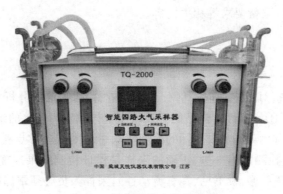

图 3.2 智能四路大气采样器

在使用大气采样器的过程中,需注意以下事项:①大气吸收管吸气、出气不能接反,以防止吸收管内的吸收液倒流入流量计内;②若 3 个月以上不使用仪器应补充电,以确保高能镉镍电池的使用寿命;③若流量测试达不到 0.5L/min 时应考虑电池需要重新充电、橡皮管或泵有漏气等因素;④在含尘较多的空气中,应在开机前装好带滤膜的采样头,否则尘粒进入机内影响气路的器件清洁。

(2) 大气吸收管

大气吸收管是一种用于气体样品吸收、富集的优质玻璃仪器,主要由外管和内管两部分组成,通过顶端进气口连成一体形成进样、缓冲与吸收一体化的气体捕集装置。常见的大气吸收管有多孔玻板吸收管、冲击式吸收管、大型气泡吸收管、小型气泡吸收管等(图 3.3),颜色分为白色和棕色两种。

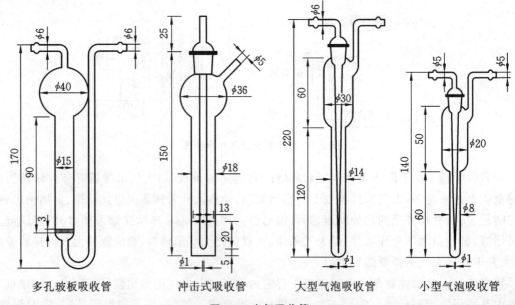

多孔玻板吸收管　　　　冲击式吸收管　　　　大型气泡吸收管　　　　小型气泡吸收管

图 3.3 大气吸收管

气泡吸收管又称气泡吸收瓶,有大型和小型两种,目前民用建筑工程室内空气中甲醛和氨的样品采样使用比较普遍的是大型气泡吸收管。气泡吸收管外管下部缩小,使吸收液的液柱增高,以增加空气与吸收液的接触时间。上部膨大,可避免吸收液在采样时溅出,具有清洗、加液、倒液都比较方便的优点,适用于采集气态、蒸气态物质。大型气泡吸收管盛5~10mL 吸收液,采样速度一般为 0.5L/min,小型气泡吸收管可盛 3mL 吸收液,采样速度一般为 0.3L/min。

大气吸收管与大气采样器配套使用,使用时需在吸收管与采样器之间安装安全瓶,而且须注意吸气、出气的连接顺序,不能接反,以防止吸收管内的吸收液倒吸入采样器中造成仪器损坏。

(3)TVOC 吸附管

TVOC 吸附管是一种装有固体吸附剂的玻璃管或内壁光滑的不锈钢管,管两端用橡胶帽密封,专门用于室内空气中总挥发性有机物(TVOC)的采集,因内装的吸附剂不同而分为不同的类型,Tenax-TA 吸附管是目前使用最为广泛的一种 TVOC 吸附管。

Tenax-TA 吸附管中的吸附剂:化学名为 2,6-二苯基呋喃多孔聚合物,粒径为 0.18~0.25mm(60~80 目),比表面积 35m²/g,孔体积 2.4cm³/g,平均孔径 200nm,密度 0.25g/mL。在众多固体吸附剂中,Tenax-TA 吸附剂对有机挥发物和半挥发物有良好的吸附性能,吸附率达 98%±1%,解吸效率 90%~99%,具有较好的耐温性(极低流失),加热解吸至 350℃ 不发生分解,而且对水吸附程度低,十分适合对液态基质中挥发性成分进行分析。

Tenax-TA 吸附管分为不锈钢、玻璃两种类型(图 3.4),管内装有 200mg Tenax-TA 吸附剂固体,一般规格为:玻璃型长度 20cm,内径 4mm,外径 6mm;不锈钢型长度 15cm,内径 5mm,外径 6mm。特殊规格可根据需要定做。玻璃管均两端融封,采样前可根据热解吸仪的要求截成需要的长度。Tenax-TA 吸附管具有吸附效果好,重复利用率高的特点。

Tenax-TA 吸附管使用的注意事项:①吸附管在采样之前需要在氮气流中活化,氮气流量为 0.5~1.0L/min,活化温度 300~330℃,活化时间不少于 30min,活化至无杂质峰为止。②在采样地点打开吸附管两端的密封橡胶帽,采样结束后迅速密封好橡胶帽并做好标记,然后放入可密封的金属或玻璃容器中,应尽量减少吸附管在环境空气中

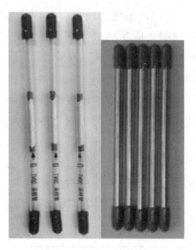

图 3.4 Tenax-TA 吸附管

暴露的时间。③应注意吸附管上面标识的箭头,采样时吸附管上的箭头方向应与空气流动方向一致,进样时箭头方向应与载气流向相反,若吸附管上面没有标识箭头,使用时需自行确定箭头方向。④由于吸附管反复加热和冷却,吸附剂可能会破碎而出现粒度变化,表面积发生改变,使得吹扫气体通过吸附管的速度发生改变,吸附能力也发生变化,造成较大的采样误差,所以需要定期地更换新的吸附管。

图 3.5　苯吸附管

（4）苯吸附管

苯吸附管的外形和 TVOC 吸附管基本相同，也有不锈钢和玻璃两种类型，只是管内填充 20～40 目优质椰壳活性炭吸附剂（图 3.5）。椰壳活性炭以优质椰子壳为原料，经高温炭化而成，主要成分除炭以外，还包含少量的氢、氮、氧等，粒度 4～50 目不等，比表面积 950～1250m²/g，密度 0.45～0.55 g/mL。椰壳活性炭有着极其丰富的孔隙构造，具有吸附性能好、强度高、易再生、经济耐用等优点，对苯的解吸效率＞99.6％，甲苯的解吸效率＞98％，二甲苯的解吸效率＞96％，特别适用于空气中苯及苯系物的吸附和采样。

苯吸附管按照解吸方式分为热解吸型和溶剂解吸型两种，一般规格为：热解吸型长度 20cm，内径 4mm，外径 6mm，填充物质量 100mg；溶剂解吸型长度 15cm，内径 4mm，外径 6mm，填充物质量 150mg。特殊规格也可根据需要定做。新的玻璃吸附管两端均熔封，采样前可根据热解吸仪的要求截成需要的长度。

苯吸附管在使用过程中的注意事项与 Tenax-TA 吸附管基本相同，采样前须活化、尽量少暴露在空气中、注意箭头方向、定期更换新吸附管等，除此之外，还应注意以下两点：①活化温度 300～350℃，活化时间不少于 10min；②由于活性炭对水的吸附能力较强，所以当环境湿度较大时（大于 70％），需在吸附管前加装干燥装置或停止采样。

3.2.2　检测点的布点要求

根据《民用建筑工程室内环境污染控制标准》（GB 50325—2020）的要求，室内空气采样时的检测点应达到以下布点要求：

（1）民用建筑工程验收时，应抽检每个建筑单体有代表性的房间的室内环境污染物浓度，抽检数量不得少于 5％，并不得少于 3 间；房间总数少于 3 间时，应全数检测。凡进行了样板间室内环境污染物浓度检测且检测结果合格的，抽检量减半，并不得少于 3 间。每种类型的房间抽检数应与该类房间总数对应成比例。

（2）布点应该考虑现场的平面布局和立体布局，高层建筑物的立体布点应上、中、下三个监测平面，并分别在三个平面上布点。考虑到土壤氡对建筑物低层室内产生的影响较大，因此室内空气中氡浓度检测布点时，建筑物的低层应增加抽检数量，向上可以减少。

（3）对于不同室内面积的房间，室内环境污染物浓度检测点数应按表 3.3 进行设置。

表 3.3　室内环境污染物浓度检测点数设置

房间使用面积（m²）	检测点数（个）
＜50	1
≥50，＜100	2
≥100，＜500	不少于 3
≥500，＜1000	不少于 5
≥1000	大于或等于 1000m² 的部分，每增加 1000m² 增设 1 个点，增加面积不足 1000m² 时按增加 1000m² 计算

（4）当房间里只布1个点时，尽量位于房间中心位置；2～3个点时，布在长对角线上；4个点时，以正三边形加中心点布置；5个点时，以梅花状均衡布置（图3.6）；当面积较大时，以50m² 分割小块布点；取各点检测结果的平均值作为该房间的检测值。

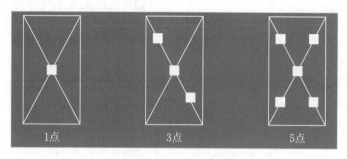

图 3.6　房间布点示意图

（5）环境污染物浓度现场检测点应距内墙面不小于 0.5m，距离楼地面高度 0.8～1.5m，检测点应均匀分布，避开通风道和通风口，检测点周围 50m 范围内不应有污染源。

3.2.3　采样的一般步骤

在现场正式采样工作开始之前，需要进行一系列的准备工作，确定相应的采样方案，具体的流程如图3.7所示。

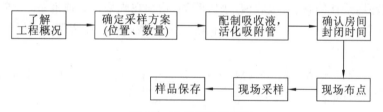

图 3.7　采样流程示意图

3.2.3.1　了解工程概况

接到室内空气检测任务以后，需要对民用建筑工程的概况进行全面了解，主要包括以下几方面的内容：①检测任务的性质，是工程验收还是居民个人家庭室内环境检测；②对于工程验收，室内环境检测工作应在工程完工（包括门窗玻璃安装完成，能够形成独立的空间）至少 7d 以后、工程交付使用前进行；③对于居民个人家庭，需了解近期所检房间是否进行过装修，若进行过装修，室内环境检测工作宜在装修完成三个月以后进行；④对于竣工验收的工程，需了解工程的用途，以便确定室内环境污染物控制类别（Ⅰ类或Ⅱ类）。

3.2.3.2　确定采样方案

若工程满足室内环境检测要求（指完工程度和完工时间），可根据工程施工方提供的工程施工平面图确定工程的立体结构、平面布局、房间类型、房间总数等信息，按照3.2.2节中的布点要求制订采样方案，绘制如表3.4所示的采样布点表，布点表应包括：抽检房间类型、抽检房间数、检测点数、检测点位置、检测点编号等信息。

表 3.4　采样布点表

房间面积(m²)	房间数(间)	规范要求抽检数(间)	实际抽检数(间)	检测布点数(个)
<50	23		2	2
≥50,<100	58		3	6
≥500,<1000	6	5	1	5
≥1000,<3000	5		1	6
合计	92		7	19

采样位置	房间面积(m²)	采样点号	采样位置	房间面积(m²)	采样点号
负一层超市	≥1000,<3000	1、2、3、4、5、6	一层 103 餐饮	≥50,<100	7、8
一层 109 商铺	<50	9	三层 305 商铺	≥50,<100	10、11
五层 507 商铺	≥50,<100	12、13	五层 501 办公室	<50	14
七层影视厅 A	≥500,<1000	15、16、17、18、19	—	—	—

3.2.3.3　准备采样材料

由于室内环境采样的材料(吸收液、吸附管等)均须在临采样之前准备,不能长时间放置以免失效,所以在制订好采样方案以后,再根据确定的检测点数计算所需的采样材料。

(1)甲醛吸收液的配制

吸收液原液:称量 0.10g 酚试剂(MBTH),加水溶解,倾于 100mL 具塞量筒中,加水到刻度。放冰箱中保存,可稳定三天。

吸收液(0.05mg/mL):量取吸收液原液 5mL,加 95mL 水,即为吸收液。采样时,临用现配。

(2)氨吸收液的配制

氨吸收液(0.005mol/L 硫酸溶液):量取 2.8mL 浓硫酸加入水中,并用水稀释至 1L。临用时,再用水稀释 10 倍。

(3)TVOC、苯吸附管的活化

在氮气流中活化 Tenax-TA 吸附管和活性炭吸附管,氮气流量为 0.5~1.0L/min,Tenax-TA 吸附管活化温度 300~330℃,活化时间不少于 30min,活性炭吸附管活化温度 300~350℃,活化时间不少于 10min,均活化至无杂质峰为止。

(4)其他

大气采样器和环境氡测量仪需提前充好电,检查打印设备,更换干燥装置中的干燥剂等。

3.2.3.4　现场采样

(1)在现场采样开始之前,需确认房间的封闭时间,根据《民用建筑工程室内环境污染控制标准》(GB 50325—2020)的要求,对于采用自然通风的房间,甲醛、氨、苯、甲苯、二甲苯、

TVOC 浓度检测应在对外门窗关闭 1h 后进行,氡浓度检测应在对外门窗关闭 24h 以后进行。

(2) 房间的封闭时间达到要求以后,按照提前制定的采样方案和布点要求进行现场布点,并对检测点进行编号。若实际的建筑工程与施工图纸不一致(一般情况不允许),现场布点应以建筑工程的实际情况为准。

(3) 设备调试正常以后,在采样地点打开吸附管、加入吸收液,具体参数如下:

甲醛:吸收液 5.0mL,空气流量 0.5L/min,采样时间 20min,采气体积 10L;

氨:吸收液 10.0mL,空气流量 0.5L/min,采样时间 10min,采气体积 5L;

TVOC:Tenax-TA 吸附管,空气流量 0.5L/min,采样时间 20min,采气体积 10L;

苯:活性炭吸附管,空气流量 0.5L/min,采样时间 20min,采气体积 10L。

(4) 详细记录采样现场的环境情况,记录好每一个检测点的位置、采样时间、大气压强、温度、湿度等信息。

(5) 应同步采集室外空气作为空白样品,地点宜选择在室外上风向处。

3.2.3.5 样品保存

(1) 采样完成以后,吸附管应迅速密封好橡胶帽并贴上标签,然后放入可密封的金属或玻璃容器中;吸收液应迅速转移至洁净的比色管中,塞上玻璃塞并贴上标签,应尽量减少样品在环境空气中暴露的时间。

(2) 密封好的样品均在室温下保存。

(3) 甲醛和氨的样品最长保存时间为 24h,苯的样品最长保存时间为 5d,TVOC 的样品最长保存时间为 14d。

3.2.4 采样的注意事项

室内空气采样过程中的一些关键细节容易被忽略,造成难以弥补的错误或关键参数的缺失,致使检测结果的准确性受到影响,所以有必要提醒注意以下几点:

(1) 大气采样器需定期用一级皂膜流量计对采样流量计进行校准,当流量为 0.5L/min 时,应能克服 5~10kPa 的阻力,相对偏差应不大于±5%。

(2) 制订采样方案时,一般住宅建筑的有门卧室、有门厨房、有门卫生间及厅等均应看成独立空间的"自然间"作为基数参与抽检比例计算,"抽检有代表性的房间"指不同的楼层和不同的房间类型(如住宅中的卧室、厅、厨房、卫生间等)。

(3) 吸附管在采样前必须活化,活化的温度必须高于样品解吸的温度。

(4) 采集室内空气样品时,应同步采集室外上风向处空气样品作为空白样品,室内空气样品检测结果应扣除室外空气空白值来排除室外空气污染的干扰,可以真实反映出室内建筑材料和装修材料所产生的污染。

(5) 由于房间的封闭状态对空气样品的质量影响较大,故在现场采样过程中,对于采用集中空调的房间,应在空调正常运转的条件下进行。对于采用自然通风的房间,应封闭规定的时间,需注意的是:这里的封闭是指门窗自然的关闭状态,无须刻意采取严格的密封措施,装修工程中完成的固定式家具(如固定壁柜、台、床等)应保持正常使用状态(如家具门、抽屉正常关闭等),相关情况应在现场采样记录中详细注明。

(6) 现场采样时,应注意吸附管上标示的箭头方向,采样时箭头方向应与空气流动方向一致,解吸进样时箭头方向应与载气流向相反;还应注意吸收管连接的顺序,以免造成吸收液倒吸。

(7)采样过程中,应详细记录每一个检测点的温度、大气压强、湿度等微小气候环境参数,还应记录各点位置、采样时间、采样流量等信息。

(8)室内空气采样和检测现场,不能堆放残余的涂料、油漆、板材等材料,不能使用空气清新剂、香水等化工产品,也不要有吸烟和用燃气灶等影响测试结果的活动。

(9)现场采样过程中,每个房间的门应相互关闭,检测人员和其他人员一共最好不超过3人,人员进入现场以后应迅速关门,尽量避免人员在采样现场频繁活动。

3.2.5 采样可能造成的误差

采样误差是检测结果的主要误差来源,甚至是错误的来源。要想获得准确的检测结果,必须了解和掌握空气采样过程中产生误差甚至错误的因素。采样过程中的各个环节都可能出现误差,包括:

(1)采样流量失真造成的误差

采样器上的流量计正确与否,关系到采集空气体积的准确性,采样流量失真使得采集样品的空气体积不准确,是造成采样误差的主要原因之一。由于采样器在出厂时,大多数只做空载校正,未做负载校正。在实际工作时,采样器加上采样装置(如装有吸收液的吸收管或装有吸附剂的吸附管)的负载时,可引起计量的误差。有研究者对43家检测机构的大气采样器进行统计,在0.5L/min流量刻度时,采样器分别加载活性炭管、Tenax-TA管后,采样系统流量失真情况见表3.5。

表3.5 大气采样器加载吸附管后流量失真情况统计表

系统误差(%)	加载活性炭管		加载 Tenax-TA 管	
	数量(个)	占总样本的量(%)	数量(个)	占总样本的量(%)
<5	23	53	15	35
5~10	8	19	11	26
10~20	6	14	7	16
>20	6	14	10	23

引起采样系统产生系统流量失真的原因有很多,具体分析如下:

① 大气采样器电力不足。气体采样仪需要充电后使用,在现场长时间采样后,由于电力不足或电压不稳而引起采样泵动力不足。

② 仪器本身原因。由于仪器本身构造的原因,普通大气采样器的耐压能力弱,当系统荷载过大时,系统出现真空,流量刻度已不能真实反映实际流量。还有抽气泵本身的质量问题、弹性片和通气片的老化等问题。

③ 流量计的原因。流量计转子(浮子)因老化(塑料制品)、氧化(金属制品)以及吸附了污染物质使其质量改变或流量计管壁因沉积污染物,使流量计管的环隙值改变。另外,在空气湿度较大、温度较高的条件下采样时,因流量计转子和管壁黏附了水分,也会使其质量增加和环

隙值改变,或者流量计转子上下波动较大都会使流量计显示值与真实值不一致。

④ 吸附管的原因。活性炭管、Tenax-TA 管中吸附剂的颗粒目数都有一定的要求,一方面由于目前的商品管理方面的要求不严,另一方面各单位为降低成本,反复、过度使用同一支吸附管,导致吸附剂过细,这自然会增加采样系统阻力,阻力大到超过气体采样仪的克服极限时,系统流量出现失真。

要解决上述问题,防止采样流量失真造成误差,主要措施有以下几个方面:①尽量使用恒流大气采样器,由于它配有智能的集成模块,会在遇到阻力的时候自动补偿动力,使采样系统流量稳定在所要求的流量值;②对于非恒流采样器,由于每支吸附管的阻力都不相同,在现场采样时,应使用皂膜流量计测量每一个采样系统实际流量值;③定期对采样器进行校准、检修,使其保证有良好的性能,仔细擦洗流量计管壁及转子上的污物,对因老化等损坏的配件及时进行更换;④在空气湿度较大、温度较高的条件下采样时,应在转子流量计前加装干燥管。

(2) 超过样品收集装置的吸收容量造成的误差

样品的收集装置(吸收液和吸附管)均有一定的吸收容量,一般情况下样品的采集量远远小于收集装置的吸收容量,但当室内环境中污染物浓度特别高的时候,收集装置的吸收容量达到饱和以后,超过的样品部分就会逸失,造成检测的结果比实际的污染物浓度偏低。所以当环境空气中污染物浓度特别高的时候,可根据情况适当减少空气的采样体积来避免这类误差的产生。

(3) 采样操作造成的误差

现场采样的操作不当,也会给样品结果造成较大误差,主要包括:采样装置漏气导致采样体积测量不准确,采样操作中的污染,采样过程中吸收液的损失,采样后没有用吸收管内的吸收液洗涤进气管内壁 3~4 次,使用错误的采样流量,采样时若在收集器前面连接塑料管或橡皮管等,往往会给采样带来误差等。

(4) 其他方面的误差

其他方面的误差包括:收集器选择不合适,采样时机选择错误,采样点选择不当,采样高度选择不当,采样时间不合要求,共存物的干扰,气象因素(气温、气压、湿度、风向、风速)造成的误差等。

 思考题

1.《民用建筑工程室内环境污染控制标准》(GB 50325—2020)主要检测的污染物及污染物的危害有哪些?

2.采样点位的布设要求是什么?

3.采样点的数目与位置如何设置?

4.室内空气采样仪器由哪些部分组成?

5.常用的吸收管有哪些种类?

 **氡的检测技术**

★ 了解放射性的基本知识及危害。

★ 熟悉室内环境放射性检测的原理和检测项目。

★ 掌握氡的采样及检测技术。

★ 了解氡的防控措施。

4.1 放射性检测

人类生活在地球上,周围物质无不含有放射物质,其中也包括人体本身。放射现象早于人类诞生之前,也就是说,人类在具有放射性的环境中繁衍了几十万年。科学告诉我们,人类受到的辐射来源既有来自体外的(如宇宙射线、生存环境中的物质发出的射线),也有来自体内的(如体内放射性元素的衰变)。

4.1.1 放射性基本知识

4.1.1.1 放射性是什么

某些物质的原子核不稳定,能发生衰变,放出肉眼看不见也感觉不到的,只能用专门的仪器才能探测到的射线,物质的这种性质叫放射性。

1896 年,法国物理学家贝克勒尔在研究铀盐的实验中发现,某些铀盐可以放射一种人的眼睛看不见的射线,这种射线能穿过黑纸、玻璃、金属箔使照相底片感光。在进一步研究中,他发现铀盐所放出的这种射线能使空气电离,而且外界压强和温度等因素的变化不会对实验产生任何影响。贝克勒尔的这一发现使人们对物质的微观结构有了更新的认识,并由此打开了原子核物理学的大门。

1898 年,居里夫妇发现钋和镭的化合物也能放出类似的射线,而且强度更强,铅可以有效地阻挡这种射线,居里夫人把这种现象称为放射性。由于放射性的发现,居里夫妇和贝克勒尔共同获得了 1903 年诺贝尔物理学奖。居里夫人继续研究放射性在化学和医学上的应用,并于 1902 年分离出高纯度的金属镭,又获得了 1911 年诺贝尔化学奖。在贝克勒尔和居里夫妇等人研究的基础上,后来又陆续发现了许多具有放射性的核素,促进了人们对放射性的认识和放射性在各领域的应用。

放射性可分为天然放射性和人工放射性两种。天然放射性是指天然存在的放射性核素所具有的放射性，它们大多属于由重元素组成的三个放射系（即钍系、铀系和锕系）。人工放射性是指用核反应的办法所获得的放射性。人工放射性最早是在 1934 年由法国科学家约里奥-居里夫妇发现的。现代科学方法证明，用人工的方法——中子活化技术，可以使没有放射性的物质产生放射性，如 Co-60、Ag-110、Am-241。用物理的方法——射线装置也可以产生放射性，如 X 光机能产生 X 射线、电子加速器能产生电子束、回旋加速器能产生重粒子束等。所以，放射性可能由原子核衰变产生，也可以由机器（射线装置）产生。

　　实际上，放射性物质无处不在，只不过含量高低不同罢了。如环境和食物就含有或多或少的天然放射性物质和核实验残留的放射性物质（如 Cs-137 和 Sr-90）。自然界中有大约 50 种天然放射性核素，其中危害最大的是氡。

4.1.1.2　放射性的产生过程

　　天然放射性来自放射性核素的自发衰变过程，人工放射性却是人们在了解天然放射性特点之后，人为制造出类似的过程或射线，所以要搞清楚放射性的产生过程，就需要先了解放射性核素。为了便于学习有关放射性核素的知识，先简要介绍一下原子和原子核的有关知识。

　　自然界中各种不同的物质都是由无数的"小颗粒"组成，这些"小颗粒"被称为原子或分子，分子也是由原子构成，所以原子是构成物质最基本的微粒。原子的质量很小，但它有着复杂的结构。原子由原子核和一定数量的电子构成，原子核在中心，电子绕着原子核在特定的轨道上运动，原子核又由质子和中子构成，原子的质量全部集中在原子核上，如图 4.1 所示。

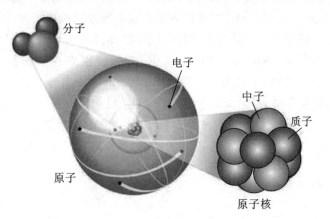

图 4.1　原子结构示意图

　　原子中每个电子带 1 个负电荷，每个质子带 1 个正电荷，中子不带电荷，整个原子的正负电荷相等，呈电中性。质子数和中子数之和就是原子核或原子的质量数，核电荷数（即质子数）在数值上又等于元素的原子序数，即核电荷数＝质子数＝电子数＝原子序数＝质量数－中子数，其关系见图 4.2。

$$原子\begin{cases}原子核\begin{cases}质子（带正电，数目与电子数相等）\\中子（不带电，数目＝质量数－原子序数）\end{cases}\\电子（质量小，带负电，数目与质子数相等，称为原子序数）\end{cases}$$

图 4.2　原子组成示意图

在原子核内具有相同数目的中子和质子,并处于同一核能态的一类原子叫作核素,质子和中子统称为核子。质子数相同而中子数不同的一类核素称为同位素(例如氕、氘、氚),它们化学性质相同,但物理性质不同。当质子数与中子数有一定的比例[一般为1:(1~1.5),有个别例外]时,原子核才是稳定的,这种同位素叫作稳定同位素,也称稳定性核素。当中子数目过少或过多时,原子核往往是不稳定的,它能够自发地发生衰变,放出射线和能量,这种同位素叫作放射性同位素,又称放射性核素。如Co-59是稳定同位素,Co-60是放射性同位素。自然界中已发现的100多种元素中,已知的约有2600种核素,其中稳定性核素仅有280多种。

放射性产生的过程就是放射性核素自发地放出射线(α、β、γ射线等)和能量,衰变形成另一种稳定的核素(衰变产物)而停止放射,衰变时放出的能量称为衰变能量(图4.3)。原子序数在83(铋)或以上的元素都具有放射性,但某些原子序数小于83的元素(如锝)也具有放射性。

$$_Z^A X \longrightarrow _{Z-2}^{A-4}Y + \alpha + E$$

放射性核素　　　　稳定性核素

图4.3　放射性衰变过程示意

氡是自然界唯一的天然放射性稀有气体,也是人类所接触到的唯一气体放射性元素。氡通常的单质形态是氡气,为无色、无嗅、无味的惰性气体,是室温中最重的气体(相对密度约为空气的7.5倍),化学反应极不活泼,难以与其他元素发生反应成为化合物,但原子核极不稳定,具有危险的放射性,这种放射性可以破坏任何化合物。氡是地壳中铀、镭、钍等放射性核素的衰变产物,因此地壳中含有放射性元素的岩石总是不断地向四周扩散氡气,使空气中和地下水中或多或少含有一些氡气。氡共有27种同位素,即Rn-200~ Rn-226,其中Rn-225未完全确定,最重要的三个同位素$_{86}$Rn-222、$_{86}$Rn-220、$_{86}$Rn-219,分别来自不同的镭同位素$_{88}$Ra-226、$_{88}$Ra-224、$_{88}$Ra-223。Rn-222的半衰期为3.82d,Rn-220的半衰期为54.5s,Rn-219的半衰期为3.9s,所以通常所说的氡主要指Rn-222,在讨论室内氡浓度时也以Rn-222为主,Rn-220次之。

Rn-222衰变后成为放射性钋并释放出α粒子及β粒子,放射性钋很快衰变并产生一系列放射性产物,最终成为稳定性元素铅,如图4.4所示,所以氡可用于癌症的放射治疗,也用于放射性物质的研究,主要作为试验中的中子源。

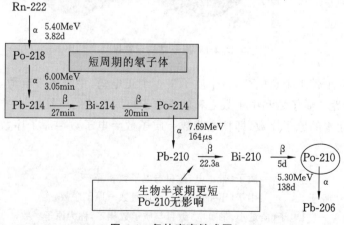

图4.4　氡的衰变链式图

4.1.1.3 放射性衰变的类型

1899 年,有科学家将镭源放入铅制造的容器中,容器开有一小孔,让镭的射线射出。然后在射线的垂直方向施以磁场力,奇迹出现了,射线在磁场力作用下,分解为 3 束,科学家把它们分别命名为 α、β、γ 射线,将放射这三种射线的过程分别称为 α、β、γ 衰变。

（1）α 衰变

α 衰变是不稳定重核(一般原子序数大于82)自发放出 α 射线（α 粒子）的过程。α 射线是由 2 个质子和 2 个中子组成的氦原子核($_2$He-4),带 2 个单位正电荷,质量大,速度小,照射物质时易使其原子、分子发生电离或激发,但穿透能力弱,只能穿过皮肤的角质层,用很少的物质如一张纸片即可将 α 射线阻挡。

（2）β 衰变

β 衰变是原子核内质子和中子发生互变的过程,同时放射出 β 射线（β 粒子）。β 射线是高速运动的电子,带 1 个单位的负电荷,电子速度比 α 射线高 10 倍以上,电离作用较小,但穿透能力较强,在空气中能穿透几米至几十米才被吸收,能灼伤皮肤,几毫米厚的铜片才能阻止它的穿透。

（3）γ 衰变

γ 衰变是原子核从较高能级跃迁到较低能级或者基态的过程,同时发射电磁辐射,即 γ 射线（γ 粒子）。γ 射线是一种波长很短的电磁波(波长为 0.007～0.1nm),无电荷,穿透能力极强,几十厘米厚的混凝土或几厘米厚的铅板才能阻止它的穿透(图 4.5),γ 射线与物质作用时产生光电效应、康普顿效应、电子对效应等。γ 射线的自发放射一般都伴随产生 α 射线或 β 射线。

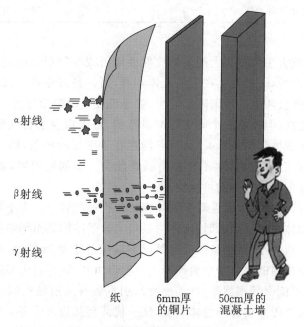

α射线

β射线

γ射线

纸　　6mm厚　　50cm厚的
　　　的铜片　　混凝土墙

图 4.5　三种射线的穿透能力示意

许多天然和人工生产的核素放射出的射线类型除 α、β、γ 以外,还有正电子、质子、中子、中微子等其他粒子。实验表明,温度、压力、磁场都不能显著地影响射线的发射。这是由于温度等只能引起核外电子状态的变化,而放射现象是由原子核内部变化引起的,同核外电子状态的改变关系很小。

4.1.1.4 放射性的危害

首先需要明确一点,我们每个人不管是否接触放射源,在日常生活中都不断受到射线的辐射,例如天然本底的辐射(来自宇宙线以及土壤、建筑物、大气、水、食物中所含的放射性核素造成的辐射),每个地区的本底辐射高低不同,另外佩戴老式夜光手表、胸部透视 X 光、看电视、乘飞机等(表 4.1)都会受到不同剂量的辐射,只要正确认识和防护,放射性辐射就不那么神秘可怕了,在生活中就可以有效避免放射性的伤害。

表 4.1 日常生活中的辐射剂量

项目	剂量
国家规定的安全标准	5mSv/a
北京地区天然本底	2mSv/a
佩戴老式夜光手表	0.01mSv/h
胸部透视 X 光	0.5~1mSv/次
看电视	0.01mSv/h
乘飞机	0.005mSv/h
每天吸 20 支香烟	0.5~1mSv/a
局部癌症放射治疗	30~70Sv

注:1Sv=100rem。

本书讲的放射性危害主要是指大剂量的放射性辐射或小剂量长时间辐射所造成的伤害。射线对人体的危害有两种,一种发生在受照人体本身,另一种发生在后代身上,这两种危害分为随机效应和非随机效应两类。所谓随机效应,就是说发生的概率与剂量大小有关,受到的剂量越大,发生的概率越高,但没有一个确定的剂量范围,像癌以及遗传性疾病就属此类。所谓非随机效应,指其严重程度与剂量有关,而且可能存在着剂量的阈值,即只有所受的剂量超过阈值,才能发生这种效应,如白内障、不育症等就属此类。小剂量照射,非随机效应不可能发生,但不能完全排除发生随机效应的可能性。

目前人们已基本认识到了放射性对生物体损伤的机理和效应。由于射线会引起物质的原子或分子电离,当生物体受射线照射时,机体内某些大分子结构甚至细胞结构和组织结构会遭到直接破坏,引起蛋白质分子、核糖核酸或脱氧核糖核酸分子链断裂,或者破坏一些对代谢有重要意义的酶,使生物体内的水分子电离而产生一些自由基,这些自由基间接影响机体的某些组成成分。这些破坏可能引起细胞变异(如癌变),引发各种放射性疾病。放射性也能损伤遗传物质,主要在于引起基因突变和染色体畸变,使一代甚至几代人受害。

所以,射线引起的人体危害应包括躯体效应(损伤体细胞)和遗传效应(损伤生殖细胞并反映在后代机体)。躯体效应又可分为急性损伤(在短时间内受到大剂量照射而引起)、慢性损伤

（长时间受到小剂量照射而引起）、远期效应（在照射后很长时间才显现出来）。损伤效应不仅取决于总照射量，还与照射率、照射面积和部位以及机体的自身情况（年龄、健康状况等）有关。

人体受射线照射分为外照射和内照射，外照射是机体外部射线对机体的照射，内照射是通过吸入、食入、渗入等途径，放射性同位素进入机体内产生的照射。在大剂量的照射下，放射性可以破坏机体组织的细胞结构，若一次受到 10Sv 以上的剂量，人几天之内就会死亡，这主要是外照射损伤，如原子弹、氢弹等核武器的爆炸。在稀土生产中，主要防止长时间小剂量引起的慢性损伤和远期效应以及过量放射性物质进入体内引起的内照射损伤。

氡对人类的健康危害主要表现为确定性效应和随机效应。确定性效应表现为：氡对人体脂肪有很高的亲和力，暴露在高浓度的氡下，机体会出现红细胞增加、中性白细胞减少、淋巴细胞增多、血管扩张等症状，造成人体造血器官、神经系统、生殖系统和消化系统的损伤。随机效应主要表现为肿瘤的发生。常温下氡及其子体在空气中能形成放射性气溶胶而污染空气，由于它无色无味，很容易被人们忽视，但它却容易被呼吸系统截留，并在局部区域不断累积，氡衰变产生的 α 粒子可在人的呼吸系统造成辐射损伤，诱发肺癌（图 4.6）。

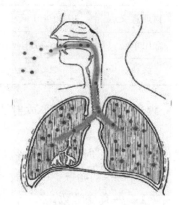

图 4.6　氡对人体肺部的损伤

4.1.2　比活度、内照射指数和外照射指数、氡析出率

4.1.2.1　比活度

（1）放射性活度

放射性活度又称放射性强度，是指放射性核素在单位时间内产生自发性衰变的原子数，即衰变率。活度的单位是"贝可"，简写成 Bq，它的表达式为：

$$A = \frac{\mathrm{d}N}{\mathrm{d}t}$$

放射性活度 A 的物理意义：A 值的大小反映了单位时间内放射性核素衰变量的多少，即 1 贝可（Bq）＝1 衰变/秒（图 4.7）。它用来描述物质的放射性强弱，活度越大，表示物质的放射性越强。

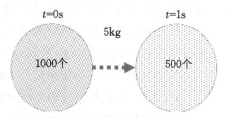

$A=(1000-500)/1s=500Bq$

实际应用的放射源活度范围：几十毫居里(mCi)~百万居里(Ci)
实验室标准源：1000~10000Bq

图 4.7　放射性活度定义的示意

放射性活度的国际单位制(SI)单位是贝可(Bq),但生活中常用的单位(老的单位)是居里(Ci),两者之间的关系见表4.2。

表4.2 放射性活度的单位表

属性	国际单位(法定单位)	非国际单位(常用单位)
单位	贝可(Bq)	居里(Ci)
物理意义	1Bq＝1衰变/秒	1Ci＝3.7×10^{10}衰变/秒(1克镭在1秒内的衰变量)
常用单位	Bq,kBq,MBq	Ci,mCi,μCi
转化		1Ci＝3.7×10^{10} Bq

理论和实验都证明了放射性活度 A 随时间的变化按指数规律减弱,其计算公式为:

$$A_t = A_0 e^{-\lambda t}$$

式中 A_t——t 时刻的放射性活度;

A_0——初始($t=0$)的放射性活度;

λ——衰变常数。

所以,对半衰期较短的放射源,谈及活度时,一定要标明时间,即放射性活度是什么时候的活度,否则没意义。

(2)放射性比活度

放射性活度能够用来反映放射源总的放射性强弱,但不能反映放射源的放射性浓度,在实际应用中,能够反映放射性浓度大小的物理量——放射性比活度应用得更为普遍。

放射性比活度(Specific Activity)也称为比放射性,是指单位质量或单位体积中的放射性活度,单位为 Bq/kg 或 Bq/L、Bq/m³,表达式为:

$$C=A/m \quad 或 \quad C=A/V$$

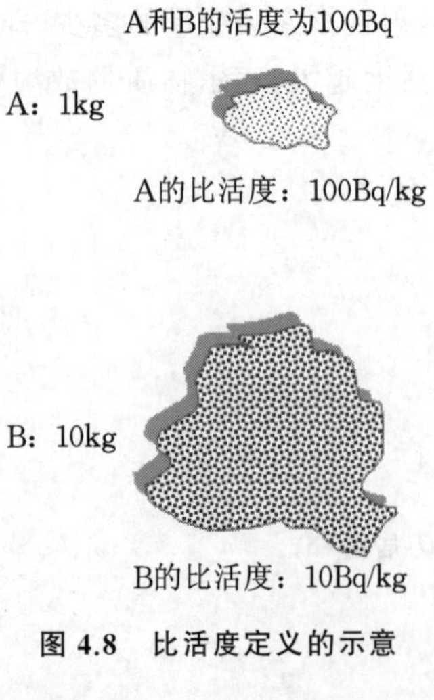

比活度是描述某一物质单位质量或某一空间单位体积中放射性活度的大小,是一个表示浓度的单位(图4.8),一般固体物质的比活度单位用 Bq/kg,液体和气体的比活度单位用 Bq/L 或 Bq/m³,《建筑材料放射性核素限量》(GB 6566—2010)中描述无机非金属建筑材料的比活度大小所用单位是 Bq/kg,《民用建筑工程室内环境污染控制标准》(GB 50325—2020)中描述空气中氡浓度大小所用单位是 Bq/m³。

A和B的活度为100Bq

A：1kg

A的比活度：100Bq/kg

B：10kg

B的比活度：10Bq/kg

图4.8 比活度定义的示意

4.1.2.2 内照射指数和外照射指数

内照射指数和外照射指数的定义均来自《建筑材料放射性核素限量》(GB 6566—2010),主要是用来衡量民用建筑工程中无机非金属材料的放射性比活度大小的一个指标。

内照射指数(Internal Exposure Index):建筑材料中天然

放射性核素镭-226(Ra-226)的放射性比活度,除以规定的限量值(200Bq/kg)而得的商,符号为 I_{Ra},表达式为:

$$I_{Ra} = \frac{C_{Ra}}{200}$$

式中　C_{Ra}——建筑材料中天然放射性核素镭-226 的放射性比活度。

外照射指数(External Exposure Index):建筑材料中天然放射性核素镭-226(Ra-226)、钍-232(Th-232)、钾-40(K-40)的放射性比活度,分别除以其各自单独存在时规定的限量值(分别为 370Bq/kg、260Bq/kg、4200Bq/kg)而得的商之和,符号为 I_γ,表达式为:

$$I_\gamma = \frac{C_{Ra}}{370} + \frac{C_{Th}}{260} + \frac{C_K}{4200}$$

式中　C_{Ra},C_{Th},C_K——建筑材料中天然放射性核素镭-226、钍-232、钾-40 的放射性比活度。

《建筑材料放射性核素限量》(GB 6566—2010)和《民用建筑工程室内环境污染控制标准》(GB 50325—2020)中规定,民用建筑工程中无机非金属材料的内照射指数和外照射指数限量值不仅与材料的用途有关,而且与材料的等级、空心率也有关,具体限量值分别见表4.3、表4.4、表4.5。

表 4.3　无机非金属建筑主体材料放射性限量

项目	限量	项目	限量
内照射指数(I_{Ra})	≤1.0	外照射指数(I_γ)	≤1.0

表 4.4　无机非金属装修材料放射性限量

测定项目	限量		
	A 类	B 类	C 类
内照射指数(I_{Ra})	≤1.0	≤1.3	—
外照射指数(I_γ)	≤1.3	≤1.9	≤2.8

表 4.5　加气混凝土制品和空心率(孔洞率)大于 25% 的建筑主体材料放射性限量

测定项目	限量
表面氡析出率[Bq/(m² · s)]	≤0.015
内照射指数(I_{Ra})	≤1.0
外照射指数(I_γ)	≤1.3

注:空心率是指空心建筑材料制品的空心体积与整个空心建筑材料制品体积之比的百分率。

4.1.2.3　氡析出率

氡析出率(Radon Exhalation Rate):土壤或材料表面在单位面积、单位时间内析出的氡的放射性活度，符号 R，单位 Bq/(m^2·s)，表达式为：

$$R = \frac{A_{Rn}}{\Delta S \cdot \Delta t}$$

由于氡析出率主要是反映介质表面单位面积、单位时间内的氡活度大小，所以又称为表面氡析出率，分为材料表面氡析出率和土壤表面氡析出率。

氡是铀的唯一气体子体且为惰性气体，比其他任何子体迁移都要容易，由于土壤、废石、尾矿等（以及衍生的建材制品）都属于多孔介质，氡在多孔介质表面的迁移（析出）主要分为扩散和对流两种方式，根据流体（空气和水）在多孔介质中的迁移理论，表面氡析出率不仅与介质中镭的含量有关，还与介质的孔隙度、颗粒的大小、孔隙的几何形状、含水量以及外界环境温度、湿度、大气压力的变化等因素有关。

我国矿冶系统测量氡析出率的方法，主要有局部静态法、驻极体收集积分法和活性炭盒吸附法等，目前采用较多的仪器是直读式氡析出率测量仪。《民用建筑工程室内环境污染控制标准》(GB 50325—2020)中规定：

① 民用建筑工程所使用的加气混凝土制品和空心率（孔洞率）大于 25% 的空心砖、空心砌块等建筑主体材料，表面氡析出率限量值为 $R \leq 0.015$ Bq/(m^2·s)；

② 已进行过土壤中氡浓度或土壤表面氡析出率区域性测定的民用建筑工程，土壤氡浓度平均值 $C \leq 10000$ Bq/m^3 或土壤表面氡析出率平均值 $R \leq 0.02$ Bq/(m^2·s)，且工程场地所在地点不存在地质断裂构造时，可不再进行土壤氡的测定；

③ 民用建筑工程场地 $C \leq 20000$ Bq/m^3 或 $R \leq 0.05$ Bq/(m^2·s)时，可不采取防氡工程措施；

④ 民用建筑工程场地 20000 Bq/m^3 $< C < 30000$ Bq/m^3 或 0.05 Bq/(m^2·s)$< R < 0.1$ Bq/(m^2·s)时，应采取建筑物底层地面抗开裂措施；

⑤ 民用建筑工程场地 30000 Bq/m^3 $\leq C < 50000$ Bq/m^3 或 0.1 Bq/(m^2·s)$\leq R < 0.3$ Bq/(m^2·s)时，除采取建筑物底层地面抗开裂措施外，还必须按现行国家标准《地下工程防水技术规范》(GB 50108—2008)中的一级防水要求，对基础进行处理；

⑥ 民用建筑工程场地 $C \geq 50000$ Bq/m^3 或 $R \geq 0.3$ Bq/(m^2·s)时，应采取建筑物综合防氡措施。

4.2 氡 的 检 测

4.2.1 控制室内氡浓度的国家标准

4.2.1.1 室内氡浓度的限量标准

为了综合评价地面建筑和地下建筑室内氡浓度的水平，现将我国现有的氡浓度国家标准和控制指标汇总如下：

(1)《室内空气质量标准》(GB/T 18883—2002)

《室内空气质量标准》(GB/T 18883—2002)由国家质量监督检验检疫总局、卫生部和国家环境保护总局于 2002 年 11 月 19 日发布,并于 2003 年 3 月 1 日正式实施。该标准适用于住宅和办公建筑物,规定了室内空气质量标准,其中氡-222 浓度的年平均值为 400Bq/m³。

(2)《室内氡及其子体控制要求》(GB/T 16146—2015)

《室内氡及其子体控制要求》(GB/T 16146—2015)由国家质量监督检验检疫总局和国家标准化管理委员会于 2015 年 6 月 2 日发布,并于 2016 年 1 月 1 日实施。该标准适用于公众居住的室内(包括作为住房的地下空间),不适用于非居住性的地面建筑和地下建筑。

该标准将建筑物分为已建和新建两类,采用氡浓度年平均值作为控制标准。对已建的建筑物,可考虑采取简单补救行动控制氡及其子体照射,使室内的氡浓度年平均值不超过 300Bq/m³;对新建的建筑物,应在设计和建造时加以控制,使室内的氡浓度年平均值不超过 100Bq/m³。

(3)《民用建筑工程室内环境污染控制标准》(GB 50325—2020)

《民用建筑工程室内环境污染控制标准》(GB 50325—2020)由住房和城乡建设部和国家市场监督管理总局于 2020 年 1 月 16 日发布,并于 2020 年 8 月 1 日实施。该标准适用于新建、扩建和改建的民用建筑工程室内环境污染控制,不适用于工业建筑工程、仓储性建筑工程、构筑物和有特殊净化卫生要求的房间。

该标准根据控制室内环境污染的不同要求,将民用建筑分为 I 类和 II 类:I 类民用建筑工程室内环境氡浓度限量为 150Bq/m³,II 类民用建筑工程室内环境氡浓度限量为 150Bq/m³。

该标准还规定了民用建筑工程场地土壤氡浓度的限量要求以及需采取的相应防护措施,详见 4.1.2.3 节。

(4)《建筑材料放射性核素限量》(GB 6566—2010)

为了从放射源控制室内的氡浓度水平,国家质量监督检验检疫总局和国家标准化管理委员会发布实施了《建筑材料放射性核素限量》(GB 6566—2010),该标准于 2010 年 9 月 2 日发布,并于 2011 年 7 月 1 日实施。

该标准适用于对放射性核素限量有要求的无机非金属类建筑材料,规定了建筑材料放射性核素限量和天然放射性核素镭-226、钍-232、钾-40 放射性比活度的试验方法。

该标准将建筑材料分为建筑主体材料和建筑装修材料两大类,再将建筑装修材料分为 A、B、C 三类,分别用内照射指数和外照射指数作为控制标准,详见 4.1.2.2 节。

(5)《人防工程平时使用环境卫生要求》(GB/T 17216—2012)

《人防工程平时使用环境卫生要求》(GB/T 17216—2012)由卫生部和国家标准化管理委员会于 2012 年 6 月 29 日发布,并于 2012 年 10 月 1 日实施。该标准适用于平时功能为旅馆(含招待所、宾馆等)、商场、舞厅(含游艺厅、茶座、多功能厅等)、影剧院(含音乐厅、录像厅、会堂等)、餐厅、医院及游泳馆等七类人防工程。

该标准以《人民防空工程战术技术要求》为依据,将人防工程分为 I 类和 II 类:I 类人防工程室内平衡当量氡浓度上限为 200Bq/m³,II 类人防工程室内平衡当量氡浓度上限为

$400Bq/m^3$。

4.2.1.2 室内氡浓度的检测标准

目前我国现行的检测氡浓度的国家标准,除上述的部分限量标准中包含有一些检测方法外,主要还有以下几个氡浓度的检测标准:

(1)《环境空气中氡的标准测量方法》(GB/T 14582—1993)

《环境空气中氡的标准测量方法》(GB/T 14582—1993)由国家环境保护局和国家技术监督局于1993年8月30日发布,并于1994年4月1日实施,2004年10月14日复审。该标准适用于室内外空气中氡-222及其子体α潜能浓度的测定。

该标准规定了可用于测量环境空气中氡及其子体的四种测定方法,即径迹蚀刻法、活性炭盒法、双滤膜法和气球法,其中径迹蚀刻法和活性炭盒法是被动式采样,双滤膜法和气球法是主动式采样,它们有不同的探测下限。

该标准规定的氡测量方法是目前使用比较普遍的几种测定室内空气中氡浓度的方法,也是目前市场上众多环境氡测量仪器的技术基础。

(2)《空气中氡浓度的闪烁瓶测量方法》(GB/T 16147—1995)

《空气中氡浓度的闪烁瓶测量方法》(GB/T 16147—1995)由国家技术监督局和卫生部于1996年1月23日发布,并于1996年7月1日实施,2004年10月14日复审。该标准适用于室内外及地下场所等空气中氡浓度的测量,规定了空气中氡浓度的闪烁瓶测量方法。

该标准是《环境空气中氡的标准测量方法》(GB/T 14582—1993)的补充和完善,后来卫生部又发布了《空气中氡浓度的闪烁瓶测定方法》(GB Z/T 155—2002),两个标准的内容基本相同,并规定当《空气中氡浓度的闪烁瓶测量方法》(GB/T 16147—1995)与《空气中氡浓度的闪烁瓶测定方法》(GB Z/T 155—2002)不一致时,以《空气中氡浓度的闪烁瓶测定方法》(GB Z/T 155—2002)为准。

(3)《室内氡及其衰变产物测量规范》(GB Z/T 182—2006)

《室内氡及其衰变产物测量规范》(GB Z/T 182—2006)由卫生部于2006年11月3日发布,并于2007年4月1日实施,2013年12月13日复审。该标准适用于住宅、工作场所和公共场所等室内氡及其衰变产物的测量,规定了室内氡及其衰变产物浓度测量的程序、结果评价和质量保证等技术内容。

(4)《建筑物表面氡析出率的活性炭测量方法》(GB/T 16143—1995)

《建筑物表面氡析出率的活性炭测量方法》(GB/T 16143—1995)由国家技术监督局和卫生部于1996年1月23日发布,并于1996年7月1日实施,2004年10月14日复审。该标准适用于建筑物平整表面的氡析出率的测定,规定了用活性炭累积吸附,γ能谱分析测定建筑物表面氡析出率的方法。

综上所述,本书编者通过查阅文献资料,建议室内氡浓度的限量标准采用《民用建筑工程室内环境污染控制标准》(GB 50325—2020)的规定限值,建筑材料的限量标准采用《建筑材料放射性核素限量》(GB 6566—2010)的规定限值,氡浓度的检测标准采用《环境空气中氡的标准测量方法》(GB/T 14582—1993)中的方法。

4.2.2 氡的采样技术

4.2.2.1 环境中氡的分布特点

氡在环境中的分布很广,了解氡的来源和分布特点,有助于更加准确地采集和测量环境中氡的浓度。环境中氡的来源主要有以下几方面:

(1) 土壤中析出的氡。在地层深处含有铀、镭、钍的土壤和岩石中人们可以发现高浓度的氡,这些氡可以通过地层断裂带,进入土壤和大气层,并沿着地裂缝扩散到室内。所以,一般而言低层住房室内氡含量相对较高。

(2) 建筑材料中析出的氡。建筑材料是室内氡的最主要来源,如花岗岩、砂、水泥及石膏等,特别是含有放射性元素的天然石材,易释放出氡。从近年来室内环境检测的结果来看,此类问题不可忽视。

(3) 户外空气进入室内的氡。在室外空气中,氡的辐射剂量被稀释到很低,对人体几乎不构成威胁。可是一旦进入室内,就会在室内大量地积聚,而且还具有明显的季节变化,通过试验可知,冬季最高,夏季最低。可见,室内通风状况直接决定了室内氡气对人体危害性的大小。

(4) 用于取暖和厨房设备的天然气中释放出的氡,以及地下水释放出的氡。这方面,只有水和天然气中氡的含量比较高时才会有危害。

总之,氡在环境中的分布特点为:土壤中氡的浓度最高,地下水中氡浓度次之,建筑物内空气中氡浓度再次之,户外大气中氡浓度最小(图4.9)。

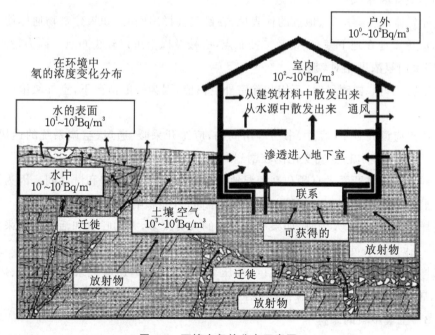

图4.9 环境中氡的分布示意图

4.2.2.2 室内空气中氡的采样

空气中氡的采样大体上可以分为瞬时采样、连续采样和累积采样三种方法。

① 瞬时采样是指采样一定时间后,立即进行测量,测出的是某一时刻的氡浓度值。这种方法特别适用于工作场所的氡监测及氡水平调查中的筛选测量。

② 连续采样是对被测空气进行连续采样和测量,得出的氡气浓度随着时间的变化情况。连续监测设备一般较复杂,造价也比较昂贵,因此只适用于某些专题研究和重点场所的连续监测。

③ 累积采样可测量几天、几个月,甚至几年内空气中氡浓度的平均值或累积暴露量。该采样方法的设备简单,成本低廉,采样与测量系统分立,便于大量布点,适合于大规模的氡浓度调查。

根据上述环境中氡的分布特点,结合《民用建筑工程室内环境污染控制标准》(GB 50325—2020)和《环境空气中氡的标准测量方法》(GB/T 14582—1993)中的相关要求,在室内空气中氡的采样过程中应该注意以下几点:

① 民用建筑工程验收时,应抽检有代表性的房间的室内氡浓度,抽检数量不得少于房间总数的5%,且不得少于3间,房间总数少于3间时,应全数检测。

② 室内环境中氡浓度检测时,对采用集中通风的民用建筑工程,应在通风系统正常运行的条件下进行;对采用自然通风的民用建筑工程,应在房间的对外门窗关闭24h后进行。

③ 氡浓度现场检测点应距内墙面不少于0.5m,距楼地面高0.8~1.5m,检测点数应按房间面积设置,具体要求按照3.2.2节进行。

④ 抽样要体现各类房间、地点的代表性,在确定抽样房间时,如果建筑物通体使用的建筑材料相同,应更多地在地下室、一楼及二楼布点,三楼及以上可以较少布点。因为检测表明,三层以下住房室内氡浓度相对较高。

⑤ 氡浓度现场取样测量时,不用扣除室外空白值,因为一般情况下,室外氡浓度值比室内低得多。

⑥ 采样点应设在卧室、客厅、书房等房间内,应避开采暖、通风、空调系统的通风口、火炉以及门、窗、走廊等能引起空气变化比较剧烈的地方。

⑦ 采样点还应避开阳光直晒和高潮湿地区,一般不选择在厨房和洗澡间。因为厨房排风扇产生的通风会影响测量结果。洗澡间的湿度很高,可能影响某些仪器的灵敏度。

⑧ 采样过程以2~3人为宜,如果进入场地的人员太多,人的呼吸和活动会对采样器产生扰动。采样期间内,人员出入封闭的自然间,应迅速关闭门。

⑨ 采样记录除采样位置、温度、湿度、气压等常规信息外,还应记录房屋类型、建筑材料、采暖方式、居住者的吸烟习惯,室内电扇、空调运转等情况。

4.2.2.3 土壤中氡的采样

从地下土壤扩散到建筑物中是使室内氡浓度上升的最为普遍的原因。调查显示,基础工程范围内土壤中氡对建筑物未来室内氡污染影响最大,从工程最开始就进行有关于氡的防护效果更好,成本更低。《民用建筑工程室内环境污染控制标准》(GB 50325—2020)要求:对于新建、扩建的民用建筑工程,特别是工程处于地质构造断裂区域时,必须进行建筑场地土壤中氡浓度的测定。

土壤中氡浓度检测关键是如何采集土壤中的空气。土壤间隙中的空气氡浓度一般在数百贝可每立方米以上,这样高浓度的氡的测量宜采用静电扩散法、电离室法或闪烁瓶法等现场测定的方法。所以,土壤中氡的采集和现场检测应该注意以下几点:

(1)建筑场地土壤中氡浓度的检测,应在工程地质详细勘探阶段进行,检测时场地的地面标高宜与建筑物室外标高一致。

(2)取样数量及要求:检测土壤中的氡气浓度时,在工程地质勘察范围内以10m间距作网格,各网格交叉点即为检测点(当遇到较大石块时可偏离±2m),但布置点数不应少于16个,布点位置应覆盖基础工程范围。测取点应尽量选取在没有充水或者潮湿度不大的正常土壤中。

工程现场取样布点密一点当然好,可以测得仔细一些。但确定以10m网格测量取样,主要考虑以下原因:①一般情况下,一块地域内土壤的天然成分不会有大的起伏,按10m网格取样应具代表性;②如果地下有地质构造而向上扩散氡气,一般应有相当范围,不会只集中在地面很小一个区域,按10m网格取样应可以发现问题;③在能够满足工作要求的情况下,布点不必过密,尽量减少工作量,一个熟练人员进行现场取样测量,一个检测点需时大约10min,一般工程项目1d内可以完成室外作业。土壤中氡浓度随地下水情况、地温、土壤湿度、密实程度、地表面空气流动等情况变化而变化,因此,为减少外部影响,增加数据的可比性,最好一个工程项目范围内的取样测试在1d内完成。例如,一个工程项目的用地面积为13303.24m²,则13303.24÷(10×10)=133.03,所以应布134个点。

(3)基础范围以外的测点不得少于5个,各测点离基础外边缘的距离不应小于10m。当工程处于地质构造断裂带时,以地质构造断裂带的走向为轴线,在其两侧基础范围以外的非地质构造断裂区域应各布不少于5个测点。

(4)在每个检测点,应采取专用钢钎打孔(土质较软地区,可将取样器直接插入土壤),孔径宜为20～40mm,孔的深度宜为600～800mm,但在地下水较浅的地区,深度可适当减小。

取样器插入地表土壤的深度太深,将加大测试工作的难度,也不太必要。如果孔太浅,土壤中氡含量易受大气环境影响而不足以反映深部情况。所以参照《铀矿勘查氡及其子体测量规范》(EJ/T 605—2018)及地质探矿的经验,深度取600～800mm较为适宜。

(5)成孔后,应使用头部有气孔的特制取样器,插入采样孔中,取样器在靠近地表处应进行密闭,避免大气渗入孔中,然后进行抽气采样。

(6)在现场实际工作中,总要先通过一系列不同抽气次数的试验,观察测量数据的变化,选择并确定最佳抽气次数后,再正式进行取样采样测试。

(7)取样测试时间宜在8:00—18:00之间,现场取样测试工作不应在雨天进行,如遇雨天,应在雨后24h后进行。

（8）现场采样测试应有记录，记录内容需包括测试点布设图、成孔点土壤类别、现场地表状况描述、测试前24h以内工程地点的气象状况等。

4.2.3 氡的检测技术

4.2.3.1 常用的氡测量方法

《环境空气中氡的标准测量方法》（GB/T 14582—1993）中规定的四种方法分别为：径迹蚀刻法、活性炭盒法、双滤膜法和气球法。除此之外，目前常用的氡测量方法还有电离室法、静电扩散法、闪烁室法、驻极体测氡法等。下面将分别介绍这几种方法的原理和对应的仪器，以及各种方法的优缺点和使用时的注意事项。

（1）电离室法

电离室法的工作原理是：含氡气体进入电离室后，氡及其子体放出的 α 粒子使空气电离，产生电子空穴对。电离室的中央电极积累的正电荷使静电计的中央石英丝带电，在外电场的作用下，石英丝发生偏转，偏转速度与其上的电荷量成正比，即与氡浓度成正比，测出偏转速度就可得出氡的浓度。

图4.10　DOSEman 氡气监测仪

该方法的优点是：方法可靠，直接快速，既可以直接收集空气样品进行测量，也可以使空气不断流过测量装置进行连续测量，在实验室使用可较快地给出氡浓度及其动态变化。该方法的缺点是：灵敏度低（探测下限为 $10 \sim 40$ Bq/m³），不适合低水平测量；设备笨重，不便于现场使用；测量时间较长，读数方法原始，要用肉眼观察指示丝的偏转速度。不过，德国最新研制的便携式数显 DOSEman 氡气监测仪（图 4.10），以及我国成都理工大学开发的 CD-1α 杯测氡仪，都很好地克服了这一方法的不足。

（2）闪烁室法

闪烁室法又称闪烁瓶法，是《空气中氡浓度的闪烁瓶测量方法》（GB/T 16147—1995）中的标准方法，其工作原理是：氡进入闪烁室后，氡及其子体衰变产生的 α 粒子使闪烁室壁的 ZnS(Ag) 产生闪光，经光电倍增管将光信号转变成电脉冲信号，再经过电子学线路放大、记录，单位时间内的脉冲数与氡浓度成正比，从而可确定氡浓度。利用此方法研制的仪器有北京核仪器厂生产的 FD-125 型氡分析仪和核工业北京地质研究院生产的 FD-216 环境氡测量仪。

该方法的优点是：操作简便，准确度高，探测下限低（其探测下限与闪烁室的几何形状等有关，一般可达 3.7Bq/m³，设计较好的可达 0.37Bq/m³）。该方法的缺点是：测量时间较长（3h 以上）；要求的设备较多导致仪器笨重，不便于现场检测；沉积于室内壁的氡子体难以清除，使闪烁室的本底随时间增加，探测效率随时间减小，应用于长期连续测量时，需要定期在线刻度，使用时应经常用氮气或老化空气清洗，保存时应充入氮气封闭以保持较低的本底，并经常刻度以保持测量的准确性。另外,瞬时取样测量时间过短,长时间取样测量操作又比较麻烦,加之价格不便宜,所以此法使用较少。

（3）静电扩散法

静电扩散法的工作原理是:采样室内外存在氡浓度差,被测环境中的氡以扩散的形式或者被抽气泵抽进采样室内,0.25h 左右建立平衡。进入采样室之前,外面的氡经过泡沫塑料时已经将气体中已有的氡子体过滤,进入采样室的氡衰变产生氡子体,主要是 Po-218 正离子,在电场作用下被收集在中央电极上,如图 4.11 所示。由 Po-218 再衰变产生的 α 粒子被光电倍增管收集,经电子学线路整形,计数得到相应的脉冲数,通过相对刻度就可以确定待测空气的氡浓度。使用此方法的典型仪器有 Model-1027 型连续测氡仪和 RAD7 氡气探测器等,如图 4.12 所示。

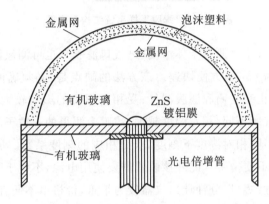

图 4.11　静电扩散法探头结构示意图

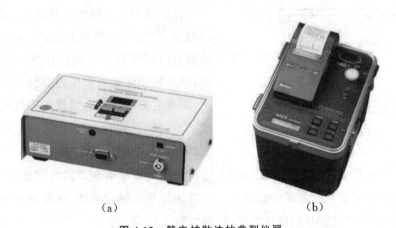

（a）　　　　　　　　　　　　　（b）

图 4.12　静电扩散法的典型仪器

（a）Model-1027 型连续测氡仪；（b）RAD7 氡气探测器

该方法的优点是:探测下限较低（一般为 1.85 Bq/m³）,既可用于室内氡浓度的瞬时测量,也可连续监测氡浓度的动态变化。该方法的缺点是:设备笨重,不便于现场使用;中央电极的收集效率受相对湿度影响较大,探测效率因辐射损伤而降低,使用时需分别标定。

（4）双滤膜法

双滤膜法的工作原理是:抽气过程中,入口滤膜滤掉空气中已有的氡子体,"纯氡"在通过双滤膜筒的过程中又生成新的子体(主要是 Po-218),其中一部分被出口滤膜收集,测量出口滤膜上的 α 粒子放射性活度,根据氡子体固有的积累、衰变规律即可求出待测空气中的氡浓度。双滤膜采样系统的结构如图 4.13 所示。

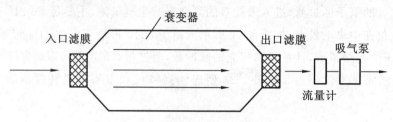

图 4.13　双滤膜采样系统结构示意图

该方法的优点是:既可用来测氡子体浓度(进气口滤膜),也可测氡浓度(出气口滤膜),而且探测下限低(约为 3.7Bq/m³),方便快速。该方法的缺点是:必须确保出口滤膜不被双滤膜之外的氡污染,即必须防止衰变筒和滤膜漏气;受相对湿度的影响较大,影响的程度对于不同大小和形状的双滤膜筒有所不同,相对湿度越大,滤膜上测得的 α 粒子放射性活度越大。解决的办法是将双滤膜筒在不同相对湿度下刻度,求得相应的刻度系数。加大衰变筒体积可以提高灵敏度,但衰变筒太大不便携带。此外该装置需要使用电源,不便于野外使用。此法虽可用于工程检测,但取样时间过短(以分钟计),仪器较为笨重,价格也不便宜。

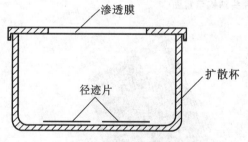

图 4.14　径迹蚀刻法采样器结构示意图

（5）径迹蚀刻法

径迹蚀刻法又称固体径迹法,属于被动式采样测量方法,其工作原理是:空气中的氡气通过滤膜自由扩散到装有固体径迹探测器的测量杯中,氡及氡子体衰变产生的 α 粒子碰撞到径迹片上,沿着它们的轨迹造成原子尺度的辐射损伤径迹。将此探测器在一定条件下进行化学或电化学蚀刻,扩大损伤径迹,然后在光学显微镜下或用自动火花计数器作径迹计数。单位面积上的径迹数与氡浓度和暴露时间的乘积成正比,根据刻度系数计算出暴露期间的平均氡浓度。该方法是累计测量方法,属被动式采样。径迹蚀刻探测器由扩散杯、渗透膜和径迹片组成,结构如图 4.14 所示。

该方法的优点是:操作简单,价格低廉,测量期间不需要电源,体积小便于野外作业;径迹稳定,测量结果重现性好,可多点同时测定,可进行环境水平氡浓度的长期累积测量,直接得到被测场所氡的年平均浓度,适用于大批量样品的采集和大规模的氡水平调查。该方法的缺点是:测量周期太长(对目前可利用的探测器来说,建议测量时间不少于 30d),不适宜于工程检测使用;并且在低浓度下,具有较大的固有精度误差;另外,数径迹易产生误差,探测器在测量杯中的位置和测量杯的体积对灵敏度的影响较大,杯体材料产生静电对准确度有干扰。

(6) 活性炭盒法

活性炭盒法,又称活性炭吸附法,是一种被动式、静态累积测氡方法。活性炭盒通常用塑料或金属制成,直径 6~10cm,高 3~5cm,内装 25~200g 活性炭,敞口处带有滤膜或用青铜粉烧结而成的金属过滤器,结构如图 4.15 所示。

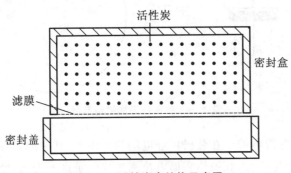

图 4.15 活性炭盒结构示意图

该方法的工作原理是:利用活性炭对惰性气体有强吸附力的特点,待测空气中的氡扩散进炭床内被活性炭吸附,同时氡衰变产生的子体也沉积在活性炭床中,待其中的氡与其子体达到放射性平衡后,采用 γ 谱仪测量活性炭盒的氡子体特征(γ 射线峰或峰群强度),根据经标准氡室刻度后的校正系数,可计算出被测场所暴露期间的平均氡浓度。另外还有一种利用解析原理的活性炭吸附法,就是将活性炭吸附的氡通过加热解吸到电离室或闪烁室中进行测量。

活性炭盒法的优点是:操作简捷,布样方便,成本低廉,体小无电源,不用维修,可重复使用;方法灵敏度高(探测下限可达 6Bq/m³),测量结果准确,可实现 γ 谱仪的充分利用,适合大规模的氡调查,也适用于工程检测。该方法的缺点是:活性炭对氡的吸附并非完全积累过程,因此采样结束前的氡浓度对平均结果的影响较大,只能用于短期测量(2~7d);而且活性炭的吸附性能受空气中温度、湿度影响较大,不适合在户外和湿度较大的地区使用。

(7) 气球法

气球法是在双滤膜法原理的基础上发展起来的,所不同的是用气球代替了双滤膜筒,所采用的气路和测量原理与双滤膜法完全相同(图 4.16),它克服了双滤膜法不便携带的缺点。气球法属于主动式采样,是瞬时测量方法,可以同时测量氡及其子体的浓度。

该方法的优点是:操作简单,设备体积小,方便快速,仅需 0.5h 即可给出氡浓度和子体潜能;测量准确,能满足低浓度氡的测量,其采样体积不受限制,增加气球体积即可降低探测下限,适用于环境本底调查、环境质量评价等方面的氡浓度测量。该方法的缺点是:由于是瞬时测量,所测的室内氡浓度具有很大的波动性,不适合风力较大的场合测量;而且气球的球壁效应(吸附和泄露)和相对湿度对结果的影响较大。为此,使用时要注意气球内外氡浓度不能差异太大,测量时间不能过长,对气球要在不同相对湿度下进行标定,求出相应的湿度修正因子。

(8) 驻极体测氡法

驻极体测氡法是近年来发展起来的一种方法,其工作原理是:氡及其子体使其周围的空气

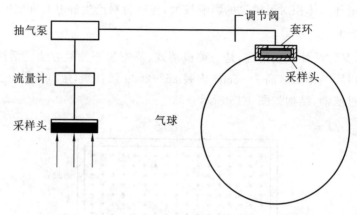

图 4.16　气球法采样结构示意

电离产生带电粒子,这些带电粒子在驻极体静电场的作用下,其中的异号带电粒子会使驻极体的表面电荷特性发生变化,利用驻极体表面电位测量仪记录这种变化,经过刻度就可确定待测空气中的氡浓度。

该方法的优点是:成本低,质量轻,体积小,驻极体表面电荷信息稳定,测量时间不受限制,驻极体片可重复使用,其灵敏度的可变范围与收集室的体积和驻极体的厚度有关,既可用于短期测量,也可用于长期测量,无须电源,设计合适的收集室还可用于测氡析出率。该方法的缺点是:驻极体的使用和保存需特别小心,触及其表面会改变其上的电位;单独一片驻极体片的可探测范围窄,需用不同厚度的驻极体片才能适应较宽的探测范围;对天然本底辐射较灵敏,测量中需作修正。

(9) 热释光法

热释光法的工作原理与径迹蚀刻法相似,只是利用对 α 射线灵敏,对 β、γ 射线相对不灵敏的热释光片(LiF)记录 α 粒子活性来确定氡浓度。将安置有热释光片的收集室放置于待测场所后,氡就会通过自由扩散进入收集室内,进入灵敏体积的氡衰变产生的新一代子体(主要是 Po-218)在外电场的作用下,被中央电极收集,其前端的 LiF 片记录下 α 粒子活性。暴露一定时间后,用热释光剂量仪测量 LiF 片,得到的计数正比于氡的积分浓度。由放置时间即可求出某时间段内氡的平均浓度,当暴露 1 周时,可探测的平均氡浓度下限可达 $1.1 Bq/m^3$,其灵敏度和收集室的体积有关,需要试验确定。

该方法的优点是:成本低廉,小型无电源,无噪声,虽然精度比径迹法稍差,但其数据的读取却方便得多,适用于大规模的氡水平调查。该方法的缺点是:热释光探测器的响应受环境温度和风速的影响较大,使用时应选择适当的位置或采取简单的遮挡以使空气流稳定。热释光随时间的衰退和荧光物质或包装材料里微量放射性的贡献会影响结果的准确性和可靠性,这种影响对于进行长时间的环境测量,而读取数据前又耽搁一段时间的情况变得较为突出,另外相对湿度的影响较大。

4.2.3.2　氡测量方法的分类和选择

根据上述各方法的特点和采样方式的不同,可将氡的测量方法分为 3 大类(表 4.6),分别适用于不同的监测目的和场合。

表 4.6　常见的氡测量方法分类及其特点

采样方式	方　法	特　点
瞬时采样	电离室法	直接,快速,灵敏度较低,设备笨重
	闪烁室法	操作简便,灵敏度较高,野外使用不便
	双滤膜法	可同时测量氡及其子体浓度,受湿度影响大,不便携带
	气球法	简单,快速,便于携带,球壁效应难以修正,受湿度影响较大
连续采样	闪烁室连续监测法	连续监测设备的共同特点是自动化程度高,可连续监测氡浓度的动态变化,缺点是设备都比较复杂,不便于野外使用,较昂贵
	自动双滤膜法	
	静电扩散法	
	流气式电离室法	
时间累积采样	固体径迹法	设备便于携带或邮寄,径迹稳定(不易衰退),无须及时测量,适合大规模布点,只用于长期测量
	热释光法	设备小型价廉,无电源,无噪声,精度比径迹法稍差,读数方便,受湿度影响大
	活性炭吸附法	灵敏度高,成本低,操作简便,无噪声,能重复使用,只用于短期测量,受湿度影响大
	驻极体测氡法	设备价廉、质量轻、体积小,电荷信息稳定,可重复使用,不受温、湿度影响,可用于长期和短期测量

（1）瞬时采样测量

在工作场所氡的防护监测中常需对某一特定场所的氡及其子体浓度进行不定期的监测,以便及时发现异常,采取相应的防护措施。要求能通过简单的测量,迅速确定该场所是否含有较高的氡浓度。在大规模室内氡水平的调查中,一般要进行筛选测量和跟踪测量。筛选测量的任务之一是以快速和很小的代价来确定该住宅是否对居住者有引起高照射的潜在可能性,决定是否需要采用跟踪测量以及采用何种形式的跟踪测量。另外,通过对大量住宅的快速调查,以便有效地鉴别那些含氡浓度高的房屋,确定进一步跟踪测量的对象,避免把时间和资金浪费在那些对健康不构成危险的住宅内。这就需要花费少、操作简单、能快速给出结果的测量方法,按其采样特点称之为瞬时采样测量方法。

这些方法特别适用于工作场所的氡监测,也常用在氡水平调查中的筛选测量,由于其不能给出长时间氡浓度的平均值,一般不用于氡水平调查的跟踪测量,也不如累积法那样布点方便。

（2）连续采样测量

出于研究的目的,需要知道氡及其子体浓度的动态变化,以及其与影响因素的关系,需对氡浓度进行连续监测。连续监测设备一般较复杂,造价也比较昂贵,因此适用于某些专题研究和重点场所的连续监测。虽然也能给出一段时间的平均氡及其子体浓度,但由于其不便携带,检测期间需要电源,一般不用于跟踪测量中。

（3）时间累积测量

在进行氡水平的跟踪测量和估算公众所受的剂量时,常需知道氡在一段时间内的平均水平,以便对居民所受的实际或最大可能的照射进行准确可靠的估计。这时瞬时采样测量和连续采样测量不能满足这种需要,累积测量方法逐渐受到人们的重视。采样时间的长短取决于所用技术的灵敏度。这种方法的探测下限低,能够探测瞬时采样测量法和连续采样测量法无法探测的氡水平。设备简单,成本低廉,采样与测量系统分立,便于大量布点,适合于大规模的氡水平调查。

综上所述,氡浓度的测量技术很多,寻找到快速高效、成本低廉、结果准确的方法,是进行氡浓度测量的第一步。在选择测量方法时,应考虑如下几个因素:

① 确定所研究问题的性质,决定方法的类别。如果是大面积氡浓度普查,可考虑径迹蚀刻法、活性炭吸附法等累计测量方法;如果是快速的现场检测,可采用瞬时或连续采样测量的电离室法和双滤膜法等。

② 方法的可获得性。确定了方法和类别后,就应考虑这类方法哪些是本实验室具备的。如果只有一种方法可以使用,那就用它,如果还有其他方法,则方法所需的费用和时间就成了首先考虑的问题。

③ 方法所需的费用和时间。如果有几种方法可以使用,则应对所有可能的方法进行分析,选择最适合检测要求、费用最低、时间最短的方法。

④ 其他因素。选择方法时还应考虑和测量有关的问题,如布点是否方便,操作是否简便,人员是否需专门培训,维修是否方便以及维修费用的多少。对居民区氡水平的调查,还应考虑对居民生活的影响,居民的可接受程度等。

通过选择适宜的方法可以尽量避开或消除相应的影响因素,从而确保检测结果的准确性,尽快地达到预期的检测目的。《民用建筑工程室内环境污染控制标准》(GB 50325—2020)第 6.0.6 条规定:民用建筑工程室内空气中氡的检测宜采用泵吸静电收集能谱分析法、泵吸闪烁室法、泵吸脉冲电离室法、活性炭盒-低本底多道 γ 谱仪法,测量结果不确定度不应大于 25%($k=2$),方法的探测下限不应大于 10Bq/m^3。

4.2.3.3 FD216 环境氡测量仪

目前,在众多氡浓度测量方法和仪器中,使用比较普遍的检测仪器是核工业北京地质研究院生产的 FD216 环境氡测量仪(图 4.17),所以本书将该仪器单独列出进行介绍。该仪器具有适用范围广、灵敏度高、体积小便于携带、价格较低、结果准确等优点,在环境、地质、医疗等领域被广泛使用。

工作原理:以闪烁室法为基础,用气泵将含氡的气体吸入闪烁室内,氡及其子体发射的 α 粒子使闪烁室内的 ZnS(Ag)涂层发光,光电倍增管再把这种光信号变成电脉冲。由单片机构成的控制及测量电路,把探测器输出的电脉冲整形,进行定时计数。单位时间内的脉冲数与氡

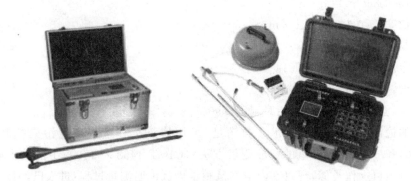

图 4.17　FD216 环境氡测量仪

浓度成正比,从而确定空气中氡的浓度,如图 4.18 所示。

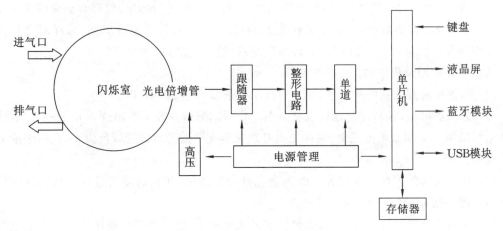

图 4.18　FD216 工作原理示意图

该仪器有 4 种测量功能供选择,分别是环境空气氡测量、氡析出率测量、水中氡测量和土壤氡测量,可根据需要选择不同的测量功能(仪器标配为环境空气氡及土壤氡测量功能,氡析出率和水中氡测量为选配件)。仪器相关检测项目及技术参数见表 4.7。

表 4.7　FD216 检测项目及技术参数

检测项目	测量范围	检测时间	时间设置
环境空气氡	$3 \sim 10000 \mathrm{Bq/m^3}$	31min	充气时间:10min 测量时间:20min 排气时间:1min
土壤氡	$300 \sim 100000 \mathrm{Bq/m^3}$	8min	充气时间:2min 测量时间:2min 排气时间:4min

其他技术参数为:

灵敏度:≥0.8cpm/[Bq·m⁻³];

本底计数率:≤0.4cpm/[Bq·m⁻³];

测量重复性误差:≤5%;

长期稳定性误差(8h)≤10%;

不确定度:≤20%;

工作环境:温度−10~40℃,相对湿度≤90%。

该仪器的检测方法和相关技术参数满足《民用建筑工程室内环境污染控制标准》(GB 50325—2020)和《环境空气中氡的标准测量方法》(GB/T 14582—1993)中的技术要求。由于该仪器各测量项目操作类似,现以室内空气氡测量为例说明测量过程:进入已经按照要求关闭门窗24h的自然间,迅速关闭门,将氡检测仪安装在合适的位置,接通电源,开启仪器预热30min,设置充气时间、测量时间和排气时间(一般是充气10min,测量20min,排气1min),根据仪器校准提供的系数(活度系数)设定好系数,选择"点测"进行测定,仪器自动完成采样及检测工作,自动报出检测数据,打印结果作为原始记录,同时应记录采样时间、采样温度和大气压。详细操作过程也可以查询FD216环境氡测量仪使用说明书。

该仪器在使用过程中的注意事项如下:

(1)为保证检测数据的准确性,仪器每次工作前须预热30min以上。

(2)为保护电池,仪器在电池供电状态下工作时间累计一般不要超过30h,超过30h(或仪器低电压报警),必须给电池充电,每次充电必须充至充电器指示灯变绿色为止,此时表示电池充电完成。

(3)仪器使用的干燥过滤装置一般为变色硅胶和滤棉,在仪器使用过程中如发现硅胶变成红色或滤棉附着粉尘过多,须及时更换。

(4)仪器在充气和排气过程中,严禁堵塞进气孔和排气孔,否则将损坏气泵。土壤氡测量时,当仪器充气结束后进入测量过程时及时拔掉进气孔胶皮管,使仪器在空气中完成排气过程。

(5)对某些高浓度点(一般高于区域平均值3倍以上的点称为高浓度点或异常点)进行重点复测,应停止测量并在空气中反复排气后再等待4h以上,待氡室中氡子体衰变完后再进行测量。

(6)野外作业时,不要在雨天进行现场取样测试,如遇雨天,在雨后24h后进行;在低洼积水地区或地下水面以下打孔抽气时随时要注意观察干燥剂,严防泥水进入闪烁室(注意:闪烁室进水将不可修复)。

(7)仪器需要定期检定,检定周期为一年;仪器每次维修或检定后系数(活度系数)会有变动,须以厂家或计量部门标定的新系数为准,及时更改仪器中设置的系数。

4.2.4 氡的防控措施

2005年6月22日,为了在全球范围内进一步防止肺癌,世界卫生组织发起了"国际氡气项目",目的是帮助各国政府制定应对氡气的政策和措施,并提高各国民众对氡气危害的认识。

当前国际上和各国都直接采用氡浓度作为行动水平限值,"行动水平"的定义是:建议采取干预以降低住宅或工作场所中照射的氡浓度。不再分已有住宅和新建住房，也不再分地面建筑和地下建筑。我国居室内氡浓度较低，平均水平在 $30Bq/m^3$ 以下，考虑到还有部分居室为窑洞或地下建筑，部分房屋采用了废矿渣或煤渣砖，使室内氡浓度较高。因此室内氡浓度的行动水平定义为 $150Bq/m^3$ 较为合适。

对于室内氡浓度超过行动水平定义值的建筑，需要采取一些相应的氡防控措施，一般步骤为：首先，氡浓度低于行动水平值易于给出结论，可以认为没有问题。当高于此值时，不应以少量检测数据就做出结论，应重复测量，以确认是否能代表年平均值。对确实高于此值的居室，应查找造成氡浓度高的原因。并采取简单易行的补救措施或称干预措施。

对于降低室内氡浓度可以采取以下综合措施：

（1）应尽可能地选用符合《建筑材料放射性核素限量》（GB 6566—2010）的建筑材料，即选择镭、钍、钾含量较低的材料为宜。

（2）材料选定后，要控制室内建筑表面氡的析出。可以在室内建筑表面喷涂涂料、油漆、墙壁铺上如墙纸、防氡涂料等措施，一般地可以防氡析出效果达 $65\%\sim95\%$。在喷涂之后，注意对墙体上的破损处及时修补，应检查地面和墙壁的缝隙，堵塞或密封从地基和周围土壤进入地下建筑的所有通道、空隙，并防止富氡地下水的渗入。

（3）在一般的自然环境中，氡气会自然稀释、消失在空气中，对生物并无害。但是它一旦停留在一些物体上，如建筑物，居住在内的人就可能会有患疾病的危险，通风是破坏氡与子体平衡比和降低其浓度的最有效的措施。因此保持室内良好的通风，是降低室内氡浓度最简单有效的措施。如增开窗户加强房屋通风效果、安装氡坑抽气系统、增设地板下通风系统、整个屋子安装主动加压或强制通风系统等。

（4）在建房或者购房前，应请具有相应资质的检测机构做氡气测试，建筑在设计建造时所选地址，应尽量避开土壤或岩石中镭含量高的地区，从源头上控制预防。

 思 考 题

1. 室内环境放射性检测的内容和项目有哪些？

2. 室内空气中的氡主要来自哪里？氡的测定主要有哪些方法？

3. 室内氡浓度有哪些防控措施？

4. 闪烁瓶测氡是根据什么原理进行的？

 # 化学检验基础

 学习目标

★ 了解化学实验的安全守则。

★ 了解室内环境检测所需的化学试剂和标准物质。

★ 掌握室内环境检测所需溶液的配制及溶液浓度的表示方法。

★ 掌握滴定分析的基本概念及条件。

★ 掌握数据的处理方法和检测报告的出具。

5.1 化学实验安全

5.1.1 一般安全守则

(1)熟悉实验室水、电闸的位置。值日生负责实验室的清理工作,离开实验室时检查水、电闸是否关好。

(2)实验前要认真学习实验内容,熟悉每个实验步骤中的安全操作规定和注意事项。

(3)要了解实验中所用的药品、试剂的性能、使用限量,严格按规定操作,未经专业人员许可,不得任意改变规定的操作方法和药品用量。

(4)要注意安全用电,不要用湿手、湿物接触电源,实验结束后应及时切断电源。

(5)凡做有毒和有恶臭气体的实验,应在通风橱内进行。

(6)严禁在实验室内饮食,或把餐具带进实验室,更不能把实验器皿当作餐具。实验结束,应把手洗净再离开实验室。

5.1.2 用电安全守则

5.1.2.1 用电基本知识

(1)实验室供电总功率要能满足室内同时用电负载的总功率,并适当留有余地,供电电压要与负载额定电压相符。

(2)对新装用电设备或新装配电盘第一次使用前,一定要认真检查。

(3)大型精密仪器的供电电压要稳定,一般市电供电电压波动为$(220+20)$V,如供电质量不符合仪器需要时,应配备稳定电源,有的还要求同时具备滤波功能。

（4）大型精密仪器、大功率用电设备，必须采用单独控制开关，不要几台设备只有一个控制开关。

（5）实验室应选用空气开关及合格的不外露接电触片的插座。如为一般的闸刀开关，使用时应使闸刀处于完全合上或完全断开的位置，切忌若即若离；操控时动作要快，以免引起火花；开合时不要面对闸刀，不得用湿手接触电器。

（6）电源或电器的保险丝烧断时，应根据熔断的状况，初步判断原因；检查排除故障后，再更换保险丝，不要随意增大保险丝的额定电流，更不许用铜丝代替保险丝。

（7）高温电热设备，如高温炉、电炉，一定要放在隔热的水泥台上，绝不可直接放在木质等可燃材质的工作台上；即使在电炉下垫有耐火砖，若长时间连续使用，也会烤热、引燃工作台，酿成火灾事故。

（8）对不符合安全规范要求、已淘汰的用电设施设备要及时更换。严禁使用有严重安全隐患的假冒伪劣电器、"三无"产品或无国家强制性安全标志的电器产品。

（9）员工应严格遵守规章制度和操作规程。严禁违规操作；不准私自拆装电气设施设备；不准乱拉乱接电线；不准私接大功率用电设备。有特殊要求的场所，应按其要求采用用电设备。

（10）发生用电故障，要立即切断电源，及时通知管理部门维修，不得擅自处理。故障原因未查明，不得强行接通电源。用电设施设备检修时，必须悬挂警示牌，防止误操作导致事故发生。发生安全事故时，应立即采取措施，启动应急预案，及时报警，保护现场，配合相关部门进行事故调查。

5.1.2.2 电击防护

电击是由于人体直接接触电源，一定量的电流通过人体致使组织损伤和功能障碍甚至死亡。通过人体的电流越大，伤害越严重，电流的大小取决于电压和人体电阻，防止电击的措施主要有以下几种：

（1）电器设备要完好，绝缘要好；发现设备漏电，要及时修理；不得使用不合格的或绝缘老化、损坏的线路；建立定期检查、维护制度。

（2）接地要良好，要将电器设备上在正常工作时不带电的金属部分与接地体之间用导线很好地连接。

（3）绝不要用湿手接触开关、插销等。

（4）使用漏电保护器。

5.1.2.3 静电防护

静电能造成大型仪器的高性能元器件的损害，危及仪器的安全，也会因放电时瞬间产生的冲击性电流对人体造成伤害。虽不致因电流危及生命，电子器件放电火花能引起易燃气体燃烧或爆炸，因此必须加以防护。防静电的措施主要有以下几种：

（1）防静电区内不要使用塑料、橡胶地板、地毯等绝缘性能好的地面材料，可以铺设导电性地板。

（2）在易燃易爆场所，应穿着用导电纤维材料制成的防静电工作服、鞋、手套等，不要穿化纤类织物、胶鞋及绝缘底鞋。

（3）高压带电体应有屏蔽措施，以防人体感应产生静电。

（4）进入易产生静电的实验室前，应先徒手触摸一下金属接地板，以消除人体从室外带来的静电;坐着工作的场合,可在手腕上戴接地腕带。

(5) 凡不停旋转的电器设备,其外壳必须接地良好。

5.1.3 防火防爆安全守则

5.1.3.1 防火防爆的基本知识

(1) 防止形成燃爆的介质。可以用通风的办法来降低燃爆物质的浓度,使它达不到爆炸极限。另外,也可采用限制可燃物的使用量和存放量的措施,使其达不到燃烧、爆炸的危险限度。

(2) 防止产生着火源,使火灾、爆炸不具备发生的条件。应严格控制以下 8 种着火源,即冲击摩擦、明火、高温表面、自燃发热、绝热压缩、电火花、静电火花、光热射线等。

(3) 安装防火防爆安全装置。例如阻火器、防爆片、防爆窗、阻火闸门以及安全阀等,以防止发生火灾和爆炸。

5.1.3.2 防火防爆的组织管理措施

(1) 加强对防火防爆工作的领导,开展经常性防火防爆安全教育和安全大检查,提高人们的警惕性,及时发现和整改不安全的隐患。

(2) 建立健全防火防爆制度,例如防火防爆责任制度等。

(3) 厂区内和实验室的一切出入和通往消防设施的通道,不得占用和堵塞。

(4) 应建立义务消防组织,并配备有针对性和足够数量的消防器材。

(5) 加强值班,严格进行巡回检查。

5.1.3.3 实验室人员应遵守防火防爆守则

(1) 应具有一定的防火防爆知识,并严格贯彻执行防火防爆规章制度,严禁违章作业。

(2) 应在指定的安全地点吸烟,严禁在工作现场和实验室内吸烟和乱扔烟头。

(3) 使用、运输、储存易燃易爆气体、液体和粉尘时,一定要严格遵守安全操作规程。

(4) 在工作现场禁止随便动用明火。确需使用时,必须报请主管部门批准,并做好安全防范工作。

(5) 对于使用中的电气设施,如发现绝缘破损、老化,超负荷运转以及存在不符合防火防爆要求时,应停止使用,并报告领导给以解决。不得带故障运行,防止发生火灾、爆炸事故。

(6) 应学会使用一般的灭火工具和器材,对于车间内配备的防火防爆工具、器材等,应该爱护,不得随意挪用。

5.1.4 气瓶使用安全守则

(1) 气瓶要严格按规定送检,严禁使用超期气瓶。

(2) 易燃气瓶与助燃气瓶不能混合放置。易燃气体及有毒气体气瓶必须安放在规范的安全柜内,各种压力气瓶竖直放置时,应采用架子和套环固定,并做好标牌标识。

(3) 各种压力气瓶应避免暴晒和靠近热源,可燃易燃压力气瓶离明火距离不得小于 10 m;严禁敲打和撞击气瓶;开气时应先开钢瓶阀门后慢慢开启减压阀门,关气时应先关闭钢瓶阀门后关闭减压阀门;专瓶专用,严禁私自改装用于其他气体。

(4) 压力气瓶使用时要防止气体外泄,瓶内气体不得用尽,必须留有余压;使用完毕及时关闭总阀门。

（5）经常检查易燃易爆气体管道、接头、开关及器具是否有泄漏，随时排除安全隐患，禁止使用明火器具。

（6）开启钢瓶阀门时注意安全，应先检查减压阀门是否松开，操作者必须站在气体出口的侧面，减压器的出口不准直对操作者。

（7）搬运、装卸气瓶时，不得使用抛装、流放或流动的装卸、搬运方法。

（8）做到满瓶进、空瓶出，严禁在室内存放气瓶。

（9）气瓶间应保持清洁，规范放置。

（10）气瓶必须有质量合格证，气瓶的瓶阀应佩戴钢帽，每个气瓶配套两个防振圈。

（11）气瓶的漆色也应保持完好，如有脱漆应及时补漆，漆色不得任意涂改或增添其他图案。标识、钢印处应清晰，以防锈蚀。

（12）常用钢瓶外部颜色及标志：

氧气瓶为天蓝色加黑字，氢气瓶为深绿色加红字，氮气瓶为黑色加黄字，压缩空气瓶为黑色加白字，乙炔瓶为白色加红字，二氧化碳气瓶为铝白色加黑字，氩气瓶为灰色加绿字，氦气瓶为棕色。

5.1.5 危险化学品安全守则

5.1.5.1 危险化学品的存放与保管

（1）危险品必须存放在防盗防火的药品室中，并用通风、防盗、阻燃、防爆、双人双锁的专用橱存放。危险化学品的存放区域应设置醒目的安全标志。

（2）危险品存放柜仅储藏危险品，不得存放其他药品、仪器。

（3）危险化学品应当分类、分项存放，相互之间保持安全距离。化学性质防护和灭火方法相互抵触的危险化学品，不得在同一储存室内存放。

（4）国家严管的剧毒化学品应统一存放，严格落实"五双"制度（双人保管、双人领取、双人使用、双把锁、双本账）为核心的安全管理制度和各项安全措施。

（5）剧毒化学品的储存、使用人应当对剧毒化学品的储存量和用途如实记录，并采取必要的安全措施，防止剧毒化学品被盗、丢失或者错发误用。发现剧毒化学品被盗、丢失或者错发误用时，必须立即上报。

5.1.5.2 危险品的领用与使用

（1）危险品领用应填写"危险品领用单"，凭单领用危险品，并于领用时如实点清危险品的品种与数目，并填写"危险品使用登记表"。

（2）危险品使用时必须在化学准备室分装或稀释，随即放回原处。

（3）危险品管理员必须严格按领用单上用量发放，实验完毕后，多余药品必须如数归还，全面记载领取、使用、结存情况，做到制度管理、安全第一。

（4）使用危险化学品时，应按量购买或领取，领取量不得超过当日工作的需要量。如有特殊情况需要临时存放的，要选择安全可靠的地方单独存放，并指定专人负责。

（5）实验室的实验项目、使用条件必须符合危险品的安全规定，操作人员必须了解危险品的性能，熟悉操作规程和条例，并且要认真做好使用记录。

(6) 相关危险品的容器、器皿废液必须妥善处理,严禁乱扔乱放。

5.1.5.3　危险品的申购与报废

(1) 危险品的采购由实验工作人员根据需求,向实验室负责人申请采购,报技术负责人批准,部分药品需要向公安机关申请备案。

(2) 危险品采购一般由单位将计划报财政部门统一采购,特殊情况由单位有关专业人员向正规经销商采购。

(3) 应严格控制易分解、易变质、毒害药品的一次采购量。

(4) 销毁处理存放过久失效变质的危险品,必须填写"实验室危险品报废申请表",经药品管理员上报环境保护部门同意后,统一销毁。

(5) 使用单位应指定专(兼)职人员负责有毒、有害废液、废旧化学品及废固的回收处置工作。设置相应的回收容器,妥善选择存放地点,分级、分类地收集有毒、有害废液、废旧化学品、废固。严格按照国家相关规定进行处置。

(6) 严禁任何单位和个人随意抛弃废固、倾倒废液。处置有毒、有害废液、废旧化学品、废固的费用应纳入各单位实验项目预算中。

5.1.6　火灾预防

5.1.6.1　火灾的一般分类

火灾依据物质燃烧特性,可划分为 A、B、C、D、E 五类。

A 类火灾:指固体物质火灾。这种物质往往具有有机物质性质,一般在燃烧时产生灼热的余烬,如木材、煤、棉、毛、麻、纸张等火灾。

B 类火灾:指液体火灾和可熔化的固体物质火灾,如汽油、煤油、柴油、原油,甲醇、乙醇、沥青、石蜡等火灾。

C 类火灾:指气体火灾,如煤气、天然气、甲烷、乙烷、丙烷、氢气等火灾。

D 类火灾:指金属火灾,如钾、钠、镁、铝镁合金等火灾。

E 类火灾:指带电物体和精密仪器等物质的火灾。

5.1.6.2　常用灭火方法

常用的灭火剂有:水、砂、二氧化碳灭火器、四氯化碳灭火器、泡沫灭火器和干粉灭火器等,可根据起火的原因选择使用。使用水灭火时应采用喷雾水流,少用直流水流,以免冲碎化学品瓶子,增加灭火的难度。

以下是几种火灾的灭火方法:

(1) 金属钠、钾、镁、铝粉、电石、过氧化钠着火,应用干砂灭火;

(2) 比水轻的易燃液体,如汽油、苯、丙酮等着火,可用泡沫灭火器;

(3) 有灼烧的金属或熔融物的地方着火时,应用干砂或干粉灭火器;

(4) 电器设备或带电系统着火,可用二氧化碳灭火器或四氯化碳灭火器。

5.1.7　化学灼伤处理

5.1.7.1　化学灼伤事故的预防

(1) 最重要的是保护好眼睛!在化学实验室里应该一直佩戴护目镜(平光玻璃或有机玻

璃眼镜),防止眼睛受刺激性气体熏染,防止任何化学药品特别是强酸、强碱、玻璃屑等异物进入眼内。

(2)禁止用手直接取用任何化学药品,使用时除用药匙、量器外必须佩戴橡皮手套,实验后马上清洗仪器用具,立即用肥皂洗手。

(3)尽量避免吸入任何药品和溶剂蒸气。处理具有刺激性的、恶臭的和有毒的化学药品时,如 H_2S、NO_2、Cl_2、Br_2、CO、SO_2、SO_3、HCl、HF、浓硝酸、发烟硫酸、浓盐酸、乙酰氯等有挥发性试剂,必须在通风橱中进行。通风橱开启后,不要把头伸入橱内,并保持实验室通风良好。

(4)严禁在酸性介质中使用氰化物,因为氰化物遇酸易生成剧毒性的无色气体 HCN,对实验人员的生命安全造成威胁。

(5)禁止口吸吸管移取浓酸、浓碱、有毒液体,应该用洗耳球吸取。禁止冒险品尝药品试剂,不得用鼻子直接嗅气体,而是用手向鼻孔扇入少量气体。

(6)不要用乙醇等有机溶剂擦洗溅在皮肤上的药品,这种做法反而增加皮肤对药品的吸收速度。

(7)实验室里禁止吸烟进食,禁止赤膊穿拖鞋。

5.1.7.2 化学灼伤的处理方法

几种常见化学灼伤的处理方法:

(1)酸:立即用大量水冲洗,再以 $3\%\sim5\%NaHCO_3$ 洗,最后用水洗,严重时消毒,擦干后涂烫伤油膏;

(2)碱:立即用水冲洗,再以 $1\%\sim2\%$ 硼酸液洗,最后水洗,严重时同酸处理;

(3)溴:立即用水冲洗,再用乙醇擦至无溴,然后涂上甘油或油膏;

(4)钠:可见的小块用镊子移去,其余同碱处理。

5.2 化学试剂和标准物质

5.2.1 化学试剂

试剂(Reagent)又称化学试剂或化学药品,是工农业生产、文教卫生、科学研究以及国防建设等多方面进行化验分析的重要药剂,是指具有一定纯度标准的各种单质和化合物(也可以是混合物)的化学品。

5.2.1.1 化学试剂的分类

化学试剂的分类方法目前国际上尚未统一,分类的标准不同,试剂的种类也就不同。下面是几种比较常见的分类方法:

(1)按试剂的纯度分类,可将化学试剂分为高纯试剂、优级纯、分析纯、化学纯、实验纯等级别。这种分类方法是我国国家标准所规定,适用于检验、鉴定、实验、教学等领域的不同需求,也是目前最为普遍的分类方法。

高纯试剂(EP):包括超纯、特纯、高纯等级别,用于配制标准溶液,或用作某些特殊需要和一些痕量分析。

优级纯(GR,绿标签):主成分含量很高、纯度很高,适用于精确分析和研究工作,有的可作为基准物质。

分析纯(AR,红标签):主成分含量很高、纯度较高,干扰杂质很低,适用于工业分析及化学实验。

化学纯(CP,蓝标签):主成分含量高、纯度较高,存在干扰杂质,适用于化学实验和合成制备。

实验纯(LR,黄标签):主成分含量高,纯度较差,杂质含量不做选择,只适用于一般化学实验和合成制备。

(2) 在纯度的基础上,按试剂的用途分类,可将化学试剂分为基准试剂、光谱纯、色谱纯、电子纯、食品级、工业级等。这种分类方法与第一种分类方法又经常被混合使用。

基准试剂(PT):主成分含量很高,纯度很高,作为基准物质,标定标准溶液。

光谱纯(SP):纯度较高的试剂,适用于分光光度计标准品、原子吸收光谱标准品、原子发射光谱标准品。

色谱纯:主成分含量较高,用于气相色谱、液相色谱、薄层色谱等分析法中的标准物质,质量指标注重干扰色谱峰的杂质。

电子纯(MOS):适用于电子产品生产中,电性杂质含量极低,纯度大致高于工业级,略低于化学纯。

食品级:纯度不一定很高,但对人体有害的杂质含量极低,适用作食品添加剂或食品包装材料。

工业级:主成分含量高,纯度较差,杂质对主成分的反应不干扰,适用作工业生产原料,纯度与实验纯相当。

(3) 按试剂的使用领域分类,可将化学试剂分为无机试剂、有机试剂、生化试剂等。

(4) 按试剂的安全性分类,可将化学试剂分为无危险性试剂和危险性试剂(包括剧毒类试剂、易燃易爆类试剂等)。

(5) 按试剂的使用频率分类,可将化学试剂分为常规试剂和非常规试剂等。

5.2.1.2 化学试剂的包装和标识

化学试剂良好的包装和储存,合理的运输管理,可以防止试剂的污染、变质和损耗,并可大大减少燃烧、爆炸、腐蚀和中毒事故的发生。下面简单叙述试剂的包装、标识的一般原则和注意事项。

(1) 试剂包装

盛装固态、液态化学试剂的容量一般有玻璃、塑料和金属容器三类,化学试剂所采用的包装容器是根据试剂的性质和纯度来确定的。

玻璃容器可以盛装各种化学试剂,包括可燃性的和高纯度的试剂,常见的玻璃容器有玻璃瓶和安瓿瓶两种。前者适宜于盛装各种纯度级别的化学试剂,包括分析试剂、层析纯试剂、痕量分析试剂、MOS级试剂和有机合成试剂等。后者则往往用于盛装需要完全密封不使散逸的化学试剂,如重氢试剂。玻璃容器从颜色上又分为无色和棕色两种,对光不稳定的试剂需要使用棕色玻璃容器盛装,有的甚至需要在容器外套一层黑纸或锡箔纸增加避光效果。玻璃容器不宜盛装能与玻璃起化学反应或玻璃能起催化作用的一些化学试剂,如氢氟酸、过氧化氢(双氧水)等。容量大的玻璃容器易在运输或使用过程中破裂,通常都用钢套或强化的聚苯乙烯套加固。

塑料和金属容器虽不适宜于盛装各种化学试剂,但比玻璃容器不易破碎。常见的塑料容器有塑料瓶和塑料桶两种。塑料瓶用于盛装不会与容器起反应的化学试剂,数量较大时则用塑料桶盛装。

常见的金属容器有各种金属罐、瓶、桶如锡罐、铝瓶,用于盛装数量较大的不会与容器的金属起反应的化学试剂。现今世界上一些著名试剂厂商都陆续用金属安全罐作为盛装可燃、危险品的容器。金属安全罐由高强度材料用特殊工艺制成,即使在失火时,也不会立即破裂而释出内容物。

不论用何种容器盛装的化学试剂都需经过严格的试剂规格的检查。为保证试剂的纯度,容器在盛装试剂前的清洗和盛装试剂时的防尘、防污染措施皆有严格要求。

(2)试剂标识

国产化学试剂的包装规格根据试剂的纯度、用途和价格分为 5 类:第一类为贵重试剂,包装单位分为 0.1g、0.25g、0.5g、1.0g(或 0.5mL、1.0mL)等数种;第二类为较贵重试剂,包装单位分为 5g、10g、25g(或 mL)等 3 种;第三类为基准试剂等用途较狭窄的试剂,包装单位分为 50g、100g(或 mL)2 种;第四类为用途较广的试剂,包装单位分为 250g、500g(或 mL)2 种;第五类为酸类及纯度较差的实验试剂,包装单位分为 1kg、2.5kg、5kg(或 L)。随着我国试剂工业的发展和国产试剂的外销,上述包装规格势必有所扩大。

合适的标识与正确的选用试剂容器材料一样,在防止实验室事故中具有重要作用,好的标识对学生和技术人员都具有教育作用。在试剂容器的标签上,至少应提供如下一些信息:①试剂的学名、常用名(一般要求中英文皆有);②包装的规格、纯度级别和所依据的试剂标准;③指明本品的危险性,如危险、警告或注意等字样;④指出最危险的化学性质,如剧毒、易燃、易爆等;⑤说明避免本品伤害事故的方法以及发生事故时紧急处理的方法。

我国对下列化学试剂的标签颜色专门做了规定:优级纯—绿色;分析纯—红色;基准试剂—淡绿色;生化试剂—咖啡色;生物染色剂—玫红色。其他类别试剂均不得使用上述颜色。

5.2.1.3 化学试剂的使用和保存

进行任何实验都离不开试剂,试剂不仅有各种状态,而且不同的试剂其性质差异很大。有的常温非常安定,有的则很活泼;有的高温也不变质,有的却易燃易爆;有的香气浓烈,有的则剧毒无比等。只有对化学试剂的有关知识进行深入了解,才能安全、顺利地进行各项实验。既可保证达到预期实验目的,又可消除对环境的污染。因此,首先要掌握各类试剂正确的使用和保存方法。

(1)试剂的使用

需要特别提出的是:实验人员有时候会使用一些不熟悉的化学试剂或进行一些不熟悉的化学实验。在使用不熟悉的试剂之前,一定要先查询该试剂相关的资料,了解其基本性质和使用注意事项,以免发生试剂变质影响实验结果、挥发物质污染环境、有毒或易燃危及人身安全等现象。进行不熟悉的实验操作时,一定要佩戴手套、安全眼镜等防护设备,在通风橱内操作,最好有其他人在场时进行。

实验室中一般只储存固体试剂和液体试剂,气体物质都是需要时临时制备。在取用和使用任何化学试剂时,首先要做到"三不",即不用手拿,不直接闻气味,不尝味道。此外还应注意试剂瓶塞或瓶盖打开后要爱倒放在桌上,取用试剂后立即还原塞紧。取用后的试剂应放回原处。按量取用试剂,没使用完的试剂不能倒回原试剂瓶中。

实验过程中产生的废液、废渣和没有使用完的化学试剂,不能随意倒入下水道中或丢弃在垃圾桶内。因为化学实验室中大多数废弃物都是有毒有害物质,其中还有些是剧毒物质和致癌物质,如果直接排放,就会污染环境,损害人体健康。所以化学废弃物应倒入专门的废料桶中,而且需要分类存放,一般原则是:常规废弃物和特殊废弃物分开,有机物和无机物分开,酸性物质和碱性物质分开,强氧化剂和强还原剂分开等。当化学废弃物累积到一定数量以后,联系专业的化学废弃物处理人员进行处置,并做好化学废弃物处置记录。

(2)试剂的保存

化学试剂的保存包括两方面的内容:一方面要保管好试剂不使其变质或损耗,另一方面是要注意危险性试剂的毒害作用,防止火灾、中毒、损害以及放射性污染等事故的发生。常见的试剂变质和损耗包括:挥发、升华、潮解、风化、水解、氧化、还原、分解、聚合、失活、发霉、燃爆、光化学反应等。化学试剂的变质会造成实验误差,甚至导致实验失败,使实验数据偏差甚至获得错误的实验结论,所以正确地保存化学试剂意义重大。

化学试剂储存的一般措施为:

① 密封。多数试剂都要密封存放,这是实验室保存试剂的一个重要原则,突出的有三类:易挥发的试剂;易与水蒸气、二氧化碳作用的试剂;易被氧化的试剂(或还原性试剂)。

② 避光。见光或受热易分解的试剂,要避免光照,置阴凉处。如硝酸、硝酸银等,一般应盛放在棕色试剂瓶中。

③ 通风。这也是多数试剂存放需要遵循的一个重要原则,即使试剂容器密闭封口,也难免有意外的跑冒漏泄现象,为使储存中不致形成爆炸性混合气体或积储有毒蒸气,储存室应安装排风装置,保持室内通风,特别是针对可燃性液体和有毒液态试剂的储存。

④ 防蚀。对有腐蚀作用的试剂,要注意防蚀。如氢氟酸不能放在玻璃瓶中;强氧化剂、有机溶剂不可用带橡胶塞的试剂瓶存放;碱液、水玻璃等不能用带玻璃塞的试剂瓶存放。

⑤ 抑制。对于易水解、易被氧化的试剂,要加一些物质抑制其水解或被氧化。如氯化铁溶液中常滴入少量盐酸;硫酸亚铁溶液中常加入少量铁屑。

⑥ 低温。对于室温下易发生反应的试剂,要采取措施低温保存。如苯乙烯和丙烯酸甲酯等不饱和烃及衍生物在室温时易发生聚合,过氧化氢易发生分解,因此要在10℃以下的环境中保存。

⑦ 隔离。将试剂分类分库存放,以免泄漏、失火时相互作用造成更大的事故。如易燃有机物要远离火源;强氧化剂(过氧化物或有强氧化性的含氧酸及其盐)要与易被氧化的物质(炭粉、硫化物等)隔开存放。

⑧ 特殊。特殊试剂要采取特殊措施保存。如钾、钠要放在煤油中,白磷放在水中;液溴极易挥发,要在其上面覆盖一层水等。

实验室中大部分试剂都具有多重性质,在保存时要综合考虑各方面因素,遵循相应的原则。

5.2.2 标准物质

5.2.2.1 标准物质的定义和特点

标准物质(Reference Material,RM),是一种已经确定了具有一个或多个足够均匀的特性值的物质或材料。作为分析测量行业中的"量具",为了保证分析测试结果具有一定的准确度,并具有可比性和一致性,常常用来校准仪器、标定溶液浓度和评价分析方法的一种物质。标准物质要求材质均匀、性能稳定、批量生产、准确定值,有标准物质证书。

在实际工作中,特别是分析测量领域,很多时候需要使用标准物质,在校准测量仪器和装置、评价测量分析方法、测量物质或材料特性值和考核分析人员的操作技术水平,以及生产过程中产品的质量控制等领域起着不可或缺的作用。所以,标准物质具有以下显著的特点:

(1)准确性

标准物质具有准确计量的或严格定义的标准值,具有较高的量值准确性。通常标准物质证书中会同时给出标准物质的标准值和计量的不确定度。

(2)均匀性

均匀性是物质的一种或几种特性具有相同组分或相同结构的状态。从理论上讲,标准物质的量值只与物质的性质有关,与物质的数量和形状无关。

(3)稳定性

稳定性是指标准物质在规定的时间和环境条件下,其特性量值保持在规定范围内的能力。稳定性表现在:固体物质不风化、不分解、不氧化;液体物质不产生沉淀、发霉;气体和液体物质对容器内壁不腐蚀、不吸附等。

(4)实用性

标准物质实用性强,可在实际工作条件下应用,既可用于校准检定测量仪器,评价测量方法的准确度,也可用于测量过程的质量评价以及实验室的计量认证与测量仲裁等。

(5)复现性

标准物质具有良好的复现性,可以批量制备并且在用完后再行复制。

5.2.2.2 标准物质的分级和分类

(1)标准物质的分级

标准物质的特性值准确度是划分级别的依据,不同级别的标准物质对其均匀性和稳定性以及用途都有不同的要求。通常把标准物质分为一级标准物质和二级标准物质。

一级标准物质的编号是以"GBW"开头,主要用于标定比它低一级的标准物质、校准高准确度的计量仪器、研究与评定标准方法。一级标准物质符合如下条件:①用绝对测量法或两种以上不同原理的准确可靠的方法定值。在只有一种定值方法的情况下,用多个实验室以同种准确可靠的方法定值;②准确度具有国内最高水平,均匀性在准确度范围之内;③稳定性在一年以上,或达到国际上同类标准物质的先进水平;④包装形式符合标准物质技术规范的要求。

二级标准物质的编号是以"GB W(E)"开头,主要用于满足一些一般的检测分析需求,以及社会行业的一般要求,作为工作标准物质直接使用,用于现场方法的研究和评价,用于较低要求的日常分析测量。二级标准物质符合如下条件:①用与一级标准物质进行比较测量的方法或一级标准物质的定值方法定值;②准确度和均匀性未达到一级标准物质的水平,但能满足一般测量的需要;③稳定性在半年以上,或能满足实际测量的需要;④包装形式符合标准物质技术规范的要求。

（2）标准物质的分类

标准物质的种类繁多,也有不少分类方法,常用的分类方法有下列两种:

① 按标准物质的应用领域分类。这是国际标准化组织标准物质委员会(ISO/REMCO)对标准物质的分类方法,我国也是按照这种方法将标准物质分为十三个大类,详见表5.1。

表 5.1　标准物质的分类

序号	类别	一级标准物质数	二级标准物质数
01	钢铁	258	142
02	有色金属	165	11
03	建筑材料	35	2
04	核材料	135	11
05	高分子材料	2	3
06	化工产品	31	369
07	地质	238	66
08	环境	146	537
09	临床化学与药品	40	24
10	食品	9	11
11	煤炭、石油	26	18
12	工程	8	20
13	物理	75	208
	合计	1168	1422

我国标准物质就是按照以上分类方法进行编号,编号规则是:一级标准物质代号"GB W",编号的前两位数是标准物质的大类号,第三位数是标准物质的小类号,最后两位数是顺序号,生产批号用英文小写字母表示,排于标准物质编号的最后一位。二级标准物质代号"GB W(E)",编号的前两位数是标准物质的大类号,后四位数为顺序号,生产批号用英文小写字母表示,排于编号的最后一位。

② 按标准物质的技术特性分类。这种分类方法是根据特性量所反映的学科特点及所应用的学科进行分类的,通常分为:化学成分或纯度标准物质、物理(物理化学)特性标准物质、工

程技术特性标准物质、生物化学量标准物质。

5.2.2.3 标准物质的使用和保存

标准物质的用途主要表现在以下几个方面：

（1）标准物质可用于校准仪器。分析仪器的校准是获得准确的测定结果的关键步骤。仪器分析几乎全是相对分析，绝对准确度无法确定，而标准物质可以校准实验仪器。

（2）标准物质用于评价分析方法的准确度，选择浓度水平、准确度水平。

（3）标准物质当作工作标准使用，制作标准曲线。仪器分析大多是通过工作曲线来建立物理量与被测组分浓度之间的线性关系。分析人员习惯于用自己配制的标准溶液做工作曲线。若采用标准物质作工作曲线，不但能使分析结果成立在同一基础上，还能提高工作效率。

（4）标准物质作为质控标样。若标准物质的分析结果与标准值一致，表明分析测定过程处于质量控制之中，从而说明未知样品的测定结果是可靠的。

（5）标准物质还可用于分析化学质量保证工作。分析化学质量保证责任人可以用标准物质考核、评价实验人员和整个分析实验室的工作质量。具体做法是：用标准物质作质量控制图，长期监视测量过程是否处于控制之中。

使用标准物质应注意：①标准物质一般应附有标准物质证书，确保其溯源性和可比性；②选用标准物质时，标准物质的基体组成与被测试样应尽可能地接近，这样可以消除基体效应引起的系统误差。但如果没有与被测试样的基体组成相近的标准物质，也可以选用与被测组分含量相当的其他基体的标准物质；③要注意标准物质有效期。许多标准物质都规定了有效期，使用时应检查生产日期和有效期，当然如果由于保存不当，而使标准物质变质，就不能再使用了。

标准物质一般应存放在干燥、阴凉的环境中，用密封性好的容器储存。具体储存方法应严格按照标准物质证书上规定的执行，某些有特殊储存要求的，应有特殊的储存措施。否则，可能由于物理、化学和生物等作用的影响，使得标准物质发生变化，引起标准物质失效。

5.3 溶 液 配 制

5.3.1 实验室用水

5.3.1.1 几种常见的水

根据水的不同技术参数、不同的处理方法以及不同的用途，可将水划分为很多种类，下面简单介绍几种常见的水。

（1）天然水

天然水是指未经过处理的、取自天然水体或蓄水池的水体，也称为原水。天然水中通常含有五种杂质：①电解质，包括带电粒子，常见的阳离子有 H^+、Na^+、K^+、NH_4^+、Mg^{2+}、Ca^{2+}、Fe^{3+}、Cu^{2+}、Mn^{2+}、Al^{3+} 等；阴离子有 F^-、Cl^-、NO_3^-、HCO_3^-、SO_4^{2-}、PO_4^{3-}、$H_2PO_4^-$、$HSiO_3^-$ 等；②有机物质，如有机酸、农药、烃类、醇类和酯类等；③颗粒物；④微生物；⑤溶解气体，包括

N_2、O_2、Cl_2、H_2S、CO、CO_2、CH_4 等。所谓水的纯度,就是去掉这些杂质的程度。杂质去得越彻底,水的纯度也就越高。

（2）自来水

自来水是指通过自来水厂净化、消毒后生产出来的符合相应标准的供人们生活、生产使用的水。自来水取自江河湖泊水及地下水等天然水,经过沉淀、消毒等初步处理,纯度较低,不可直接饮用,一般用于烹饪、洗涤、灌溉、生产等方面。

（3）蒸馏水

蒸馏水就是将自来水经过蒸馏、冷凝处理过的水,蒸两次的叫重蒸水或双蒸水,蒸三次的叫三蒸水。有时候为了特殊目的,在蒸前会加入适当试剂,如为了得到无氨水,会在水中加酸;为了得到低耗氧量的水,会加入高锰酸钾与酸等。蒸馏水去除了电解质及与水沸点相差较大的非电解质,无法去除与水沸点相当的非电解质,一般普通蒸馏取得的水纯度不高,经过多级蒸馏的水才可达到很纯,成本也较高。蒸馏水用途很广,凡是化学实验、科研教学、医疗卫生方面使用的水无特别说明时,一般都是指蒸馏水。

（4）去离子水

顾名思义就是将水通过阳离子交换树脂和阴离子交换树脂以后,去掉了水中的除氢离子、氢氧根离子外的其他溶于水中的全部离子,即去掉溶于水中的电解质物质。这也是在实验室和工业生中比较常用的一种水。由于去离子水中的离子数可被人为控制,许多工艺使用了去离子水以后,参数会更接近设计或理想数据,产品质量将变得易于控制。去离子水中虽然电解质含量很低,但含有不能电离的非电解质,如乙醇等。

（5）纯净水

纯净水,简称净水或纯水,是纯洁、干净、不含有杂质或细菌的水,是以符合生活饮用水卫生标准的水为原水,通过电渗析器法、离子交换器法、反渗透法、蒸馏法及其他适当的加工方法制得,密封于容器内,且不含任何添加物,无色透明,可直接饮用。对于纯净水来说"纯净"是最基本的要求,是去掉了水中的全部电解质与非电解质,也可以说是去掉了水中的全部非水物质。纯净水主要用于人类饮用,但对于老人和儿童来讲,还是少喝为好,因为里面并没有太多人体需要的矿物质。

（6）高纯水

高纯水就是指化学纯度极高的水,以离子交换、蒸馏、电除盐等方法将纯水进一步提纯去离子制得,其 TDS（水中溶解性总固体含量）值通常小于 5ppm,电导率通常小于 $10\mu s/cm$（电阻值大于 $0.1\Omega \cdot cm$）。超纯水是纯度比高纯水更高的水,其 TDS 值不可测,电导率通常小于 $0.1\mu s/cm$（电阻值大于 $10M\Omega \cdot cm$）,其离子几乎完全去除,理论上最纯水电阻值为 $18.25M\Omega \cdot cm$,主要应用在生物、化学化工、冶金、宇航、电力等领域。

5.3.1.2 实验室用水的规格

在分析工作中,洗涤仪器、溶解样品、配制溶液均需用水。一般天然水和自来水（生活饮用水）中常含有氯化物、碳酸盐、硫酸盐、泥沙等少量无机物和有机物影响分析结果的准确度。化学实验室用的水一般有蒸馏水、重蒸水、去离子水、无二氧化碳蒸馏水、无氨蒸馏水等,实验要求不同,对水质纯度的要求也不同。

根据《分析实验室用水规格和试验方法》(GB/T 6682—2008)的规定,分析实验室用水共分为三个级别:一级水、二级水和三级水,具体技术参数见表5.2。

表 5.2　分析实验室用水规格

名　　称	一级水	二级水	三级水
pH 值范围(25℃)	—	—	5.0～7.5
电导率(25℃)(mS/m)	≤0.01	≤0.10	≤0.50
可氧化物质含量(以 O 计)(mg/L)	—	≤0.08	≤0.4
吸光度(254nm,1cm 光程)	≤0.001	≤0.01	
蒸发残渣(105℃±2℃)含量(mg/L)	—	≤1.0	≤2.0
可溶性硅(以 SiO$_2$ 计)含量(mg/L)	≤0.01	≤0.02	—

注:① 由于在一级水、二级水的纯度下,难以测定其真实的 pH 值,因此,对一级水、二级水的 pH 值范围不做规定。

② 由于在一级水的纯度下,难以测定可氧化物质和蒸发残渣,对其限量不做规定。可用其他条件和制备方法来保证一级水的质量。

一级水可用二级水经过石英设备蒸馏或离子交换混合床处理后,再经 0.2μm 微孔滤膜过滤来制取,基本上不含有溶解或胶态离子杂质及有机物,主要用于有严格要求的分析实验,包括对颗粒有要求的实验,如高效液相色谱分析用水。

二级水可用多次蒸馏或离子交换等方法制取,含有微量的无机、有机或胶态杂质,主要用于无机痕量分析等实验,如原子吸收光谱分析用水。

三级水可用蒸馏或离子交换等方法制取,即一般的常规蒸馏水或去离子水,主要用于一般化学分析实验。

对于未知规格的实验室用水,可以参照《分析实验室用水规格和试验方法》(GB/T 6682—2008)中的相关方法进行检测。

5.3.1.3　实验室用水的保存

实验室使用的蒸馏水,为保持纯净,蒸馏水瓶要随时加塞,专用虹吸管内外应保持干净。蒸馏水附近不要放浓 HCl 等易挥发的试剂,以防污染。通常用洗瓶取蒸馏水,用洗瓶取水时,不要取出其塞子和玻管,也不要把蒸馏水瓶上的虹管插入洗瓶内。

各级水均宜使用密闭的专用聚乙烯容器存放,新容器在使用前用 20% 的盐酸溶液浸泡3d,再用待测水反复冲洗,并注满待测水浸泡 6h 以上。

通常,普通蒸馏水保存在玻璃容器中,去离子水保存在乙烯塑料容器内,用于痕量分析的高纯水,如二次亚沸石英蒸馏水,则需要保存在石英或聚乙烯塑料容器中。

各级水在储存期间,其玷污的主要来源是容器可溶成分的溶解、空气中的二氧化碳和其他杂质,因此一级水不可储存,应在使用前制备。二级水、三级水可适量制备。分别储存于在预先经同级水清洗过的相应容器中。各级水在运输过程中应避免玷污。

5.3.2 标准溶液

5.3.2.1 溶液浓度的几种表示方法

按照化学反应和测定方法的需要,需要配制各种不同品种、不同浓度的溶液,溶液的浓度表示方法和溶液的配制方法是有直接关系的,一般的化学分析中常用如下几种表示:

(1) 质量分数(Mass Fraction)

溶质 B 的质量 m_B 与溶液的质量 m 之比,称为溶质 B 的质量分数,用符号 ω_B 表示,即:

$$\omega_B = \frac{m_B}{m} \times 100\%$$

因通常用百分数表示,故又称为质量百分比浓度,其 SI 单位为 1。

(2) 体积分数(Volume Fraction)

在与混合气体相同温度和压强的条件下,混合气体中组分 B 单独占有的体积 V_B 与混合气体总体积 $V_总$ 之比,叫作组分 B 的体积分数,又称为体积百分比浓度,用符号 φ_B 表示,即:

$$\varphi_B = \frac{V_B}{V_总} \times 100\%$$

通常用于表达混合气体中某一组分的浓度,如空气中 N_2 占 78%、O_2 占 21% 等,有时候也用于表示溶液的浓度,如医用酒精的体积浓度为 75%,其 SI 单位为 1。

(3) 物质的量浓度(Amount of Substance Concentration)

溶质 B 的物质的量 n_B(mol)与溶液的体积 V 之比称为溶质 B 的物质的量浓度,用符号 c_B 表示,即:

$$c_B = \frac{n_B}{V}$$

其又称摩尔浓度,SI 单位为 mol/m^3,由于立方米的单位太大,不太适用,化学计算中常用单位为 mol/L 或 mol/mL。

(4) 质量浓度(Mass Concentration)

溶质 B 的质量 m_B 与混合物的体积 V 之比,称为溶质 B,质量浓度以 ρ_B 表示,即:

$$\rho_B = \frac{m_B}{V}$$

其又被称为质量体积浓度,是分析测试中最为常用的一种浓度表示方法,特别是在绘制标准曲线时是十分方便的,SI 单位为 kg/m^3,常用单位为 g/L、g/mL、$\mu g/mL$ 等。

(5) 质量质量浓度(Mass Mass Concentration)

质量质量浓度与质量体积浓度相对应,指溶质 B 的质量 m_B 与混合物的总质量 $m_总$ 之比,以 X_B 表示,即:

$$X_B = \frac{m_B}{m_总}$$

需要注意的是:这种浓度的表示方法不要与质量分数混淆,两者的区别是单位。质量质量浓度的常用单位为 g/kg、mg/kg、mg/g 等,而质量分数的单位为 1,两者可以相互转化。

（6）比例浓度

比例浓度又称稀释度浓度，是指液体试剂用水来稀释或液体试剂相互混合时的表示方法，是化验室里常用的粗略表示溶液（或混合物）浓度的一种方法，一般用（1+X）的方法来表示，例如1+5的硝酸溶液就是指一份硝酸和五份水混合均匀。

（7）滴定度

滴定度是指每毫升标准溶液相当于被测定组分的质量，在固定称样量的情况下可以直接表示为百分含量。用 T（A/B）表示，其中 A 为被测组分，B 为标准溶液，常用的单位是 g/mL 或 mg/mL。例如，T（EDTA/CaO）=0.5mg/mL，是指 EDTA 标准溶液滴定含钙离子的待测溶液时，每消耗 1mL EDTA，则待测溶液中就有 0.5mg CaO。

5.3.2.2 标准溶液的定义及分类

美国加联数据库定义：标准溶液（Standard Solution）为已知准确浓度的溶液，其性质相当于标准物质，通常作为一种"量具"，在分析测试行业中发挥重要的作用。

标准溶液一般分为滴定用标准溶液和绘制标准曲线用标准溶液两大类。在滴定分析中，标准溶液用作滴定剂，来标定未知溶液的浓度；在其他的一些定量分析中，标准溶液用来绘制工作曲线或作计算标准。这两点是标准溶液最大的作用。

另外，标准溶液还可用来校准仪器和判定检测方法是否准确。当用标准溶液代替样品进行测试时，得到的结果应该与已知标准溶液的浓度相符。如果得到相符的结果，则说明测试操作正确；如果结果与标准值存在明显的误差，就说明存在错误，需要进行分析。

有时候为了实验的方便和实验结果的准确性，一些重要的或较难配制的标准溶液可直接从相关单位购买，并附有相关证书。直接购买的标准溶液已成为标准物质的一部分，避免了配制和标定的麻烦以及操作过程中带来的误差。

标准溶液有进口标准溶液和国内标准溶液之分，国内有钢研纳克检测技术股份有限公司、国家标准物质中心的标准溶液，国外进口的有美国标准局（NIST）和美国加联等的标准溶液。其中以美国标准局（NIST）的标准溶液权威性最高，国内标准溶液应与之进行比对溯源后，方可使用。

根据已确定组分的个数，标准溶液又可以分为单一组分标准溶液（简称"单标"）和多组分混合标准溶液（简称"混标"）。单标是指标准溶液中只有一种已知准确浓度的组分，平常使用的标准溶液大多数都是单标。混标是指标准溶液中有两种或两种以上已知准确浓度的组分，有时候需要同时测定多种元素，为了提高工作效率，会使用混标。

标准溶液与真正的标准物质的区别是：其作为一种"量具"的角色是相对的，而不是绝对的。例如，在绘制甲醛工作曲线时，甲醛标准溶液需要用硫代硫酸钠标准溶液来标定，而硫代硫酸钠本身不稳定，硫代硫酸钠标准溶液又需要用重铬酸钾标准溶液来标定。所以，整个的工作过程就是：先用基准物质配制重铬酸钾标准溶液，然后标定未知浓度的硫代硫酸钠溶液，标定好的硫代硫酸钠溶液作为标准溶液再来标定甲醛溶液，最后标定好的甲醛溶液再作为标准溶液用来绘制工作曲线。其实在化学分析中这种例子很多。

5.3.2.3 标准溶液的配制

溶液的配制包括一般溶液的配制和标准溶液的配制。

一般溶液是指非标准溶液,它在化学实验中常作为溶解样品、调节 pH、分离或掩蔽离子、显色等使用。一般溶液的配制对浓度要求不高,只需保留 1～2 位有效数字,试剂的质量由架盘天平称量,体积用量筒量取即可。

标准溶液的配制方法有两种:一种是直接法,即准确称量基准物质,溶解后定容至一定体积;另一种是标定法(也称间接法),即先配制成近似需要的浓度,再用基准物质或用标准溶液来进行标定,这种配制方法比较费事,但大多数标准溶液都是采用这种方法配制的。

标准溶液主要用于样品主体成分的定量分析,所以对浓度的精度要求较高,一般要求准确到 4 位有效数字,在配制过程中需要满足以下要求:

(1) 直接法配制标准溶液所用的试剂必须符合基准物质的要求,即组成与化学式相符,纯度高,成分稳定且无污染;

(2) 为防止基准试剂存放后可能潮解,使用前应干燥至恒重,干燥方法按相应标准规定执行;

(3) 称重操作应使用灵敏度在万分之一以上的分析天平,并校验合格;

(4) 配制、标定过程中所用的玻璃仪器应清洁无污染,所用的容量玻璃仪器必须经过校准检定合格,如量瓶、滴定管、移液管等均应选用一等品,A 级。

5.3.2.4 标准溶液的标定

如果试剂不符合基准物质的要求,则先配成近似于所需浓度的溶液,然后再用基准物质准确地测定其浓度,这个过程称为溶液的标定。

标准溶液的标定方法主要有三种:

(1) 直接标定法

准确称取一定质量的基准物质,溶于纯水后用待标定溶液滴定,至反应完全,根据所消耗待标定溶液的体积和基准物质的质量,计算出待标定溶液的准确浓度。如用基准物质无水碳酸钠标定盐酸或硫酸溶液,就属于这种标定方法。

(2) 间接标定法

有一部分标准溶液没有合适的用以标定的基准试剂,只能用另一已知浓度的标准溶液来标定。当然,间接标定的系统误差比直接标定的要大些。如用氢氧化钠标准溶液标定乙酸溶液,用高锰酸钾标准溶液标定草酸溶液都属于这种标定方法。

(3) 比较法

用基准物质直接标定标准溶液后,为了保证其浓度更准确,采用比较法验证。例如,盐酸标准溶液用基准物质无水碳酸钠标定后,再用氢氧化钠标准溶液进行比较,既可以检验盐酸标准溶液浓度是否准确,也可考查氢氧化钠标准溶液的浓度是否可靠。

一些常见标准溶液的配制和标定方法可参照《化学试剂 标准滴定溶液的制备》(GB/T 601—2016)。在标定过程中应特别注意以下几点:

① 标准溶液配制后应充分摇匀后标定,按规定方法进行预处理,例如过滤、放置规定时间等。如碘标准溶液需用垂熔玻璃滤器过滤、高锰酸钾标准溶液需静置 24h、硫代硫酸钠标准溶液需静置一个月后过滤等。

② 标准溶液的标定,应采用双人复标法,平行标定实验不得少于八次,两人各作四平行,每人四平行测定结果的极差与平均值之比不得大于 0.15%,两人测定结果平均值之差不得大于 0.18%,结果取最终平均值,浓度值取四位有效数字,初标与复标时的室温差值不得大于 2℃。

③ 溶液标定后的浓度应以基准物质标定为准,标准溶液的配制浓度与标定浓度相差不得大于 5%,若两者相差过大,应查找原因,重新配制并标定。配制标准溶液时,一般配制浓度比理论高一点,便于标定时调整浓度,直接加溶剂稀释即可。不建议浓度低了后,再加溶质。

④ 溶液标定温度应为 15～25℃,当标定温度和使用温度差值超过 10℃时,应重新标定。

⑤ 标准溶液的配制和标定过程应填写相应的原始记录,初标与复标人员均应签字确认,以确保标准溶液具有溯源性。

5.3.2.5　标准溶液的使用与保存

标准溶液在使用过程中应注意其有效期。标准溶液的有效期是指标准溶液配制标定后,可以使用该标准溶液的期限,超过有效期则不再使用。从瓶中取出标准溶液后,不管剩余多少,不得再倒入原标准溶液瓶中,取完溶液后应立即盖上瓶塞。

浓度低于或等于 0.02mol/L 的标准溶液(乙二胺四乙酸二钠标准溶液除外),应在临用前将高浓度的标准溶液稀释制得,稀释溶剂用煮沸并冷却的水,必要时需进行重新标定。

购买的标准溶液一般分装在安瓿瓶内,属于一次性的,特别是对于溶剂易挥发的标准溶液,使用时按需要稀释到一定浓度,剩余的标准溶液下次不能再使用。外购的标准溶液在条件许可的情况下应复标(核查)后再使用。

标准溶液的保存应该注意以下几点:

(1) 保存标准溶液的容器必须洗净,用蒸馏水洗三次,烘干后使用。

(2) 易氧化的溶液应放在棕色瓶中,不准用橡皮塞盖瓶口,装碱性标准溶液的瓶子,为了防止吸收空气中的 CO_2,要求在瓶塞上装有吸收 CO_2 的碱石棉。

(3) 不同性质、不同浓度、不同介质以及不同使用方法都会影响标准溶液有效期的长短。除另有规定外,标准溶液在常温(15～25℃)下保存时间一般不超过两个月(硫代硫酸钠的有效期实际为 7 个月,包括放置 1 个月)。当溶液出现浑浊、沉淀、颜色变化等现象时,应重新制备。

(4) 标准溶液标好后,应该定期进行期间核查(复标),以防止浓度改变而造成分析上的误差,使用前要摇匀,以使浓度保持均一。

(5) 标准溶液应存放在阴凉干燥的地方,免于日光照射,有低温要求的标准溶液应放于冰箱中,需避光保存的应装于棕色瓶中,碱溶液和其他能与玻璃发生化学反应的应装于塑料瓶中。

5.3.3　配制溶液的注意事项

溶液的配制是进行分析检验的一项基础工作,是保证检验结果准确可靠的前提。在很多检验方法标准中都有相应溶液的配制方法,通常在配制溶液过程中有以下注意事项:

(1) 分析实验所用的溶液应用纯水配制,容器应用纯水洗 3 次以上,特殊要求的溶液应使用相应规格的纯水,并且应做纯水的空白值检验。

（2）溶液要用带塞的试剂瓶盛装。见光易分解的溶液要装于棕色瓶中。挥发性试剂、见空气易变质及放出腐蚀性气体的溶液,瓶塞要严密。浓碱液应用塑料瓶装,如装在玻璃瓶中,要用橡皮塞塞紧,不能用玻璃磨口塞。

（3）每瓶试剂溶液必须有明晰的标签,标签内容应包括:溶液名称、浓度、配制日期、配制人员等信息,标准溶液的标签还应包括标定日期、复核人员等信息,如图5.1所示。

溶液名称：	氢氧化钠溶液
浓　　度：	1.0mol/L
介　　质：	水
配制人员：	×××
配制日期：	2016.10.13
存储条件：	常温

普通溶液标签

溶液名称：	硫代硫酸钠标准溶液
浓　　度：	0.0105mol/L
介　　质：	0.2g/L 碳酸钠溶液
配制人员：	×××
复核人员：	×××
配制日期：	2016.7.3
标定日期：	2016.8.3
有　效　期：	2017.2.2
存储条件：	常温

标准溶液标签

图 5.1　溶液标签示意图

（4）配制硫酸、磷酸、硝酸、盐酸等溶液时,都应把酸倒入水中。对于溶解时放热较多的试剂,不可在试剂瓶中配制,以免炸裂。

（5）用有机溶剂配制溶液时（如配制指示剂溶液）,有时有机物溶解较慢,应不时搅拌,可以在热水浴中温热溶液,不可直接加热。易燃溶剂要远离明火使用,有毒有机溶剂应在通风柜内操作,配制溶液的烧杯应加盖,以防有机溶剂的蒸发。

（6）要熟悉一些常用溶液的配制方法,如配制碘溶液应加入适量的碘化钾;配制易水解的盐类溶液应先加酸溶解后,再以一定浓度的稀酸稀释。

（7）不能用手接触有腐蚀性及有剧毒的溶液。剧毒溶液用后应先做解毒处理,不可直接倒入下水道。

5.4　滴定分析

滴定分析是分析化学中一种重要的常规分析方法,也是分析人员必须掌握的一项基本操作技能。虽然滴定分析的原理和操作方法比较简单,但要得到准确的分析结果却并不容易,本书将简单阐述滴定分析中的一些主要的基本知识。

5.4.1　容量仪器的使用

滴定分析实验中主要的容量仪器包括滴定管、移液管、吸量管、容量瓶等,正确地使用这些仪器是滴定分析测定结果准确程度的前提。

5.4.1.1　滴定管的使用

滴定管是滴定分析中最主要的玻璃仪器,其精度相对较高,按照颜色可分为白色(无色)滴定管和棕色滴定管。当标准溶液对光不稳定时需要使用棕色滴定管,如碘标准溶液。按照用途滴定管又可以分为酸式滴定管和碱式滴定管,分别用于标准溶液为酸性和碱性的滴定分析。目前还有一种滴定管为通用滴定管,它是带有聚四氟乙烯旋塞的滴定管,具体见图5.2。

酸式滴定管

碱式滴定管

棕色滴定管

通用滴定管

图 5.2　滴定管

滴定管一般有 25mL 和 50mL 两种规格,最小刻度均为 0.1mL,精确度是百分之一,即可精确到 0.01mL。

酸式滴定管主要用于量取或滴定酸溶液或氧化性试剂以及对橡皮有侵蚀作用的液体,其玻璃活塞与滴定管是固定配套使用的,不能任意更换。使用时要注意玻璃活塞是否旋转自如,通常是取出活塞,拭干,在活塞两端沿圆周抹一薄层凡士林作润滑剂(或真空活塞油脂),然后将活塞插入,顶紧,旋转几下使凡士林分布均匀(几乎透明)即可,再在活塞尾端套一橡皮圈,使之固定。注意凡士林不要涂得太多,否则易使活塞中的小孔或滴定管下端管尖堵塞。

碱式滴定管的管端下部连有橡皮管,管内装一玻璃珠作控制开关,一般用于量取碱性溶液等对玻璃管有侵蚀作用的溶液。其准确度不如酸式滴定管,主要由于橡皮管的弹性会造成液面的变动。在使用前,应检查橡皮管是否破裂或老化及玻璃珠大小是否合适,无渗漏后才可使用。

一般的滴定液均可使用酸式滴定管,但因碱性溶液常使玻璃活塞与玻璃孔黏合,以致难以转动,故碱性溶液宜用碱式滴定管。只要碱性溶液使用时间不长,用毕后立即用水冲洗,亦可使用酸式滴定管,但绝对禁止用碱式滴定管装酸性及强氧化性溶液,如高锰酸钾、碘、硝酸银等溶液,因为它们易与橡皮起作用,造成橡皮管老化和破裂。

滴定管使用的注意事项如下:

(1)标准溶液装在滴定管中,待测液装在锥形瓶中,开始滴定之前,滴定管必须用标准溶液润洗 1～2 次,而锥形瓶绝对不能用待测液润洗,两者千万不能混淆。

(2) 滴定管在使用之前必须先检漏,特别是长时间不使用的滴定管,酸式滴定管玻璃塞上面的润滑剂干涸、碱式滴定管橡胶管老化等都容易造成滴定管漏液。检漏的方法是:向滴定管中加适量水,旋转玻璃塞或挤压玻璃球放出少量液体,反复几次,然后静置一段时间,观察液面是否下降。

(3) 滴定管下部尖嘴内的液体不在刻度内,量取或滴定溶液时不能将尖嘴内的液体放出,即滴定终点时的液面必须在滴定管最低刻度线的上方。

(4) 开始滴定之前,必须将滴定管内的气泡赶净,滴定管内壁上经常会附着微小气泡,特别是尖嘴和控制阀附近部位都会产生气泡。用碱式滴定管时,不能按玻璃珠以下部位,否则放开手时易形成气泡。

(5) 滴定过程中,眼睛始终注视锥形瓶中溶液颜色的变化,无须观察液面的变化过程。左手控制阀门,右手振荡锥形瓶(一般右手较灵活),滴定速度先快后慢,振荡锥形瓶时注意千万不能将溶液洒出。

(6) 读数时,最好将滴定管从滴定架上取下,拇指和食指拿住,确保滴定管与地面垂直。眼睛应该与凹液面最低点的切线处在同一水平面上(图 5.3),前后两次读数(初读数和终读数)应该为同一人读取(确保读数习惯一致)。

(7) 滴定管的零刻线在顶端(一般的量具零刻线在底端,如量筒),如果在非平视的位置读数,误差分析(偏大或偏小)时与一般量具的情况相反,例如:俯视滴定管读数偏小,而俯视下量筒读数却偏大。

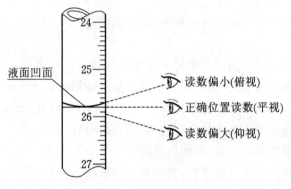

图 5.3　滴定管读数

5.4.1.2　移液管的使用

移液管是用来准确移取一定体积的溶液的量器,是一种量出式仪器,只用来测量它所放出溶液的体积。它是一根中间有一膨大部分的细长玻璃管,其下端为尖嘴状,上端管颈处刻有一条标线,是所移取的准确体积的标志。

常用的移液管有 5mL、10mL、25mL 和 50mL 等规格,由于移液管上只有一条标线,所以每一个规格的移液管只能量取对应体积的溶液。移液管也是一种精度较高的容量仪器,体积通常可准确到 0.01mL。

移液管使用的注意事项如下:

（1）移液管通常和洗耳球配合使用，左手握洗耳球，右手拇指和中指拿住移液管上端合适位置，食指封堵移液管上口，控制液体流出。每次使用移液管之前应检查移液管的管口和尖嘴有无破损，若有破损则不能使用。

（2）定容时，移液管保持垂直，刻度线和视线保持水平，稍稍松开食指使管内液面缓慢下降，至溶液的凹液面底线与标线上缘相切为止，立即用食指压紧管口。定容后的移液管内不应有气泡。

（3）管内溶液流完后，应保持放液状态停留约15s，将移液管尖端在接受容器内壁小距离滑动几下，移走残留在管尖内壁处的少量溶液，不可用洗耳球吹出，因校准移液管已考虑了尖端内壁处保留溶液的体积（老式移液管身上标有"吹"字的，可用洗耳球吹出）。

5.4.1.3 吸量管的使用

吸量管的全称是"分度吸量管"，又称为刻度移液管，它是带有分度线的量出式玻璃量器，用于移取非固定量的溶液。很多人容易将移液管和吸量管混淆，其实简单说，吸量管就是有很多刻度的移液管，如图5.4所示。

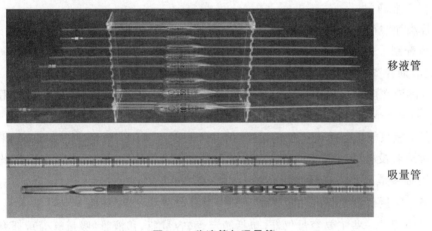

移液管

吸量管

图 5.4　移液管与吸量管

吸量管有1mL、2mL、5mL、10mL和25mL等规格，材质有玻璃吸量管和塑料吸量管（主要用于量取对玻璃有强腐蚀的液体，如氢氟酸），类型有不完全流出式、完全流出式和吹出式。目前也有很多实验人员使用准确度较高的移液枪（图5.5），其兼有移液管和吸量管的特点和功能。

吸量管的使用方法和注意事项与移液管相同，但移液管和吸量管还是存在以下区别：

（1）移液管只有一条刻线，每一个规格只能量取对应的一个体积，而吸量管有多条刻度，可量取规格内的多个体积。

图 5.5　移液枪

（2）为了区分两者，通常将移液管俗称"单标线移液管"或"大肚移液管"，将吸量管称为"多刻度移液管"。

（3）一般情况下，移液管的精度比吸量管要高一些，所以在配制要求比较高的标准溶液时,尽量使用移液管量取溶液,吸量管一般用于定性分析。

5.4.1.4 容量瓶的使用

容量瓶是一种细颈、梨形、平底、带磨口塞的玻璃容量器,颈上有标线,表示在所指温度下液体凹液面与容量瓶颈部的标线相切时,溶液体积恰好与瓶上标注的体积相等。

容量瓶有多种规格,小的有 5mL、10mL、25mL 等,大的有 1000mL、2000mL 等,容量瓶上只有一条刻线,每一个规格只能量取对应体积的溶液(与移液管相同),但这一条刻线的精度较高,是一种准确配制一定浓度溶液的精确玻璃仪器。

容量瓶有无色和棕色两种,棕色容量瓶主要用于配制对光不稳定的溶液,如高锰酸钾溶液、碘溶液等。使用容量瓶还应注意以下几点:

(1) 容量瓶和瓶塞是配套使用,瓶与塞不可胡乱搭配(一般用绳子相连接),否则容易引起漏液,而且每次使用容量瓶之前,还是必须检查瓶塞处是否漏液。

(2) 向容量瓶内加入液体至液面离标线 1～2cm 时,应改用滴管小心滴加,最后使液体的凹液面最低处与标线正好相切,观察时眼睛位置应与液面和刻度处于同一水平面上,否则会引起测量体积不准确。

(3) 若滴加溶剂一旦超过容量瓶的标线,或定容好的溶液在振荡摇匀过程中发现漏液,必须重新进行配制。但有时在不漏液的情况下,液面在振荡过程中也会有所下降,这属于正常现象,不要加溶剂补齐。

(4) 若溶液在配制过程中有放热现象,应冷却至室温后再定容。容量瓶不能用于储存溶液,配制好的溶液应及时转移至试剂瓶中。

(5) 容量瓶只能配制一定容量的溶液,但是一般保留 4 位有效数字(如 250.0mL),不能因为溶液超过或者没有达到刻度线而估算改变小数点后面的数字,只能重新配制,因此书写溶液体积的时候必须是×××.0mL。

5.4.1.5 容量仪器使用的注意事项

实验室使用的一些主要容量仪器(包括滴定管、容量瓶、移液管、吸量管等),都有一些共同属性,使用过程中有一些共同需要注意的事项如下:

(1) 由于玻璃器皿在使用过程中有轻微的磨损或变形,所以容量仪器都需要定期检定校准,检定合格后才可以正常使用。

(2) 容量仪器上通常都标有温度、容量、刻度线等信息,如容量瓶上标有"20℃,50mL"字样,表示 20℃下按正确方法量取至标线处的溶液体积恰好为 50.0mL,说明容量仪器量取的准确体积与温度有关,若量取的液体温度太高或太低,应使其温度恢复至标识的温度附近再进行量取。

(3) 容量仪器在受热时瓶体会发生膨胀或变形,使其体积发生变化造成误差,所以容量仪器不能加热,洗涤后也只能自然晾干,不能烘干。

(4) 国家对容量仪器的精度级别分为 A 级和 B 级,两者允许的容量误差不同,一般 B 级的容量允差为 A 级的两倍,所以通常一些精度要求较高的定量分析都必须使用 A 级的容量仪器。

(5) 容量仪器若长时间不使用,洗涤干净后应在有塞子的地方(如酸式滴定管活塞、容量瓶塞等)夹一条纸条,防止塞子与瓶口粘连。

5.4.2 滴定分析的基本概念及条件

5.4.2.1 基本概念

滴定分析,是将已知准确浓度的标准溶液滴加到被测物质的溶液中,直至指示剂变色,显示所加溶液物质的量按化学计量关系恰好反应完全,然后根据所加标准溶液的浓度和所消耗的体积,计算出被测物质含量的分析方法。由于这种测定方法是以测量溶液体积为基础,故又称为容量分析。

滴定分析法比起质量分析来操作简便、快速、易掌握且有足够的准确度。通常用于测定含量在1%以上的常量组分,有时也可以用于测量微量组分,测定的相对误差约为0.2%。由于滴定分析法可用于测定很多元素,所以该分析方法在化学分析中是用得最广也是最重要的一种具有较高准确度的分析方法。

滴定分析中的常用术语为:

滴定剂:已知准确浓度的试剂溶液,即标准溶液,又称标准滴定溶液,滴定分析过程中装在滴定管中。

被滴定剂:未知准确浓度的试剂溶液,即待测溶液,滴定分析过程中装在锥形瓶(或烧杯)中。

滴定:将滴定剂从滴定管中逐滴加到盛有待测溶液的锥形瓶(或烧杯)中进行测定的过程。

指示剂:对滴定终点的判断起指示作用而加入的一种辅助试剂,常伴有颜色变化、产生浑浊或沉淀以及有荧光等明显现象,指示剂是否选择恰当将直接影响滴定分析结果的准确与否。

滴定终点:在滴定过程中,指示剂恰好发生颜色变化的突变点,此时反应应立即终止,故称此点为滴定终点。

化学计量点:加入滴定剂的量与待测物的量正好符合化学反应式所表示的化学计量关系的时刻,即反应达到了化学计量点。换言之,化学计量点就是滴定剂与待测物理论上恰好完全反应的时刻,即理论滴定终点。

终点误差:滴定终点与化学计量点不一定一致,即实际滴定终点和理论滴定终点不重合而引起的分析误差称为终点误差。终点误差是滴定分析误差的主要来源之一,化学反应越完全,指示剂选择得越恰当,终点误差就越小。

5.4.2.2 基本条件

滴定分析方法是基于标准溶液与待测组分之间发生化学反应时,它们的量之间存在一定的化学计量关系,所以并非所有的反应都可用于滴定分析,适合滴定分析的反应必须满足以下条件:

(1)反应必须按一定的化学反应式进行,即必须具有明确的化学计量关系,且不发生副反应。

(2)反应必须能够定量地进行完全,通常要求达到99.9%以上。

(3)要求反应能较快地完成,反应的速率应远大于滴定的速率。或者慢的反应能够采取有效措施加快,如加热、增加反应物的浓度,加入催化剂等。

(4)必须有适当的方法确定反应的终点,即有合适的指示剂。

（5）共存物质不干扰主要反应，或者用适当的方法可以消除其干扰，如加入掩蔽剂等。

凡满足上述要求的化学反应均可以采用直接滴定法进行滴定分析，如果不能满足以上要求，可以根据情况采用其他类型的方法进行滴定分析。

5.4.3 滴定分析的分类

5.4.3.1 按滴定方式分类

滴定分析方法按照滴定方式可分为直接滴定法、间接滴定法、返滴定法和置换滴定法。

（1）直接滴定法

直接滴定法是将滴定剂直接加入待测溶液中的一种方法，凡是能同时满足滴定分析基本条件的化学反应，都可以采用直接滴定法，如用 HCl 滴定 $NaOH$，用 $K_2Cr_2O_7$ 滴定 Fe^{2+} 等。直接滴定法是滴定分析方法中最常用、最基本的方法。

（2）间接滴定法

某些待测组分不能直接与滴定剂反应，但可通过其他的化学反应，间接测定其含量。例如 Ca^{2+} 不能用直接滴定法，但可先将其沉淀为 CaC_2O_4，然后将沉淀过滤洗涤后再溶解于硫酸中，就可用 $KMnO_4$ 标准溶液滴定溶液中的草酸，间接测定 Ca^{2+} 的含量。

（3）返滴定法

返滴定法又称回滴法或剩余滴定法，即在待测试液中准确加入适当过量的标准溶液，使其与试液中的待测物质或固体试样进行完全反应后，再用另一种标准溶液滴定剩余的第一种标准溶液，从而测定待测组分的含量。例如对于 Al^{3+} 的滴定，先加入已知过量的 EDTA 标准溶液，待 Al^{3+} 与 EDTA 反应完成后，剩余的 EDTA 再利用标准 Zn^{2+} 溶液返滴定。

返滴定法主要用于反应速度慢或反应物是固体，加入滴定剂后不能立即定量反应，或者没有适当指示剂的滴定反应，也是一种比较常用的滴定方法。

（4）置换滴定法

先加入适当的试剂与待测组分定量反应，置换出另一种可滴定的物质，再利用标准溶液滴定反应产物，然后由滴定剂的消耗量，反应生成的物质与待测组分等物质的量的关系计算出待测组分的含量。例如用 $K_2Cr_2O_7$ 标定 $Na_2S_2O_3$ 溶液的浓度时，就是以一定量的 $K_2Cr_2O_7$ 在酸性溶液中与过量的 KI 作用，析出相当量的 I_2，再用 $Na_2S_2O_3$ 溶液滴定析出的 I_2，进而求得 $Na_2S_2O_3$ 溶液的浓度。

置换滴定法主要用于待测物质与滴定剂之间没有确定的反应式（伴有副反应发生），或反应的完全度不够高的滴定反应。

显然，由于返滴定法、置换滴定法、间接滴定法的应用，大大扩展了滴定分析的应用范围。

5.4.3.2 按化学反应类型分类

滴定分析方法按照滴定反应的化学反应类型可分为酸碱滴定法、配位滴定法、氧化还原滴定法、沉淀滴定法。

（1）酸碱滴定法

酸碱滴定法是以酸、碱之间质子传递反应为基础的一种滴定分析方法，反应速率较快，通常采用直接滴定的方式,主要用于测定酸、碱和两性物质。

（2）配位滴定法

配位滴定法又称络合滴定法,是以配位反应为基础的一种滴定分析方法,主要用于对金属离子进行测定,目前常用的配位滴定就是以 EDTA 为络合剂测定金属离子。

（3）氧化还原滴定法

氧化还原滴定法是以氧化还原反应为基础的一种滴定分析方法,其应用范围要比其他类型的滴定法广泛得多,其中碘量法就是应用最广泛的一种滴定方法,用 $Na_2S_2O_3$ 标准溶液标定甲醛溶液就是采用碘量法。

由于氧化还原反应常伴有电子转移,产生电极电位,故氧化还原滴定法又被称为电位滴定法,与此相关的辅助仪器有电位滴定计。

（4）沉淀滴定法

沉淀滴定法是以沉淀反应为基础的一种滴定分析方法,主要用于对 Ag^+、CN^-、SCN^- 以及类卤素离子等进行测定,如银量法。

5.4.4　滴定结果的误差分析

滴定分析时产生的误差可分为系统误差和偶然误差两个方面,产生系统误差的原因有以下几种:

（1）方法误差

方法误差是由于分析方法本身在理论上和具体操作步骤上存在不完善之处,主要包括几个方面:①终点误差,滴定终点与理论终点(化学计量点)不符,这也是方法误差的主要来源之一;②反应不完或存在副反应;③指示剂本身会消耗少量标准溶液做空白实验;④杂质消耗标准溶液。

（2）仪器和试剂误差

仪器误差来源于仪器本身的缺陷或没有按照规定正确使用。仪器本身的缺陷如仪器出厂不合格,精度没有达到相应的要求,仪器没有按时检定或检定不合格等,没有按照规定正确使用包括仪器检查不彻底,活塞与容具不配套而漏液,容量仪器加热而变形等。

试剂误差主要包括两个方面:①基准物质本身不准确,如纯度本身没有达到要求、已超出使用有效期,不正确的保存方法造成变质等;②标准溶液的配制不规范造成浓度不准确,如称量不准确、溶解不完全、转移不干净等。

（3）操作误差

操作误差是结果误差的主要来源,发生的频率最高,通常又和偶然误差相伴而生。常见的操作误差有:滴定管、移液管使用前没有润洗或锥形瓶误被润洗,容量仪器内壁附着有气泡,读数方法不正确(量器与水平面不垂直、仰视或俯视),锥形瓶中液体被溅出,滴定管中标准溶液滴落在锥形瓶外面,滴定时流速过快超过滴定终点等。

（4）主观误差

主观误差是由于实验人员自身的一些主观因素造成。例如在分析过程中终点的判断,有些人对指示剂颜色的分辨偏深、有的人偏浅;有的人喜欢根据前一次的滴定结果来下意识地控制随后的滴定过程,导致测量结果系统地偏高或偏低。

偶然误差经常发生在实验人员不正确、不熟练的操作过程之中,随机性大,隐蔽性强,不容易查找出原因,通常可以通过人员比对的方式来发现和减小偶然误差的产生。

需要说明的是:滴定结果的误差是某一个或某几个因素产生误差的综合体现,查找误差产生原因时应多方面考虑,在消除了系统误差的前提下,可以通过增加测定次数取平均值的办法克服偶然误差。

5.5 数据处理及检验报告

5.5.1 有效数字的修约及运算规则

5.5.1.1 有效数字的定义

有效数字(Significant Figure),即指在分析工作中实际能够测量到的数字。能够测量到的数字是包括最后一位估计的、不确定的数字。把通过直读获得的准确数字叫作可靠数字,把通过估读得到的那部分数字叫作存疑数字,一般而言,对一个数据取其可靠位数的全部数字加上第一位可疑数字(估计读数),就称为这个数据的有效数字。

对于一个近似数,从左边第一个不是 0 的数字起,到精确到的位数为止,所有的数字(包括 0,科学计数法不计 10 的 N 次方)都叫作这个数的有效数字,它不取决于小数点的位置。例如:0.0109,前面两个 0 不是有效数字,后面的 1、0、9 均为有效数字(注意,中间的 0 也算);1.20 有三位有效数字;1100.120 有七位有效数字;3.109×10^5 中,3、1、0、9 均为有效数字,后面的 10^5 不是有效数字。

规定有效数字是为了体现测量值和计算结果实际达到的准确度。测量结果都是包含误差的近似数据,在其记录、计算时应以测量可能达到的精度为依据来确定数据的位数和取位。如果参加计算的数据的位数取少了,就会损害外业成果的精度并影响计算结果的应有精度;如果位数取多了,易使人误认为测量精度很高,且增加了不必要的计算工作量。

这里有一对儿概念需要大家注意:有效数字和小数保留位数,两者既有联系,又有区别。首先,两者都是对数字精度进行衡量的量值,一般的数据精度要求都是由两者之中的一个来进行规定;其次,两者的修约规则通常都是相同的,所以人们经常将两者混淆。

其实,有效数字和小数保留位数还是有区别的:①两者各有优点,有效数字更能真实反映分析结果的数字精度,而小数保留位数简单、直观,数据统计时整齐;②两者最关键的区别,有效数字与小数点的位置无关,与数字左边第一个 0 的位置有关,而小数保留位数直接取决于小数点的位置。下面列举几个例子进行说明:

0.1233,若保留三位有效数字即为 0.123,若保留三位小数也为 0.123;

1.1233,若保留三位有效数字即为 1.12,若保留三位小数则为 1.123;

0.0233,若保留三位有效数字即为 0.0233,若保留三位小数则为 0.023;

0.0233,若保留四位有效数字即为 0.02330,若保留四位小数则为 0.0233。

5.5.1.2 有效数字的修约规则

有效数字的修约在我国遵循现行国家标准《数值修约规则与极限数值的表示和判定》（GB/T 8170—2008），通常称为"四舍六入五成双"法则。四舍六入五考虑，即当尾数≤4时舍去，尾数≥6时进位，当尾数为5时，则应考虑不同的情况进行舍去或进位，这一法则的具体内容如下：

（1）若被舍弃的第一位数字小于5时，则舍去，即保留的各位数字不变，例如：将28.173保留4位有效数字即为28.17，将0.1154保留三位有效数字即为0.115；

（2）若被舍弃的第一位数字大于5，则其前一位数字加1，即进位。例如：将14.259保留4位有效数字即为14.26，将0.2236保留三位有效数字即为0.224；

（3）若被舍弃的第一位数字等于5，而其后的数字并非全部为零时，则其前一位数字加1，即进位。例如：将25.28517保留4位有效数字即为25.29，将0.1135001保留三位有效数字即为0.114；

（4）若被舍其的第一位数字等于5，而其后无数字或数字全部为零时，则需考虑被保留末位数字为奇数还是偶数（零视为偶），末位数是奇数时进1，末位数为偶数时舍去。例如：1.355、9.8450、28.050保留三位有效数字时，分别为1.36、9.84、28.0；

（5）负数修约时，取绝对值按照上述（1）至（4）规定进行修约，再加上负号。例如：−11.315、−0.2138、−2.1350保留三位有效数字时，分别为−11.3、−0.21、−2.14；

（6）若被舍弃的数字包括几位数字时，不得对该数字进行连续修约，而应根据以上各条作一次处理。例如：2.154546，只取3位有效数字时，应为2.15，而不得按下法连续修约为2.16：2.154546→2.15455→2.1546→2.155→2.16。

通常情况下人们所熟知的数字修约规则为"四舍五入"规则，逢五就进，必然会造成结果的系统偏高，误差偏大，为了避免这样的状况出现，尽量减小因修约而产生的误差，在某些科学技术与生产活动的测试中需要使用"四舍六入五成双"的修约规则。

需要注意的是：有效数字保留的位数，除了有时有明确的规定外，一般应根据分析方法与仪器的准确度来确定，一般使测得的数值中只有最后一位是可疑的。

5.5.1.3 有效数字的运算规则

对于有效数字的运算规则，由于与误差传递有关，计算时加减法和乘除法的运算规则不太相同。

（1）加减法

先按小数点后位数最少的数据保留其他各数的位数，再进行加减计算，计算结果也使小数点后保留相同的位数，属于绝对误差的传递。

例如：计算50.1+1.45+0.5812=？ 修约为：50.1+1.4+0.6=52.1。先修约，结果相同而计算更简捷。

再例如：计算12.43+5.765+132.812=？ 修约为：12.43+5.76+132.81=151.00。

注意：用计数器计算后，屏幕上显示的是151，但不能直接记录，否则会影响以后的修约，应在数值后添两个0，使小数点后有两位数字。

（2）乘除法

先按有效数字最少的数据保留其他各数，再进行乘除运算，计算结果仍保留相同的有效数字，属于相对误差的传递。

例如：计算 $0.0121 \times 25.64 \times 1.05782 = ?$ 修约为：$0.0121 \times 25.6 \times 1.06 = ?$ 计算后结果为：0.3283456，结果仍保留为三位有效数字，即为：$0.0121 \times 25.6 \times 1.06 = 0.328$。

注意：用计数器计算结果后，要按照运算规则对结果进行修约。

5.5.2 实验结果的数据处理

5.5.2.1 数据处理中的基本概念

定量分析的目的是准确测定试样中组分的含量，因此分析结果必须具有一定的准确度。在定量分析中，由于受分析方法、测量仪器、所用试剂和分析工作者主观条件等多种因素的限制，使得分析结果与真实值不完全一致。即使采用最可靠的分析方法，使用最精密的仪器，由技术很熟练的实验人员进行测定，也不可能得到绝对准确的结果。同一个人在相同条件下对同一种试样进行多次测定，所得结果也不会完全相同。这表明，在分析过程中，误差是客观存在，不可避免的。因此，需要对实验数据进行判断，剔除存疑较大的结果，查找误差产生的原因以便采取相应的措施，以提高分析结果的准确度。下面介绍几对儿数据分析和统计中的基本概念。

（1）准确度与精密度

准确度（Accuracy）：分析结果与真实值的接近程度。分析结果与真实值之间差别越小，则分析结果的准确度越高，准确度的高低用误差来衡量。

精密度（Precision）：用相同的方法对同一个试样平行测定多次，得到结果的相互接近程度。精密度越高，表示结果的重复性或再现性越好，精密度的高低用偏差来衡量。

（2）误差与偏差

误差（Error）：测量值（x）与真实值（x_T）之间的差值（E），即 $E = x - x_T$。误差越小，说明结果与真实值越接近，准确度越高，误差可分为系统误差和偶然误差。

偏差（Deviation）：测量值（x）与多次测定结果的算术平均值（$\bar{x}$）之间的差值（D），即 $D = x - \bar{x}$，又称表观误差。偏差表示测量数据的离散程度，偏差越大，数据分布越分散，精密度越低，通常用标准偏差和相对标准偏差来衡量一组数据的精密度。

（3）系统误差与偶然误差

系统误差（Systematic Error）：分析过程中由于某些固定的原因所造成的误差。系统误差的特点是具有单向性和重现性，即它对分析结果的影响比较固定，使测定结果系统地偏高或系统地偏低；当重复测定时，它会重复出现。系统误差产生的原因是固定的，它的大小、正负是可测的，理论上讲，只要找到原因，就可以消除系统误差对测定结果的影响。因此，系统误差又称可测误差。

偶然误差（Random Error）：又称随机误差，是指在相同条件下，对同一样本进行多次测量，由于各种偶然因素，出现测量值时而偏大，时而偏小的误差现象。偶然误差的产生是由于一些不确定的偶然原因造成的,其数值的大小、正负都具有不确定性,所以,偶然误差又称不可测误差,但偶然误差在分析测定过程中是客观存在、不可避免的。

（4）重复性与再现性

重复性（Repeatability）：同一实验人员在同一条件下所得分析结果的精密度,即同一操作者在相同条件下,对同一样本获得一系列测量结果之间的一致程度。

再现性（Reproducibility）：不同实验人员或不同实验室之间在各自的条件下所得分析结果的精密度,即不同操作者在不同条件下,对同一样本获得一系列测量结果之间的一致程度,通常用来作为实验人员比对实验的判断依据。

（5）标准偏差与相对标准偏差

标准偏差（Standard Deviation）简称标准差,表达式为：

$$s = \sqrt{\frac{\sum_{i=1}^{n}(x_i - \bar{x})^2}{n-1}}$$

式中　　s——标准偏差；

　　　　x_i——第 i 个样品的测量值；

　　　　$\bar{x}$——测量值的算术平均值；

　　　　n——样品个数。

相对标准偏差（Relative Standard Deviation）也称变异系数,是指标准偏差与计算结果算术平均值的比值,表达式为：

$$RSD = \frac{s}{\bar{x}} \times 100\%$$

标准差和相对标准偏差是衡量一组数据离散程度的最重要、最常用的两个指标,是数据统计上的需要,数学严谨性高,可靠性大,通常用它们来表示分析测试结果的精密度比较准确和合理。标准偏差的计算相对比较麻烦,可以在 Excel 中插入函数 STDEV 直接获得。

5.5.2.2　对实验数据的判断

实际工作中,真值通常是无法知道的。虽然在分析化学中存在着"约定"的一些真值,如原子量等,但待测样品是不存在真值的,所以人们总是在相同条件下对同一试样进行多次平行测定,得到多个测定数据,取其平均值,以此作为最后的分析结果。同时,需要对多次平行测定的数据进行判断,并对分析结果进行评价,才能确保判断的科学性和合理性,这个过程是一个复杂和系统的工作。

由于随机误差是由某些随机（偶然）的因素造成的,从表面上看,随机误差的出现似乎很不规律,但如果进行多次测定,则可发现随机误差的分布也是有规律的,它的出现符合正态分布规律（图 5.6）。即：①大多数测量值集中在算术平均值附近；②绝对值相等的正误差和负误差出现的概率相同,因而大量等精度测量中各个误差的代数和有趋于零的趋势；③绝对值小的误差出现的概率大,绝对值大的误差出现的概率小,绝对值很大的误差出现的概率非常小。

在分析工作中评价一项分析结果的优劣,应该从分析结果的准确度和精密度两个方面考虑：精密度是保证准确度的先决条件。精密度差,所得结果不可靠,也就谈不上准确度高。但是,精密度高并不一定保证准确度高,具体见图 5.7。

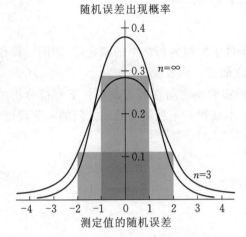

图 5.6 随机误差的正态分布曲线

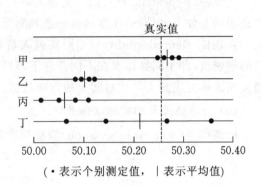

(·表示个别测定值, |表示平均值)

图 5.7 不同测试人员分析同一样品的结果

由图 5.7 可见:甲的分析结果的准确度和精密度均好,结果可靠;乙的分析结果的精密度虽然很高,但准确度较低;丙的分析结果精密度和准确度都很差;丁的分析结果精密度很差,平均值虽然接近真实值,但这是由于正负误差凑巧相互抵消的结果,因此丁的结果也不可靠。

由此可得结论:①准确度高则精密度一定高,精密度是保证准确度的前提;②精密度好,准确度不一定好,可能有系统误差存在;③精密度不好,衡量准确度无意义;④在确定消除了系统误差的前提下,精密度可表达准确度;⑤准确度及精密度都高说明结果可靠。

在分析工作中,最后处理分析数据时要用统计方法进行处理:首先对于一些偏差比较大的可疑数据按照下面介绍的判断法进行取舍;然后计算出数据的平均值、各数据对平均值的偏差、标准偏差与相对标准偏差等;最后按照要求的置信度求出平均值的置信区间。

5.5.2.3 可疑值的取舍

分析工作者获得一系列数据后,需要对这些数据进行处理。在一组平行测定的数据中,有时会出现较为离群的数据(一个甚至多个),这些数据称为可疑值或离群值。根据随机误差分布规律,在为数不多的测定值中,出现大偏差的概率是极小的,因此通常就认为这样的可疑值是由过失所引起的,而应将其舍去,否则就不能随便将它舍弃,而必须用统计方法来判断是否取舍。判断的方法很多,通常用的主要有 Q 值检验法和格鲁布斯法。

(1) Q 值检验法

Q 值检验法又叫作舍弃商法,是迪克森(Dixon W J)在 1951 年专为分析化学中少量观测次数(3～10 次)提出的一种简易判据式。按以下步骤来确定可疑值的取舍:

① 将各数据按递增顺序排列:x_1、x_2、x_3、$\cdots$、x_{n-1}、x_n;

② 求出最大值与最小值的差值(极差),即 $x_{max} - x_{min}$;

③ 求出可疑值与其最相邻数据之间的差值的绝对值;

④ 求出 Q 值:Q 值等于③中的差值除以②中的极差,即:

$$Q_{计} = \frac{|x_n - x_{n-1}|}{x_{max} - x_{min}}$$

⑤ 根据测定次数 n 和要求的置信水平 P（通常为 90%）查表 5.3 得到 $Q_表$；

表 5.3　Q 值表

测量次数 n	3	4	5	6	7	8	9	10
$Q_表$（$P=90\%$）	0.94	0.76	0.64	0.56	0.51	0.47	0.44	0.41
$Q_表$（$P=95\%$）	0.97	0.84	0.73	0.64	0.59	0.54	0.51	0.49

⑥ 判断：若 $Q_{计} > Q_表$，则舍去可疑值，否则应予保留。

举例：用 Na_2CO_3 作基准试剂对 HCl 溶液的浓度进行标定，共做 6 次，其结果分别为 0.5050mol/L、0.5042mol/L、0.5086mol/L、0.5063mol/L、0.5051mol/L、0.5064mol/L，考虑 0.5086mol/L 是否应舍去？方法如下：

6 次测定结果的顺序为 0.5042mol/L、0.5050mol/L、0.5051mol/L、0.5063mol/L、0.5064mol/L、0.5086mol/L，计算 $Q_{计} = (0.5086 - 0.5064)/(0.5086 - 0.5042) = 0.50$，再查表 5.3 得 $Q_表 = 0.56$，判断 $Q_{计} < Q_表$，所以 0.5086mol/L 应该保留。

Q 值检验法的优点：该方法符合数理统计原理，算法比较严格，而且具有直观性，计算方法简单。其缺点是：分母是 $x_n - x_1$，数据离散性越大，可疑数据越不能舍去，故准确度相对差一些。如果 $Q_{计} = Q_表$ 时，最好再补测 $1 \sim 2$ 次，或用中位值作为测定结果。

（2）格鲁布斯法

格鲁布斯法（Grubbs）具体的检验步骤与 Q 值检验法相似，只是具体的计算方法不同，具体步骤如下：

① 将各数据按递增顺数排列：x_1、x_2、x_3、$\cdots$、x_{n-1}、x_n；

② 求出这一组数据的平均值（$\bar{x}$）和标准偏差（s）；

③ 求出 G 值，计算公式为：

$$G = \frac{|x_疑 - \bar{x}|}{s}$$

④ 根据测定次数 n 和要求的显著性水平 α（置信水平 $P = 1 - \alpha$）查表 5.4 得到 $T_{\alpha,n}$ 值；

表 5.4　$T_{\alpha,n}$ 值表

测量次数 n	显著性水平 α		
	0.05	0.025	0.01
3	1.15	1.15	1.15
4	1.45	1.48	1.49
5	1.67	1.71	1.75
6	1.82	1.89	1.94
7	1.94	2.02	2.10

续表5.4

测量次数 n	显著性水平 α		
	0.05	0.025	0.01
8	2.03	2.13	2.22
9	2.11	2.21	2.32
10	2.18	2.29	2.41
11	2.23	2.36	2.48
12	2.29	2.41	2.55
13	2.33	2.46	2.61
14	2.37	2.51	2.63
15	2.41	2.55	2.71
20	2.56	2.71	2.88

⑤ 判断:若 $G > T_{\alpha,n}$,则舍去可疑值,否则应予保留。

与其他判断方法相比,格鲁布斯法最合理、最准确,而且 n 值无限制。因为它采用了数据处理中两个重要参数 $\bar{x}$ 和 s,能充分利用所有数据,即考虑到了准确度又考虑了精密度。

5.5.2.4 平均值的置信区间

在实际工作中,通常总是把测定数据的平均值作为分析结果报出。测得的少量数据的平均值总是带有一定的不确定性,它不能明确地说明测定的可靠性。在要求准确度较高的分析工作中,报出分析报告时,应同时指出测定结果包含真实值所在的区间范围,这一范围就称为置信区间(The Confidence Interval),区间包含真实值的概率,称为置信度或置信水平(Confidence Level),常用 P 表示。

对于有限次数的测定,真实值 μ 与 x 平均值之间有如下关系:

$$\mu = \bar{x} \pm t \frac{s}{\sqrt{n}}$$

式中 s——标准偏差;

n——测定次数;

t——在选定的某一置信度下的概率系数,可根据测定次数从表5.5中查得。

表 5.5 不同测定次数及不同置信度下的 t 值

测量次数 n	置信度 P				
	50%	90%	95%	99%	99.5%
2	1.00	6.31	12.71	1.00	127.32
3	0.82	2.92	4.30	0.82	14.089
4	0.77	2.35	3.18	0.77	7.453

测量次数 n	置信度 P				
	50%	90%	95%	99%	99.5%
5	0.74	2.13	2.78	0.74	5.598
6	0.73	2.02	2.57	0.73	4.773
7	0.72	1.94	2.45	0.72	4.317
8	0.71	1.90	2.37	0.71	4.029
9	0.71	1.86	2.31	0.71	3.832
10	0.69	1.73	2.09	0.69	3.690
11	0.67	1.64	1.96	0.67	3.581
21	0.687	1.725	2.086	2.845	3.153
∞	0.674	1.645	1.960	2.576	2.807

在一定置信度下,以测定的平均值 $\bar{x}$ 为中心,包括总体平均值 μ 的范围就是平均值的置信区间,为

$$\left(\bar{x} - t\,\frac{s}{\sqrt{n}},\ \bar{x} + t\,\frac{s}{\sqrt{n}} \right)$$

在同一置信度下,置信区间愈小,表示平均值的可靠性愈高,或者说平均值愈准确。

从 t 值表中还可以看出,当测量次数 n 增大时,t 值减小;当测定次数为 20 次以上到测定次数为∞时,t 值相差不多,这表明当 $n > 20$ 时,再增加测定次数对提高测定结果的准确度已经没有什么意义,因此只有在一定的测定次数范围内,分析数据的可靠性才随平行测定次数的增多而增加。

5.5.3　原始记录及检测报告

5.5.3.1　原始记录

为了确保检测结果的准确性、可靠性、科学性,检测样品的原始记录是最重要的基础资料,也是编制检测报告的重要依据。真实地记录检测时的各种数据,包含足够的信息,以便识别不确定度的影响因素,保证该检测在尽可能接近原条件情况下能够复现和测量溯源性,因此,规范检测原始记录的书写和内容,为广大基层实验室原始记录规范化,日后申请实验室认证奠定基础。

(1) 基本信息

原始记录最重要的一点就是信息完整,通常情况下原始记录不完整主要就是一些基本信息的忽略和缺失,造成实验结果不能溯源或无法分析误差产生的原因。一般的化学分析原始记录基本信息主要包括:

标题:检测机构及检测类别原始记录。

样品名称:产品性质样品指商品名,非产品性质样品指被测场所所采集的气体、水、餐饮、

疑似中毒样品等具体名称。

样品编号:写全样品编号的全部编码,这是该样品的唯一标识。

检测项目:检测某项目的具体名称。

检测依据:指检测方法所在的标准(应优先采用国际、区域或国家标准)编号或书刊名称及检验方法名称,应尽量具体,此为所用方法的标识。

仪器名称及使用条件:指检测某一项目所具体使用的仪器型号、名称、编号(这是仪器的唯一标识),以及该仪器使用时的条件要求(如高温电炉的使用温度、分光光度计的波长等)。

检测起止日期:指检测某一项目的开始日期与结束日期,特别是检测周期较长的项目,这是对结果有效性至关重要的日期。

环境条件:标明与检测结果有直接影响的环境条件(如温度、湿度等)。

标准物质(或标准溶液):指作为质量控制所用的标准物质,需标明标准物的来源、级别、编号(此是标准物质的唯一标识)。

计算公式:各项目分析方法的最终计算公式,包括使用的工作曲线。

检测者:检测数据全部记录完毕后,检测该项目的人员签名。该人员必须是专业人员或经过专业培训的长期签约人员。

校核者:对检测的数据和数据处理的整个过程由责任心强的专业人员校核并签名。

页数:检测项目原始记录的页码和总页数(格式:共×页 第×页),以确保能够识别该页是原始记录的一部分,保证原始记录的完整性。

(2)检测数据

检测数据是原始记录中最重要和核心的信息,严禁伪造和编造数据,遵循原始性、真实性原则,应注意以下三个方面:

① 相关数据的记录。包括所用的实际样品用量、稀释倍数、空气采样体积及换算系数、仪器的主要部件(色谱柱、检测器等)及试剂(流动相、载气等)与各种实验的条件。

② 平行空白实验。为了扣除试剂或仪器等因素对结果的干扰,一般需要做平行空白实验。因空白值的大小直接影响测定结果的准确性和重现性,尤其对低浓度实验的测定结果影响更大。

③ 对实验数据的处理。包括可疑值的取舍、有效数字的修约和对分析结果准确度的评价。对实验数据具体的处理方法按照 5.5.2 节中的相关内容进行,数据单位应根据相关的标准要求统一。

(3)原始记录的注意事项

① 应准确、完整、真实、客观地记录所有实验细节和实验结果,应及时记录,不能做回忆性记录。

② 实验记录应用字规范,字迹工整,须用蓝色或黑色字迹的签字笔书写,不得使用铅笔或其他易褪色的书写工具书写。

③原始记录不许随意更改,当记录中出现错误必须改正时,应杠改不能涂改,即在错误的内容上画"—"以示清除,将正确的内容写在右上角,并在右下角处附上改动人员的签名。

5.5.3.2 检测报告

检测报告是实验室技术能力和管理体系有效运行程度的体现,也是履行对客户服务承诺出具的能够承担法律责任的技术文件,是质检机构检验工作的最终产品。检测结果的准确性和可靠性直接关系到客户的切身利益,也关系到检测单位自身的形象和信誉。为提供给客户准确、清晰、客观、公正的服务,检测报告应注意以下几个方面的内容:

(1)检测报告的基本要求

① 检测报告的编制应符合国家有关法律法规及检测机构所建立的质量体系文件的规定。

② 报告中所使用的术语、定义应与现行有效的国家标准、技术规范一致。

③ 检测数据的处理与表达方式应与现行有效的国家标准、技术规范一致。

④ 使用法定计量单位。

⑤ 必须加盖相关的印章(检测专用章和 CMA 计量认证章)和相关人员的签章。

⑥ 若有分包项目应注明,必要时可详细说明。

(2)检测报告的内容

检测报告的内容应包括以下信息:①标题;②检测机构名称、地址及联系电话;③检测报告唯一标识(报告编号或二维码),报告总页数及页码;④客户的相关信息;⑤检测样品的描述说明和明确标识,包括样品的特性及状态;⑥检测方法技术依据及说明,包括检测仪器设备和环境条件;⑦检测的结果及结论;⑧报告的有效性声明和使用范围;⑨特定方法、客户要求附加的信息等。

(3)检测报告的审核

为了保证检测报告的准确性和科学性,检测报告的签发实行严格的四级审核制度,层层把关,各负其责。

一级审核由同一检测科室的校核人员完成,主要审核原始记录的准确性和检测报告的规范性、一致性,如核实检测过程是否符合标准,原始数据的来源、计算过程是否准确无误以及检测报告与原始记录、委托检测协议书的相关信息内容完全一致。审核完毕,要在检测报告相关栏目内签字确认。

二级审核由科室负责人完成,主要审核原始记录与检测报告内容的完整性、规范性、合理性,检查数字修约和数值单位是否规范、有无缺漏项,有无操作错误及逻辑错误,检查标准、方法是否现行有效等并签字确认。

三级审核由质量管理办公室负责完成,主要审核检测报告、原始记录、委托检测协议书的一致性、规范性和完整性,如检测是否按照委托检测协议书中检测项目和样品有效期内进行,检测、校核、审核人员是否签名,检测结果的计量单位是否与相应的评价依据一致,检测使用仪器设备是否在检定有效期内等。

四级审核由授权签字人对报告书进行全面审核后签发,主要审查检测报告有无逻辑错误、使用方法和仪器设备是否合适、结果表述是否规范严谨、检测或评价引用的标准是否准确充分、评价结论是否科学合理、现场检测测量点分布是否满足检测需求等。

(4)检测报告的修改

检测报告原则上不允许修改,若已批准签发送达客户后,出现下列原因之一的,可对检测报告进行必要的更正或补充：

    ① 发现检测报告对应的检测设备出现问题，且已影响到该检测报告所涉及的检测结果；

    ② 发现由于采用了不正确或不完善的检测方法，导致检测结果有误；

    ③ 发现出具的检测报告有其他错误；

    ④ 为满足客户的合理要求。

    对于确实需要进行修改的检测报告，可采用两种方式操作：一是签发一个新的检测报告，以替代原检测报告，新报告应有新的编号，并标明替代的旧报告号，而且应将原检测报告收回；二是以"报告的更改或补充的通知"的形式通知客户。

 思考题

    1. 什么是化学试剂？它们该如何进行保存？

    2. 什么是标准物质？它们有哪些特点？

    3. 配制溶液时有哪些需要注意的事项？

    4. 滴定分析的基本概念及条件是什么？

    5. 滴定分析的方法有哪些？

    6. 什么是有效数字？它们有什么运算规则？

 **分光光度法检测甲醛及氨**

 学习目标

★ 了解分光光度法的特点及原理。
★ 了解分光光度法的定量计算。
★ 掌握分光光度计的基本构造及操作规程。
★ 掌握分光光度法检测甲醛及氨的方法。

6.1 分光光度法的基本知识

6.1.1 光学分析法的原理及分类

目前,仪器分析在化学分析领域中占据越来越重要的地位,已逐渐成为分析测试中的主力军。仪器分析方法的原理和所用仪器种类繁多,各不相同,大致可以分为以下几类:电化学分析法、光学分析法、色谱分析法以及其他分析法等。

光学分析法是一类重要的仪器分析法,它是根据物质发射的电磁辐射或者物质与电磁辐射之间的相互作用而建立起来的一类分析方法,主要是利用物质的光学性质进行化学分析。

光学分析法由于各个波段电磁辐射能量、物质之间相互作用的原理和产生的物理现象都有所不同,可以分为光谱法和非光谱法两大类。

6.1.1.1 光谱法

光谱分析法(Spectrum Analysis),简称光谱法,是一种根据物质的光谱的强度及波长进行定量定性和结构分析的方法。由于物质与辐射能作用时,物质内部的原子或分子发生特定的量子化能级跃迁,产生发射、吸收或散射等辐射,记录辐射能强度随波长(或频率)的变化曲线即为光谱。各种结构的物质都具有自己的特征光谱,光谱法就是利用特征光谱研究物质结构或测定化学成分的方法。光谱法主要又分为原子光谱法和分子光谱法。

(1)原子光谱法

原子光谱法是建立在气态原子或是离子外层电子能级跃迁而产生的光谱的基础上,进行成分分析的方法。原子光谱的表现形式为线光谱,即由独立的谱线组成的线状光谱,一定的波长与一条光谱线相对应,它只反映原子或离子的性质,而与原子或离子原来的分子状态没有任何关联,因此原子光谱可以确定试样物质的元素组成和含量,而不能确定物质分子的结构信息。原子光谱法包括：原子发射光谱法（AES）、原子吸收光谱法（AAS）、原子荧光光谱法（AFS）以及 X 射线荧光光谱法（XFS）等。

（2）分子光谱法

相较原子光谱法而言，分子光谱法要复杂得多，主要是由于分子中不仅仅只有电子运动，在分子同一电子能级中还伴随有无数的振动能级，而同一振动能级又有无数的转动能级。即在电子能级发生变化时，就会不可避免地发生分子的振动和转动能级的变化。分子中这三种不同的运动状态都与一定的能级相对应，且能级都是量子化的。分子光谱法就是建立在测量分子转动能级、分子中原子的振动能级（包括分子的转动能级）以及分子电子能级（包括振动能级、转动能级）跃迁时产生的分子光谱的基础上的，并对其进行定性、定量以及物质结构的分析方法。由于在激发时分子可能产生解离，解离碎片的动能是非量子化的，所以分子光谱的表现形式为带光谱。分子光谱法主要包括：紫外-可见分光光度法（UV-Vis）、红外吸收光谱法（IR）、分子荧光光谱法（MFS）和分子磷光光谱法（MPS）等。

6.1.1.2　非光谱法

非光谱法是光子与物质相互作用，不涉及能级的跃迁和光谱的测定，物质本身并没有太大改变，只有光的辐射方向与物理性质的变化，对这些变化进行的分析。通常这类有折射、反射、旋光色散、干涉、偏振、X 射线衍射法等，其中 X 射线衍射法是目前测定晶体结构的重要手段。

综上所述，仪器分析法的分类如图 6.1 所示。

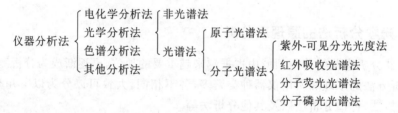

图 6.1　仪器分析法的分类

6.1.2　分光光度法的定义及特点

分光光度法（Spectrophotometry），又称为吸光光度法（Absorptiometry），是通过测定被测物质在特定波长处或一定波长范围内光的吸光度或发光强度，对该物质进行定性和定量分析的方法。

分光光度法是建立在物质对光的选择性吸收的基础之上的分析方法。将一定浓度的有色溶液放入分光光度计中，用可见光连续地照射该有色溶液，溶液便会对可见光进行选择性吸收从而得到定量测定，也将此法称为比色法。光的吸收测量由混合光的吸收发展到单色光的吸收，并由可见光区域发展到紫外光和红外光区域，因此比色法发展成为分光光度法。

6.1.2.1　光谱的分区

光是能的一种表现形式，是电磁波的一种，即光具有"波动性"，通常可用波长、频率、传播速度等参量来描述。光的颜色即由光的波长决定，人眼能感觉到的光称为可见光，其波长为 400～760nm。在可见光之外是红外光和紫外光（图 6.2）。

不同波长下的光具有不同的能量，波长越短，能量越高。特定波长的光被分子吸收后，可

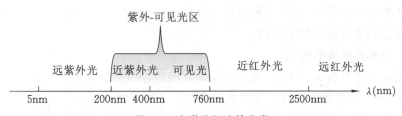

图 6.2 光学分析法的分类

引起分子运动能级的跃迁。按所吸收光的波长区域不同,分光光度法可分为:①紫外分光光度法,波长范围 200～400nm,电子跃迁光谱,可用于结构鉴定和定量分析;②可见分光光度法,波长范围 400～760nm,电子跃迁光谱,主要用于有色物质的定量分析;③红外吸收分光光度法,波长范围 2.5～25μm(按波数计为 4000cm⁻¹～400cm⁻¹),分子振动光谱,主要用于有机化合物的结构鉴定。所用仪器为紫外分光光度计、可见分光光度计(或比色计)、红外分光光度计或原子吸收分光光度计。

本书主要讲述紫外-可见分光光度法。

6.1.2.2　光的选择性吸收

当一束光射到某种物质的固态物或溶液上时,一部分光会被吸收或被反射,不同的物质对于照射它们的光束的吸收程度是不同的,对某个波长的光吸收强烈,对另外波长的光的吸收很小或不吸收,我们把这种现象称为光的选择性吸收。

由于不同物质的分子其组成和结构不同,它们所具有的特征能级也不同,故能级差不同,而各物质只能吸收与它们分子内部能级差相当的光辐射,所以不同物质对不同波长光的吸收具有选择性。

各种不同颜色的溶液,其有色质点(分子或离子)选择性地吸收某种颜色的光。实验证明:溶液所呈现的颜色是其主要吸收光的互补色。如一束白光通过硫酸铜溶液时,黄光大部分被选择性吸收,其他的光透过溶液。由颜色互补原则,透过光中只剩下蓝色光,所以硫酸铜溶液呈蓝色(图 6.3)。

光的互补原则:理论上将具有同一波长的光称为单色光,由不同波长组成的光称为复色光。若把某两种颜色的光,按一定的强度比例混合,能够得到白色光,则这两种颜色的光叫作互补色。研究证明:图 6.4 中处于直线关系的两种光为互补色。如绿光和紫光为互补色,黄光和蓝光为互补色等。

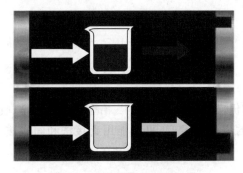

图 6.3　光的选择性吸收示意

图 6.4　色光互补示意

物质对光的选择性吸收,即利用被测物质对某波长的光的吸收情况来了解物质的特性(如含量多少),是分光光度法的理论基础。

6.1.2.3 分光光度法的特点

分光光度法对于分析人员来说,可以说是最常用的分析方法之一。几乎每一个分析实验室都离不开紫外-可见分光光度计。分光光度法的主要特点为:

(1) 应用广泛

由于各种各样的无机物和有机物在紫外可见区都有吸收,因此均可借此法加以测定。对于不同状态的样品,按照一定的步骤处理后,均可以使用分光光度法进行测定(图6.5)。到目前为止,几乎化学元素周期表上的所有元素(除少数放射性元素和惰性元素之外)均可采用此法。发表的有关分析的论文总数中光度法在国际上约占28%,在我国约占33%。

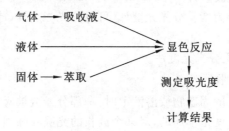

图 6.5 不同状态样品的分光光度法分析步骤

(2) 灵敏度高

由于新的显色剂的大量合成,并在应用研究方面取得了可喜的进展,使得对元素测定的灵敏度有所推进,特别是有关多元络合物和各种表面活性剂的应用研究,使许多元素的摩尔吸光系数由原来的几万提高到数十万。

(3) 选择性好

目前有些元素只要利用控制适当的显色条件就可直接进行光度法测定,如钴、铀、镍、铜、银、铁等元素的测定,已有比较满意的方法。

(4) 准确度高

对于一般的分光光度法,其浓度测量的相对误差在1%~3%范围内,如采用示差分光光度法进行测定,则误差可减少到1%以下。

(5) 适用浓度范围广

可从常量(1%~50%)(尤其使用示差法)到痕量(10^{-8}%~10^{-6}%)(经预富集后)均可测量。

(6) 分析成本低、操作简便、快速

由于分光光度法具有以上优点,因此目前仍广泛地应用于化工、冶金、地质、医学、食品、制药等部门及环境监测系统。单在水质分析中的应用就很广,目前能用直接法和间接法测定的金属和非金属元素就有70多种。

6.1.3 分光光度法的基本原理

许多化学物质具有颜色,有些无颜色的化合物也可以与显色剂作用,生成有色物质。实践证明,有色溶液的浓度越大,颜色越深;浓度越小,颜色越浅。因此,可以通过比较溶液颜色深浅的方法来确定有色溶液的浓度,对溶液中所含的物质进行定量分析。描述溶液颜色的深浅与所含物质的浓度之间的定量关系就是朗伯-比尔定律,俗称光的吸收定律,是分光光度法定量分析的依据和基本原理。

6.1.3.1 吸光度

当一束平行单色光垂直照射均匀的溶液时,光的一部分被吸收,一部分透过溶液,还有一部分被器皿表面反射。设入射光强度为 I_0,吸收光强度为 I_a,透射光强度为 I_t,反射光强度为 I_r(图 6.6),则:

$$I_0 = I_a + I_t + I_r$$

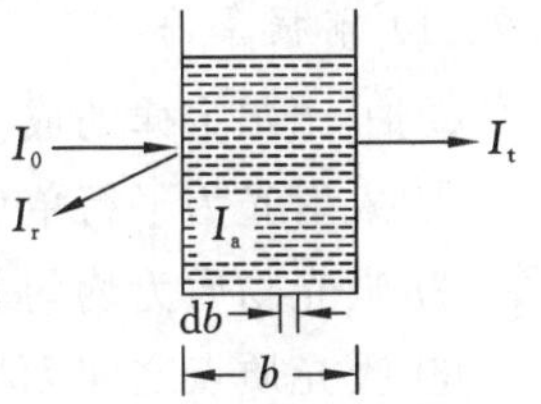

图 6.6 光强度守恒示意

在进行吸收光谱分析中,通常将被测溶液和参比溶液分别放在同样材料及厚度的两个吸收池中,让强度同为 I_0 的单色光分别通过两个吸收池,用参比池调节仪器的吸收零点,再测量被测溶液的透射光强度,所以反射光的影响可以从参比溶液中消除,则上式可简写为:

$$I_0 = I_a + I_t$$

透射光强度 I_t 与入射光强度 I_0 的比值被称为透射比(亦称透光率),用 T 表示,则有:

$$T = \frac{I_t}{I_0}$$

溶液的 T 值越大,表明它对光的吸收越弱;反之,T 越小,表明它对光的吸收越强。为了更明确地表示溶液的吸光强弱与表达物理量的相应关系,常用吸光度(A)表示物质对光的吸收程度,其定义为:

$$A = \lg \frac{1}{T} = \lg \frac{I_0}{I_t}$$

则 A 值越大,表明物质对光吸收越强。T 及 A 都是表示物质对光吸收程度的一种量度,透射比常以百分率表示,称为百分透射比;吸光度 A 为一个无量纲的量,两者可通过上式相互换算。

6.1.3.2 朗伯-比尔定律

物质对光吸收的定量关系很早就受到了科学家的注意并进行了研究。皮埃尔·布格(Pierre Bouguer)和约翰·海因里希·朗伯(Johann Heinrich Lambert)分别在 1729 年和 1760 年阐明了物质对光的吸收程度和吸收介质厚度之间的关系。1852 年奥古斯特·比尔(August Beer)又提出光的吸收程度和吸光物质浓度也具有类似关系,两者结合起来就得到目前光吸收的基本定律——布格-朗伯-比尔定律,简称朗伯-比尔定律(Lambert-Beer)。

朗伯-比尔定律的具体内容:当一束平行的单色光通过某一均匀、无散色的含有吸光物质的溶液时,在入射光的波长、强度以及溶液的温度等因素保持不变的情况下,该溶液的吸光度 A 与溶液的浓度 c 及液层厚度 b 的乘积成正比关系,表达式为:

$$A = \kappa \cdot b \cdot c$$

式中　　A——吸光度,描述溶液对光的吸收程度;

κ——摩尔吸光系数[L/(mol·cm)];

b——液层厚度(光程长度)(cm);

c——溶液的浓度(mol/L)。

朗伯-比尔定律是分光光度法、比色分析法和光电比色法的理论基础,是光吸收的基本定律,光被吸收的量正比于光程中产生光吸收的分子数目,适用于所有的电磁辐射和所有的吸光物质,包括气体、固体、液体、分子、原子和离子。

（1）前提条件

朗伯-比尔定律的成立是有前提的,即:

① 入射光为平行单色光且垂直照射;

② 吸光物质为均匀非散射体系;

③ 吸光质点之间无相互作用;

④ 辐射与物质之间的作用仅限于光吸收,无荧光和光化学现象发生。

（2）适用范围

朗伯-比尔定律不仅适用于有色溶液,也适用于无色溶液及气体和固体的非散射均匀体系;不仅适用于可见光的单色光,也适用于紫外和红外光区的单色光。但应注意:此定律仅适用于单色光和一定范围的低浓度溶液。溶液浓度过大时,透光性质发生变化,从而使溶液对光的吸收度与溶液浓度不成正比关系;波长较宽的混合光影响光的互补吸收,也会使测定产生误差。

6.1.3.3　摩尔吸光系数

朗伯-比尔定律公式中的 κ 是一个比例常数,随 b 和 c 的单位不同而取值不同。当 b 的单位是 cm,c 的单位是 mol/L 时,κ 称为摩尔吸光系数(Molar Absorptivity),也可以用 ε 表示,也称为摩尔消光系数。

摩尔吸光系数的物理意义:κ 值等于当吸光物质的浓度为 1mol/L,吸收池厚度为 1cm 时,吸光物质对某波长光的吸光度。它是有色化合物的重要特性之一,是物质对某波长的光的吸收能力的量度。κ 越大,表明该溶液吸收光的能力越强,相应的分光光度法测定的灵敏度就越高。

摩尔吸光系数的大小取决于入射光的波长和吸光物质的吸光特性,同时也受溶剂和温度的影响。入射光的波长不同,其吸光系数也不同;待测物不同,则吸光系数也不同;溶剂不同时,同一物质的摩尔吸光系数也不同,因此,在说明摩尔吸光系数时,应注明溶剂。单色光的纯度越高,摩尔吸光系数越大。

摩尔吸光系数的特性有以下几点:

（1）对于某一种有色溶液在一定波长（单色光）的入射光下,κ 值是一个定值,不随浓度 c 和光程长度 b 的改变而改变。

（2）在温度和波长等条件一定时,κ 值仅与吸收物质本身的性质有关,因此 κ 值可作为吸收物质的特征常数进行定性鉴定。

（3）同一种物质对不同波长光的吸光度不同,吸光度最大处对应的波长称为最大吸收波长 λ_{max}。与入射光波长 λ_{max} 对应的 κ 值为最大吸光系数,表明了该吸收物质最大限度的吸光能力,也反映了光度法测定该物质可能达到的最大灵敏度。

(4) κ 值越大表明该物质的吸光能力越强,用光度法测定该物质的灵敏度越高,具体数值为:$\kappa > 10^5$,超高灵敏;$\kappa = (6 \sim 10) \times 10^4$,高灵敏;$\kappa < 2 \times 10^4$,不灵敏。

由上式可以看出,当 κ 和 b 不变时,吸光度 A 与溶液浓度 c 成正比关系,也可以说,当一束单色入射光经过有色溶液且入射光、吸光系数和溶液厚度不变时,吸光度 A 是随着溶液浓度变化而变化的。

6.1.3.4 朗伯-比尔定律的偏离

理论上,根据朗伯-比尔定律,以吸光度 A 为纵坐标,以浓度 c 为横坐标作图,应得到一条通过原点的直线。但在实际测定中,常会出现标准曲线偏离直线的现象,曲线向上或向下发生弯曲,或者直线不能通过原点,这种现象称为朗伯-比尔定律的偏离。这是因为:朗伯-比尔定律成立的前提条件是入射光为平行的单色光,且待测物为均一的低浓度介质,无溶质、溶剂及悬浊物引起的散射。但在实际工作中往往很难完全实现这些条件,具体表现在以下几个方面:

(1) 单色光不纯引起的偏离

严格来说,朗伯-比尔定律只适用于单色光。但实际上,理论上的单色光是不存在的。由于仪器分辨能力所限,入射光实际为一段波长很窄的复色光,若分光光度计分光系统中的色散元件分光能力差,就会在工作波长附近或多或少地含有其他杂色光,杂散光(非吸收光)也会对朗伯-比尔定律产生影响,这些杂色光将导致朗伯-比尔定律的偏离。所以,在吸收曲线中,通常选用最大吸收波长 λ_{max} 进行物质含量的测定。

(2) 非平行入射光引起的偏离

若入射光束为非平行光,就不能保证光束全部垂直通过吸收池。一般情况下,通过吸收池的光也不可能完全是平行光,实际实验操作时,入射光通过吸收池的实际光程会比理想状态下的平行光程要长得多,使实际测得的吸光度大于理论值,从而导致与朗伯-比尔定律产生正偏离。

(3) 介质不均匀引起的偏离

朗伯-比尔定律是适用于均匀、非散射的溶液的一般规律,如果被测试液不均匀,是胶体溶液、乳浊液或悬浮液,则入射光通过溶液后,除了一部分被试液吸收,还会有反射、散射使光损失,导致透光率和透射比减小,实际测量吸光度增大,标准曲线偏离直线向吸光度轴弯曲,造成对朗伯-比尔定律的偏离。所以,在分析条件选择时,应考虑往样品溶液的测量体系中加入适量的表面活性剂等来改善溶质的均匀度。

(4) 样品溶液浓度的影响

朗伯-比尔定律是一个有限的定律,它只适用于浓度小于 0.01mol/L 的稀溶液。因为浓度高时,吸光粒子间的平均距离减小,受粒子间电荷分布相互作用的影响,摩尔吸收系数发生改变,导致偏离朗伯-比尔定律。因此,待测溶液的浓度应该控制在 0.01mol/L 以下。

(5) 溶质和溶剂性质的影响

由于溶质和溶剂的作用,生色团和助色团也发生相应的变化,使吸收光谱的波长向长波长方向移动(红移)或向短波长方向移动(蓝移)。例如,碘在四氯化碳溶液中呈紫色,在乙醇中呈棕色,在四氯化碳溶液中即使含有 1% 乙醇也会使碘溶液的吸收曲线形状发生变化。

（6）化学反应引起的偏离

朗伯-比尔定律在有化学因素影响时不成立。解离、缔合、生成络合物或溶剂化等会对朗伯-比尔定律产生偏离。离解是偏离朗伯-比尔定律的主要化学因素。随着溶液浓度的改变，离解程度也会发生变化，吸光度与浓度的比例关系便发生变化，导致偏离朗伯-比尔定律。

溶液中有色质点的聚合与缔合，形成新的化合物或互变异构等化学变化以及某些有色物质在光照下的化学分解、自身的氧化还原、干扰离子和显色剂的作用等，都对遵守朗伯-比尔定律产生不良影响。

6.1.4　分光光度法的定量计算

对某一单组分溶液，使用分光光度法对其浓度进行定量计算的方法主要有：校准曲线法、标准对比法和吸光系数法等。

6.1.4.1　校准曲线法

配制一系列不同含量的标准溶液，选择其中浓度合适的标准溶液进行扫波测试，确定测试条件下待测组分的最大吸收波长 λ_{max}［图 6.7(a)］。

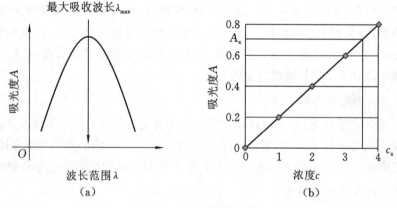

图 6.7　标准曲线法计算

选用适宜的参比，在相同的条件下，测定系列标准溶液的吸光度，以标准溶液的浓度 c 为横坐标，吸光度 A 为纵坐标，作 A-c 曲线，即标准曲线［图 4.7(b)］。同时可用最小二乘法处理，得线性回归方程，计算相关系数。

在相同条件下测定未知试样的吸光度，从标准曲线上就可以找到与之对应的未知试样的浓度。

标准曲线法是实验室最常用的方法，也是准确度较高的方法，但是比较麻烦，需要准确配制很多标准溶液。

6.1.4.2　标准对比法

根据被测溶液浓度的大致范围，先配制一个已知浓度的标准溶液。用同样的方法处理标准溶液与被测溶液，使其成色后，在同样的实验条件下用同一台仪器分别测定它们的吸光度。

对于相同厚度的比色皿 b 相等，并使用同一波长的单色光，保持温度相同，则 κ 也相等。根据朗伯-比尔定律，将标准溶液和待测溶液的吸光度和浓度代入公式，再两式相除即可计算

出待测溶液中组分的浓度,具体表达式为

$$A_标 = \kappa b c_标$$

$$A_x = \kappa b c_x$$

$$c_x = \frac{A_x}{A_标} c_标$$

标准对比方法简便、快捷,避免了绘制标准曲线的麻烦。但由于仪器的性能和实验环境在不断地变化,所以在采用该对比法计算时,必须每次都要对标准液和被测液进行测量,然后利用上式进行计算,否则会带来较大的测量误差。

6.1.4.3　吸光系数法

配制几组浓度合适的标准溶液,选择合适的条件测定其吸光度,根据相关参数计算出待测组分的摩尔吸光系数 κ。或者通过查阅文献获得待测物质的摩尔吸光系数 κ(一般都是通过查阅文献获得 κ)。

配制合适浓度的待测溶液,相同条件下测定其吸光度,根据公式计算出待测溶液中组分的浓度,具体公式为

$$A_x = \kappa b c_x$$

$$c_x = \frac{A_x}{\kappa b}$$

吸光系数法通常要求已知待测组分的摩尔吸光系数,在实际应用中可能有较大误差。

6.2　分光光度计的基本知识

6.2.1　分光光度计的基本构造

分光光度计,又称光谱仪(Spectrometer),是将成分复杂的光,分解为光谱线的分析仪器。最常用的光度计有紫外-可见分光光度计和可见分光光度计(或比色计)。

分光光度计的工作原理:由钨丝灯发射出的白色光,通过透镜成为平行光,进入棱镜色散后得到单色光,经狭缝选择某一波长的光,照射入盛有待测溶液的比色皿上(强度减弱后的),透射光经过检流计将光电流转化为电信号,最后记录吸光度结果,根据朗伯-比尔定律将吸光值转化成样品的浓度。

6.2.1.1　分光光度计的结构单元

分光光度计主要由光源、单色器、比色皿、检测器、信号处理与显示系统等结构单元构成(图6.8)。

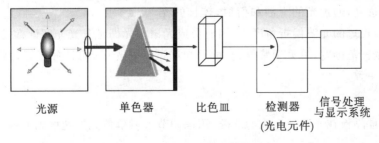

光源　　　　单色器　　　比色皿　　检测器　　信号处理
　　　　　　　　　　　　　　　　　(光电元件)　与显示系统

图 6.8　分光光度计基本结构示意

（1）光源

光源是用来提供所需波长范围的连续光谱，一般具有稳定而足够的强度。波长范围一般包括 400～760nm 的可见光区和 200～400nm 的紫外光区。不同的光源都有其特有的发射光谱，因此可采用不同的发光体作为仪器的光源。

分光光度计上常用的光源有白炽灯（钨丝灯、卤钨灯等）、气体放电灯（氢灯、氖灯及氙灯等）、金属弧灯（各种汞灯）等多种。

钨灯和卤钨灯可发射 320～2000nm 连续光谱，最适宜工作范围为 360～1000nm，稳定性好，用作可见分光光度计的光源。

氢灯和氖灯能发射 150～400nm 的紫外线，可作紫外光区分光光度计的光源。

汞灯发射的不是连续光谱，能量绝大部分集中在 253.6nm 波长外，一般作波长校正用。

钨灯在出现灯管发黑时应及时更换，如换用的灯型号不同，还需要调节灯座的位置的焦距。氢灯及氖灯的灯管或窗口是石英的，且有固定的发射方向，安装时必须仔细校正，接触灯管时应戴手套以防留下污迹。

（2）单色器

单色器是能从光源的复合光中分出所需波长的单色光的装置，其主要功能应该是能够产生光谱纯度高、色散率高且波长在紫外光、可见光区域内任意可调。单色器是分光光度计的核心部件，其性能直接影响入射光的单色性，从而影响测定的灵敏度、选择性及校准曲线的线性关系等。

单色器主要由入射狭缝、准光器（透镜或凹面反射镜使入射光变成平行光）、色散元件、聚焦元件和出射狭缝等几个部分组成。其核心部分是色散元件，起分光作用。其他光学元件中狭缝在决定单色器性能上起着重要作用，狭缝宽度过大时，谱带宽度太大，入射光单色性差，狭缝宽度过小时，又会减弱光强。

能起分光作用的色散元件主要是棱镜和光栅。

棱镜：是用玻璃或者石英材料制成的一种分光装置，其原理是利用光从一种介质进入另一种介质时，光的波长不同，其折射率不同，可将不同波长的光分开，如图 6.9 所示。玻璃对紫外光的吸收力强，故玻璃棱镜多用于可见分光光度计。石英棱镜可在整个紫外光区传播光，故在紫外-可见分光光度计中广为应用，同时也适用于可见光区和近红外光区。

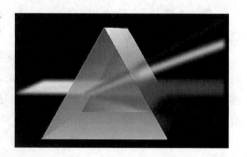

图 6.9　棱镜的分光作用

光栅：在石英或者玻璃表面上刻画许多平行线。由于刻线处不透光，通过光的干涉和衍射，较长的光波偏折角度大，较短的光波偏折角度小，因而形成光谱。光栅是分光光度计常见的一种分光装置，其特点是波长范围宽，可见于紫外光、可见光和近红外光区，而且分光能力强，光谱中各谱线的宽度均匀一致。

（3）狭缝

狭缝是指堆隔板在光路上形成的缝隙，用来调节入射单色光的纯度和强度，也可直接影响分辨力。

狭缝宽度是分光光度计在分析中一个重要的参数,可在 0～2mm 内调节。由于棱镜色散力随波长不同而变化,较为先进的分光光度计的狭缝宽度可随波长一起调节。

(4) 吸收池(比色皿)

吸收池又称比色皿或比色杯,按材料可分为玻璃池、石英池和塑料池,紫外光区需采用石英池(玻璃能够吸收紫外光),可见光区一般用玻璃池。石英池相对于玻璃池价格高一些。

各种类型的吸收池(比色皿)放置在分光光度计样品室的池架上,用于盛装待测溶液和参比溶液,其光径(比色皿厚度)为 0.1～10cm,也是分光光度法中一个重要的参数,其中以 1cm 光径吸收池最为常用。

吸收池是分光光度计中最易损坏的部件,使用时应注意其透光面的光洁度,当溶液中含有染料(如考马斯亮蓝)时,必须采用一次性的塑料池,因为染料能让石英和玻璃着色,而且不易清洗干净。

(5) 检测器

检测器是一种光电转换元件,利用光电效应将透过吸收池的光信号转换为可测的电信号,并将电信号放大的装置。

检测器应在测量的光谱范围内具有高的灵敏度;对辐射能量的影响快、线性关系好、线性范围宽;对不同波长的辐射响应性能相同且可靠;有好的稳定性和低的噪声水平等。目前分光光度计大多采用的检测器有光电池、光电管、光电倍增管等,其中光电管和光电倍增管较为常见,光电倍增管效果较好。

(6) 信号处理与显示系统

信号处理与显示系统是将光电管或者光电倍增管放大的电流通过仪表显示出来的装置。常用的信号显示装置有直读检流计、电位调节指零装置,以及自动记录和数字显示装置等。

常用的显示器有检流计、微安表、记录器和数字显示器,检流计和微安表可显示透光度 T 和吸光度 A,数字显示器可显示透光度 T、吸光度 A 和浓度 c。

6.2.1.2 分光光度计的类型

分光光度计因为需求的不同,有着不同的种类,下面将简单介绍几种常见的分光光度计。

(1) 可见分光光度计

用来测量待测物质对可见光(400～760nm)的吸光度并进行定量分析的仪器,称为可见分光光度计(又称比色计)。可在 600nm 波长测定细菌细胞密度。

(2) 紫外-可见分光光度计

用来测量待测物质对可见光或紫外光(200～760nm)的吸光度并进行定量分析的仪器,称为紫外-可见分光光度计,是目前使用最广泛的分光光度计,可以测定核酸和蛋白的浓度,也可以测定细菌细胞密度。

紫外-可见分光光度计又可分为单光束、双光束、双波长等,它们的用途又有区别。

单光束分光光度计:入射光单波长、单光束,结构简单、价格便宜、操作方便,适于在给定波长处测量吸光度或透光度,一般不能做全波段光谱扫描,要求光源和检测器具有很高的稳定性。目前国内使用最普遍的 721 型分光光度计就是这种类型,另外还有国产 751 型、XG-125型,英国 SP500 型和伯克曼 DU-8 型等。

双光束分光光度计:入射光经单色器分光后分解为强度相等的两束光,一束通过参比池,另一束通过样品池,光度计可自动比较两束光的吸收强度。自动记录,快速进行全波段扫描。可消除光源不稳定、检测器灵敏度变化等因素的影响,特别适合于结构分析。仪器结构复杂,价格较高,目前有国产 710 型、730 型、740 型,日立 UV-340 型等。

双波长分光光度计:同一光源发出的光被分成两束,分别经过两个单色器,得到两束不同波长的单色光,交替照射同一吸收池。其优点是可以在有背景干扰或共存组分吸收干扰的情况下对某组分进行定量测定,对组分复杂的试样分析具有特殊意义。目前有国产 WFZ800-5型、岛津 UV-260 型、UV-265 型等。

(3) 红外分光光度计

一般的红外光谱是指大于 760nm 的红外光谱,这是研究有机化合物最常用的光谱区域,能分析各种状态(气、液、固)的试样。其特点是:快速、样品量少(几微克至几毫克),特征性强(各种物质有其特定的红外光谱图),能分析各种状态(气、液、固)的试样以及不破坏样品。

(4) 荧光分光光度计

荧光分光光度计是用于扫描液相荧光标记物所发出的荧光光谱的一种仪器。通过对一些参数的测定,不但可以做一般的定量分析,而且还可以推断分子在各种环境下的构象变化,从而阐明分子结构与功能之间的关系。它应用于科研、化工、医药、生化、环保以及临床检验、食品检验、教学实验等领域。

(5) 原子吸收分光光度计

原子吸收分光光度计是主要适用于样品中微量及痕量组分分析的常规仪器之一,是材料分析及质量控制部门进行常量、微量金属(半金属)元素分析的有力工具。

6.2.1.3 分光光度计的特点

分光光度计设备简洁、操作简单、检测灵敏、准确,因而逐渐发展成为多功能仪器,与其他大型仪器相比,具有以下几个特点:

(1) 结构简单、造价低廉、操作方便,体积小,维修简单;

(2) 应用范围广泛,可用于科研、教学和生产质量控制,应用于化工、医药、环保、检验检疫等领域;

(3) 灵敏高,测量范围大,计算精度高;

(4) 受环境影响大,对仪器本身稳定性要求较高。

6.2.2 分光光度计的操作规程

为了延长仪器的使用寿命,保证设备和操作人员的安全,确保检测结果准确可靠,实验人员使用分光光度计应按照一定的操作规程进行(以 721 型分光光度计为例)。

6.2.2.1 使用前准备工作

(1) 使用本仪器前,使用者应该首先认真阅读使用说明书,了解仪器的结构和工作原理,以及各个操纵旋钮的功能。在未按通电源之前,应该对仪器的安全性能进行检查,电源接线应牢固,通电也要良好,各个调节旋钮的起始位置应该正确,然后再按通电源开关;

(2)预热:仪器开机后,灯及电子部分需热平衡,故开机预热30min后才能进行测试工作,如紧急应用时请注意随时调零和调$100\%T$。

6.2.2.2 基本操作步骤

(1)调整波长

仪器上唯一的旋钮,可方便地调整仪器当前测试波长,具体波长由旋钮左侧的显示窗显示,读出波长时目光应垂直观察。

(2)调零

目的:校正基本读数标尺两端(配合$100\%T$调节),进入正确测试状态。

调整时间:开机预热后,改变测试波长时或测试一段时间后,以及做高精度测试前。

操作:打开试样盖(关闭光门)或用不透光材料在样品室中遮断光路,然后按"0%"键,即能自动调整零位。

(3)调整$100\%T$

目的:校正基本读数标尺两端(配合调零),进入正确测试状态。

调整时间:开机预热后,改变测试波长或测试一段时间后,以及做高精度测试前。

操作:将参比溶液置入样品室光路中,盖上样品室盖(同时打开光门),按下"$100\%T$"键即能自动调整$100\%T$(一次有误差时可加按一次)。

(4)标准溶液系列的比色

标准溶液系列的浓度一般以0、1.0 $\mu g/mL$、2.0 $\mu g/mL$、3.0 $\mu g/mL$…逐级增大,比色时先从0(空白溶液)开始,按照浓度由小到大逐次比色,记录吸光度。

(5)样品比色

进行样品比色前,需用待测溶液润洗比色皿1~2次。样品比色时,若待测液体积足够的情况下,一般要求对同一个待测溶液进行2~3次的平行比色,至前后两次的吸光度无明显差别时为最终测定值。

(6)结束

比色完毕,关上电源,取出比色皿洗净,样品室用软布或软纸擦净。

6.2.2.3 注意事项

(1)放大器灵敏度换挡后,必须重新调零。

(2)仪器使用前需开机预热30min,以便仪器的光源和其他电子元件达到热平衡,确保仪器在测试过程中的稳定性。

(3)比色皿盛放待测液时不要装得太满,以池体积的2/3~3/4为宜,以免待测液泼洒在光度计的样品室内,使用挥发性溶液时应加盖。

(4)样品比色时,尽量使待测液的吸光度在0.2~0.8的范围内最佳,因为吸光度在此范围时,朗伯-比尔定量偏离最小,分光光度计的稳定性和灵敏度最好。若待测液的吸光度不在此范围内,可以进行稀释或更换不同厚度的比色皿。

（5）比色完毕后，应尽快清洗比色皿。若比色皿长时间盛放有色溶液，有色物质会吸附在比色皿的内表面上很难清除，影响比色皿的透光性。手应该拿在比色皿毛玻璃面的两侧，透光面要用擦镜纸由上而下擦拭干净。

6.2.3　分光光度计的条件选择

在分光光度计测量吸光物质的吸光度时，仪器本身的稳定性和测试条件的选择往往对结果的准确度产生重大影响，测试条件的选择主要包括：仪器测量条件的选择、显色反应条件的选择、参比溶液的选择等方面。

6.2.3.1　仪器测量条件的选择

仪器测量条件的选择包括测量波长、适宜吸光度范围及仪器狭缝宽度的选择。

（1）测量波长的选择

通常都是选择最强吸收带的最大吸收波长 λ_{max} 作为测量波长，称为最大吸收原则，以获得最高的分析灵敏度。而且 λ_{max} 附近，吸光度随波长的变化一般较小，波长的稍许偏移引起吸光度的测量偏差较小，可得到较好的测定精密度。但在测量高浓度组分时，宁可选用灵敏度低一些的吸收峰的波长（κ 较小）作为测量波长，以保证校正曲线有足够的线性范围。如果 λ_{max} 所处吸收峰太尖锐，则在满足分析灵敏度前提下，可选用灵敏度低一些的波长进行测量，以减少朗伯-比尔定律的偏差。

（2）适宜吸光度范围的选择

任何光度计都有一定的测量误差，这是由于测量过程中光源的不稳定、读数的不准确或实验条件的偶然变动等因素造成的。由于吸收定律中透射比 T 与浓度 c 是负对数的关系，从负对数的关系曲线可以看出，相同的透射比读数误差在不同的浓度范围中，所引起的浓度相对误差不同，当浓度较大或浓度较小时，相对误差都比较大。因此，要选择适宜的吸光度范围进行测量，以降低测定结果的相对误差。根据朗伯-比尔定律有

$$A = -\lg T = \kappa b c$$

微分后得

$$\mathrm{d}\lg T = 0.4343\,\frac{\mathrm{d}T}{T} = -\kappa b\,\mathrm{d}c$$

写成有限的小区间为

$$0.4343\,\frac{\Delta T}{T} = -\kappa b\,\Delta c = \frac{\lg T}{c}\cdot\Delta c$$

即浓度的相对偏差为

$$\frac{\Delta c}{c} = \frac{0.4343\Delta T}{T\lg T}$$

要使测定结果相对偏差（$\Delta c/c$）最小，上式对 T 求导应有一个极小值，即解得

$$\frac{\mathrm{d}}{\mathrm{d}T}\left[\frac{0.4343\Delta T}{T\lg T}\right] = \frac{-0.4343\Delta T(\lg T + 0.4343)}{(T\lg T)^2} = 0$$

$$\lg T = -0.434 \quad 或 \quad T = 36.8\% \quad 或 \quad A = 0.434$$

即当吸光度 $A=0.434$ 时,仪器的测量误差最小。

这个结果也可以用图 6.10 表示,即图中曲线的最低点。当 A 大或小时,误差都变大。

在光度分析中,一般吸光度 A 最适宜的测量范围为 $0.2\sim0.8$(T 为 $15\%\sim65\%$),此时如果仪器透射率读数误差 ΔT 为 1% 时,由此引起的测定结果相对误差 $\Delta c/c$ 约为 3%。

在实际工作中,可通过调节待测溶液的浓度或选用适当厚度的吸收池的方法,使测得的吸光度 A 落在所要求的范围内。

（3）仪器狭缝宽度的选择

狭缝的宽度会直接影响到测定的灵敏度和校准曲线的线性范围。狭缝宽度过大时,入射光的单色光降低,校准曲线偏离朗伯-比尔定律,灵敏度降低;

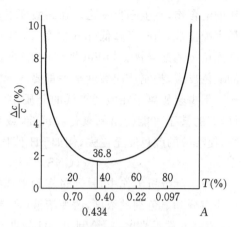

图 6.10 浓度测量的相对误差（$\Delta c/c$）与溶液透射比（T）或吸光度（A）的关系

狭缝宽度过窄时,光强变弱,势必要提高仪器的增益,随之而来的是仪器噪声增大,于测量不利。选择狭缝宽度的方法是:测量吸光度随狭缝宽度的变化。狭缝的宽度在一个范围内,吸光度是不变的,当狭缝宽度大到某一程度时,吸光度开始减小,因此,在不减小吸光度时的最大狭缝宽度,即是所欲选取的适合的狭缝宽度。

一般来说,狭缝宽度大约是试样吸收峰半宽度的十分之一。

6.2.3.2 显色反应条件的选择

显色反应条件的选择包括显色剂种类及其用量的选择、反应酸度、温度、时间等参数的选择。

（1）显色剂种类及其用量的选择

显色反应中的显色剂与待测离子显色反应,产物应满足:①组成恒定、稳定性好、显色条件易于控制;②产物对紫外光、可见光有较强的吸收能力,即 κ 大;③显色剂与产物的颜色对照性好,即吸收波长有明显的差别,一般要求 $\Delta\lambda_{max}>60\mathrm{nm}$。

显色剂选定以后,还必须选择显色剂的用量。如以 CNS^- 作为显示剂测定钼时,要求生成红色的 $Mo(CNS)_5$ 配合物进行测定,当 CNS^- 浓度过高时,会生成 $Mo(CNS)_6^-$ 而使颜色变浅,κ 降低;而用 CNS^- 测定 $Fe(Ⅲ)$ 时,随 CNS^- 浓度增大,配合物逐渐增加,颜色也逐步加深。因此,必须严格控制 CNS^- 用量,才能获得更准确的分析结果。

显色剂量可通过实验选择,在固定金属离子浓度的情况下,作吸光度随显色剂浓度的变化曲线,选取吸光度恒定时的显色剂用量。

（2）反应酸度

介质的酸度往往是显色反应的一个重要的条件。酸度的影响因素很多,主要从显色剂及金属离子两方面考虑。

多数显色剂是有机弱酸或弱碱,介质的酸度直接影响着显色剂的解离程度,从而影响显色的反应完全程度。当酸度高时,显色剂解离度降低,显色剂可配位的阴离子浓度降低,显色反应的完全程度也跟着降低。对于多级配合物的显色反应来说,酸度变化可形成具有不同配位比的配合物,产生颜色变化。在高酸度下多生成低配位数的配合物,可能没有达到金属离子的最大配位数,当酸度降低(pH 值变大)时,游离的配位体阴离子浓度相应变大,使得可能生成高配位数的配合物。如 $Fe(Ⅲ)$ 与水杨酸的配合物随介质 pH 值的不同而变化。对于这一类的显色反应,控制反应酸度至关重要。

不少金属离子在酸度较低的介质中,会发生水解而形成各种型体的羟基、多核羟基配合物,有的甚至可能析出氢氧化物沉淀,或者由于生成金属离子的氢氧化物而破坏了有色配合物,使溶液的颜色完全褪去,例如 pH 值比较高时

$$Fe(CNS)^{2+} + OH^- \Longrightarrow Fe(OH)^{2+} + CNS^-$$

在实际分析工作中,是通过实验来选择显色反应的适宜酸度的。具体做法是固定溶液中待测组分和显色剂的浓度,改变溶液(通常用缓冲溶液控制)的酸度(pH 值),分别测定在不同pH 值溶液的吸光度 A,绘制 A-pH 值曲线,从中找出最适宜的 pH 值范围。

（3）显色的时间

由于各种反应的速度不同,控制一定的显色时间是必要的,尤其是对一些反应速度较慢的反应体系,更需要有足够的反应时间。值得注意的是,介质酸度、显色剂的浓度以及反应温度都将会影响显色时间。

（4）反应温度

吸光度的测量都是在温室下进行的,温度稍许变化,对测量影响不大,但是有的显色反应受温度影响很大,需要进行反应温度的选择和控制,特别是进行热力学参数的测定、动力学方面的研究等特殊工作时,反应温度的控制尤为重要。

此外,由于配合物的稳定时间不一样,显色后放置及测量时间的影响也不能忽视,需根据实验选择合适的放置、测量时间。

6.2.3.3 参比溶液的选择

在吸光度的测量中,由于比色皿的反射以及溶剂、试剂等对光的吸收,使得测得的吸光度值不能真实地反映待测物质对光的吸收,也就不能真实地反映待测物质的浓度。为了校正上述影响需要正确选择参比溶液。通过调节仪器使参比溶液的吸光度 $A = 0$,或透光度 $T = 100\%$,以此消除上述所带来的误差。所以,根据试样溶液的性质,选择适合组分的参比溶液是很重要的。

参比溶液的选择原则:①若仅待测物(M)与显色剂(R)的反应产物(MR)有吸收,可用蒸馏水作参比溶液;②若 M 无吸收,而 R 或其他试剂(R′)有吸收,则用不加试样的空白溶液作参比溶液;③若试样中的其他组分有吸收(M 之外的组分,如 N),但不与显色剂反应,而显色剂无吸收时,可用试样溶液作参比溶液;当显色剂有吸收时,可在试液中加入适当掩蔽剂将待测组分掩蔽后再加显色剂,以此溶液作参比溶液。

总之,选择参比溶液的原则是:应使测得的试液的吸光度能真正反映待测物的浓度。

参比溶液的选择视分析体系而定,具体可分为以下四种:

（1）溶剂参比

当试样溶液的组成较为简单,共存的其他组分很少且对测定波长的光几乎没有吸收以及

显色剂没有吸收时,可采用溶剂作为参比溶液,这样可消除溶剂、吸收池等因素的影响。

(2)试剂参比

如果显色剂或者其他试剂测定波长没有吸收,按显色反应相同的条件,只是不加试样,同样加入试剂和溶剂作为参比溶液。这种参比溶液可消除试剂中的组分产生吸收的影响。

(3)试样参比

如果试样基体在测定波长有吸收,而与显色剂不起显色反应时可按与显色反应相同的条件处理试样,只是不加显色试剂。这种参比溶液适用于试样中有较多的共存组分,加入的显色剂量不大,且显色剂在测定波长无吸收的情况。

(4)平行操作溶液参比

用不含被测组分的试样,在相同条件下与被测试样同样进行处理,由此得到平行操作参比溶液。

6.2.3.4 干扰及消除方法

在光度分析中,体系内存在的干扰物质的影响有以下几种情况:①干扰物质本身有颜色或与显色剂形成有色化合物,在测定条件下也有吸收;②在显色条件下,干扰物质水解,析出沉淀使溶液浑浊,致使吸光度的测定无法进行;③与待测离子或显色剂形成更稳定的配合物,使显色反应不能进行完全。

可以采用以下几种方法来消除这些干扰:

(1)控制酸度

根据配合物的稳定性不同,可以利用控制酸度的方法提高反应的选择性,以保证主反应进行完全,例如,二硫腙能与 Hg^{2+}、Pb^{2+}、Cu^{2+}、Cd^{2+} 等十种多种金属离子形成有色配合物,其中与 Hg^{2+} 生成的配合物最稳定,在 $0.5mol/L$ H_2SO_4 介质中仍能定量进行,而上述其他离子在此条件下不发生反应。

(2)选择适当的掩蔽剂

使用掩蔽剂消除干扰是常用的有效方法。选取的条件是掩蔽剂不与待测离子作用,掩蔽剂以及它与干扰物形成的配合物的颜色应不干扰待测离子的测定。

(3)生成惰性配合物

例如钢铁中微量钴的测定,常用钴试剂为显剂。但钴试剂不仅与 Co^{2+} 有灵敏的反应,而且与 Ni^{2+}、Zn^{2+}、Mn^{2+}、Fe^{2+} 等都有反应,但它与 Co^{2+} 在弱酸性介质中一旦完成反应后,即使再用强酸酸化溶液,该配合物也不会分解。而 Ni^{2+}、Zn^{2+}、Mn^{2+}、Fe^{2+} 等与钴试剂形成的配合物在强酸介质中很快分解,从而消除了上述离子的干扰,提高了反应的选择性。

(4)选择适当的测量波长

如有 $K_2Cr_2O_7$ 存在测定 $KMnO_4$ 时,不是选 $\lambda_{max}=525nm$,而是选 $\lambda_{max}=545nm$。这样测定 $KMnO_4$ 溶液的吸光度,$K_2Cr_2O_7$ 就不会干扰了。

(5)分离

若上述方法不易采用时,也可以采用预先分离的方法,如沉淀、萃取、离子交换、蒸发和蒸馏以及色谱分离法(包括柱色谱、纸色谱、薄层色谱),此外,还可以利用化学计量学方法实现多组分同测定,以及利用导数光谱法、双波长法等新技术来消除干扰。

6.2.4　分光光度计的日常维护

分光光度计作为一种精密仪器,在运行工作过程中由于工作环境、操作方法等种种原因,其技术状况必然会发生某些变化,可能影响设备的性能,甚至诱发设备故障及事故。因此,分析工作者必须了解分光光度计的基本原理和使用说明,并能及时发现和排除这些隐患,对已产生的故障及时维修才能保证仪器设备的正常运行。

6.2.4.1　维护保养

(1)仪器应放在干燥的房间内,使用时放置在坚固平稳的工作台上,室内照明不宜太强。热天时不能用电扇直接向仪器吹风,防止灯泡灯丝发亮不稳定。

(2)若大幅度改变测试波长,需稍等片刻,等灯热平衡后,重新调零和"100%T",然后再测量。若仪器长时间不使用,应定期通电,以避免仪器中的某些电子元件吸潮而造成电路短路,损坏仪器。

(3)指针式仪器在未接通电源时,电表的指针必须位于零刻度上。若不是这种情况,需进行机械调零。

(4)比色皿应该保持清洁、干燥。如有污物,可用稀盐酸清洗后,再用1:1的酒精与乙醚清洗晾干。禁止用硬物碰或擦透明表面。或者建议使用10%的盐酸溶液浸泡,然后用无水乙醇冲洗2~3次。比色皿具有方向性,使用时要注意,仔细观察比色皿上方应该有一个箭头标识代表入射光方向。注入和倒出溶液时,应该选择非透光面。测试时最好使用配对的比色皿。

(5)比色皿使用完毕后,请立即用蒸馏水冲洗干净,并用干净柔软的纱布将水迹擦去,以防止表面光洁度被破坏,影响比色皿的透光率。

(6)操作人员不应轻易动灯泡及反光镜灯,以免影响光效率。在开机状态,不测量时,应该打开样品池门,否则会影响光电传感器寿命。

(7)若分光光度计的光电接收装置为光电倍增管,由于其本身的特点是放大倍数大,因而可以用于检测微弱光电信号,而不能用来检测强光,否则容易产生信号漂移,灵敏度下降。针对其上述特点,在维修、使用此类仪器时应注意不让光电倍增管长时间暴露于光下,因此在预热时,应打开比色皿盖或使用挡光杆,避免长时间照射使其性能漂移而导致工作不稳。

(8)仪器的工作电源一般允许(220±20)V的电压波动。为保持光源灯和检测系统的稳定性,在电源电压波动较大的实验室最好配备稳压器。

6.2.4.2　工作环境要求

分光光度计属于精密仪器,在使用过程中应对工作环境有一定要求,从而保证分光光度计的使用周期、可靠性和精度。在多年的生产和应用的过程中,得到了一套在一定环境下维护分光光度计的经验,具体如下:

(1)环境温度在条件容许的情况下,尽量保持在15~30℃,这样能保持电器件稳定工作,不易老化,使分光光度计不易损坏,灯源的使用寿命得到延长。若条件不容许,在高温的情况下,缩短开机时间,高效使用分光光度计,使电器件不要长期保持在高温下。在低温下,使预热时间比常温下的预热时间长,这样能保证在仪器稳定的情况下进行测试。

(2)环境湿度在条件容许的情况下,尽量保持在60%以下,这样能保证光度计内部的光学件和电器件不易受潮、腐蚀和发霉。若条件不容许,在高湿度和低湿度的情况下尽量保持通风。

(3)环境在条件容许的情况下尽量保持洁净,打扫环境时动作不宜太大,不要扬起灰尘,打扫之前用防尘罩盖上分光光度计,不要让灰尘进入分光光度计内部。

6.2.4.3　常见故障及其排除方法

(1)仪器不能调零。可能原因:

① 光门不能完全关闭,解决方法为修复光门部件,使其完全关闭。

② 透光率"100%T"旋到底了,解决方法为重新调整"100%T"旋钮。

③ 仪器严重受潮,解决方法为可打开光电管暗盒,用电吹风吹上一会儿使其干燥,并更换干燥剂。

④ 电路故障,解决方法为送修理部门,检修电路。

(2)仪器不能调"100%T"。可能原因:

① 光能量不够,解决方法为增加灵敏度倍率挡位,或更换光源灯(尽管灯还亮)。

② 比色皿架未落位,解决方法为调整比色皿架使其落位。

③ 光电转换部件老化,解决方法为更换部件。

④ 电路故障,解决方法为检修电路。

(3)测量过程中,"100%T"点经常变动。可能原因:

① 比色皿在比色皿架中放置的位置不一致,或其表面有液滴,解决方法为用擦镜纸擦干净比色皿表面,然后将其安放在比色槽的左边,上面用定位夹定位。

② 电路故障(电压、光电接收、放大电路),解决方法为送修理部门检修。

(4)数显不稳。可能原因:

① 预热时间不够,解决方法为延长预热时间至30min左右(部分仪器由于老化等原因,长时间处于工作状态时,也会工作不稳)。

② 光电管内的干燥剂失效,使微电流放大器受潮,解决方法为烘烤电路并更换或烘烤干燥剂。

③ 环境振动过大、光源附近空气流速大、外界强光照射等,解决方法为改善工作环境。

④ 光电管、电路等其他原因,解决方法:送修理部门检修。

6.3　分光光度法测定甲醛

6.3.1　酚试剂分光光度法测定室内空气中甲醛

6.3.1.1　方法概况

本检测方法主要依据《公共场所卫生检验方法　第2部分:化学污染物》(GB/T 18204.2—2014)进行,本检测方法是《民用建筑工程室内环境污染控制标准》(GB 50325—2020)中规定的民用建筑室内空气中甲醛浓度检测的仲裁方法。同时参考《民用建筑工程室内环境污染控制标准》(GB 50325—2020)中采样布点的原则。

（1）基本概念

酚试剂：中文名称 3-甲基-2-苯并噻唑啉酮腙盐酸盐水合物,英文名称 3-Methyl-2-benzothia-zolinone hydrazone Hydrochlide Hydrate,简称 MBTH。化学式 $C_6H_4SN(CH_3)C:NNH_2 \cdot HCl$,分子量 233.72,类白色至淡黄色粉末,可溶于水,是光度法测定甲醛的专用试剂。

（2）适用范围

本检测方法主要适用于民用建筑工程室内环境空气中甲醛浓度的检测,也可以作为室内装饰装修材料中甲醛含量测定的参考方法。

本检测方法的测量范围：5mL 样品溶液中含 $0.1\sim1.5\mu g$ 甲醛,即当标准采样体积为 10L 时,可测浓度范围为 $0.01\sim0.15mg/m^3$。

（3）测定原理

空气中的甲醛被酚试剂的稀溶液吸收,甲醛与酚试剂反应生成嗪。再向吸收液中加入显色剂硫酸铁铵溶液,嗪在酸性溶液中被高价铁离子氧化形成蓝绿色化合物,根据溶液的颜色深浅,采用分光光度法比色定量,最后根据标准曲线法计算出空气中的甲醛浓度。

（4）主要步骤

① 采样：应用酚试剂溶液作吸收液,采集一定体积的空气样品,具体的采样方法和注意事项已在 3.2 节中详述,在此不再重复讲述。

② 显色：向吸收溶液中加入一定量的显色剂硫酸铁铵溶液,室温放置显色。

③ 检测：用分光光度计对显色溶液进行比色,获得溶液的吸光度。

④ 计算：根据标准曲线计算出甲醛的浓度。

6.3.1.2　主要的仪器设备和材料试剂

（1）恒流采样器：流量范围 $0\sim1L/min$,流量稳定可调,采样前和采样后应用皂膜流量计校准采样流量,误差小于 5%。

（2）大型气泡吸收管：10mL,出气口内径为 1mm,出气口至管底距离小于或等于 5mm。

（3）分光光度计：可在 630nm 测定吸光度,检定合格。

（4）具塞比色管：10mL,若干支。

（5）移液管：1.0mL、2.0mL、10mL、25mL 等,或自动数字式移液管,检定合格。

（6）滴定管：酸式、碱式,25mL,检定合格。

（7）容量瓶：100mL、1000mL 若干支,检定合格。

（8）吸收原液(1.0g/L)：称量 0.10g 酚试剂,加水溶解,于 100mL 容量瓶中定容,放冰箱中保存,可稳定 3d。

（9）吸收液(0.005%)：量取吸收原液 5mL,加 95mL 水,即为吸收液,采样时,临用现配。

（10）硫酸铁铵溶液(1%)：称量 1.0g 硫酸铁铵$[NH_4Fe(SO_4)_2 \cdot 12H_2O]$,用 0.1mol/L 盐酸溶解,并稀释至 100mL。

（11）碘溶液$[c(1/2\,I_2)=0.1000mol/L]$：称量 40g 碘化钾,溶于 25mL 水中,加入 12.7g

碘。待碘完全溶解后,用水定容至 1000mL。移入棕色瓶中,暗处储存。

（12）氢氧化钠溶液（1mol/L）：称量 40g 氢氧化钠,溶于水中,并稀释至 1000mL。

（13）硫酸溶液[$c(1/2\ H_2SO_4)=0.5mol/L$]：取 28mL 浓硫酸缓慢加入水中,冷却后,并稀释至 1000mL。

（14）硫代硫酸钠标准溶液[$c(Na_2S_2O_3)=0.1000mol/L$]：可以直接从试剂商店购买当量的标准试剂,也可按 6.3.1.3 节（1）方法进行制备和标定。

（15）淀粉溶液（5g/L）：将 0.5g 可溶性淀粉,用少量水调成糊状后,再加入 100mL 沸水,并煮沸 2～3min 至溶液透明,冷却后,加入 0.1g 水杨酸或 0.4g 氯化锌保存。

（16）甲醛标准储备溶液：取 2.8mL 含量为 36%～38% 甲醛原液于 1000mL 容量瓶中,加水定容,此溶液 1mL 约含 1mg 甲醛,其准确浓度按 6.3.1.3 节（2）方法进行标定。也可以直接从试剂商店购买 1.0mg/mL 的甲醛标准溶液（有证）。

（17）甲醛标准溶液（1.0μg/mL）：临用时,先将标定过的甲醛标准储备溶液用水稀释成 10μg/mL 的甲醛溶液,再取此溶液 10.00mL,加入 100mL 容量瓶中,加入 5mL 吸收原液,用水定容,此液 1.00mL 含 1.00μg 甲醛。放置 30min 后,用于配制标准色列管。此标准溶液可稳定 24h。

6.3.1.3 检测过程

（1）硫代硫酸钠标准溶液的制备和标定

① 制备

称量 25g 硫代硫酸钠（$Na_2S_2O_3 \cdot 5H_2O$）,溶于 1000mL 新煮沸并已放冷的水中,加入 0.2g 无水碳酸钠,储存于棕色瓶内,放置一周后,再标定其准确浓度。

注意：$Na_2S_2O_3$ 不是基准物质,不能用直接称量的方法来配制标准溶液。新配制好的 $Na_2S_2O_3$ 溶液不稳定,容易分解,这是由于细菌、溶解在水中的 CO_2 的作用和空气的氧化作用,反应式如下：

$$Na_2S_2O_3 \xrightarrow{\text{细菌的作用}} Na_2SO_3 + S$$

$$S_2O_3^{2-} + CO_2 + H_2O =\!=\!= HSO_3^- + HCO_3^- + S$$

$$S_2O_3^{2-} + \frac{1}{2}O_2 =\!=\!= SO_4^{2-} + S$$

所以,配制 $Na_2S_2O_3$ 溶液时,需要用新煮沸（为了去除 CO_2 和杀死细菌）并冷却了的蒸馏水,再加入少量 Na_2CO_3 使溶液呈弱碱性,以抑制细菌再生长。这样配制的 $Na_2S_2O_3$ 溶液也不宜长期保存,使用一段时间后需要重新标定。如果发现溶液变浑或析出硫,就应该过滤后再标定,或者另配溶液。

② 标定

标定原理：放置一周后的 $Na_2S_2O_3$ 溶液,常用 $K_2Cr_2O_7$ 或 KIO_3 等基准物质来标定其准确浓度。量取一定量基准物质的标准溶液,在酸性溶液中与过量 KI 作用,析出的 I_2 以淀粉为指示剂,用 $Na_2S_2O_3$ 溶液滴定,有关反应式如下：

$$Cr_2O_7^{2-} + 6I^- + 14H^+ =\!=\!= 2Cr^{3+} + 3I_2 \downarrow + 7H_2O$$

或

$$IO_3^- + 5I^- + 6H^+ =\!=\!= 3I_2 + 3H_2O$$

然后：
$$I_2 + 2S_2O_3^{2-} = 2I^- + S_4O_6^{2-}$$

标定过程：先准确称量 3.5667g 经 105℃ 烘干 2h 的碘酸钾（优级纯），溶解于水，移入 1000mL 容量瓶中，用水定容，得 $c(1/6\ KIO_3) = 0.1000mol/L$ 的碘酸钾标准溶液。再精确量取 25.00mL 碘酸钾标准溶液于 250mL 碘量瓶中，加入 75mL 新煮沸后冷却的水，加入 3g 碘化钾及 10mL 1mol/L 盐酸溶液，摇匀后放入暗处静置 3min。

用硫代硫酸钠标准溶液滴定析出的碘，至淡黄色，加入 1mL 0.5% 淀粉溶液呈蓝色。再继续滴定至蓝色刚刚褪去，即为终点，记录所用硫代硫酸钠溶液体积 V。

结果计算：硫代硫酸钠标准溶液的准确浓度 c 可用下式计算：

$$c = \frac{0.1000 \times 25.00}{V}$$

平行滴定两次，所用硫代硫酸钠溶液体积相差不能超过 0.05mL，否则应重新做平行滴定。两次平行滴定结果的平均值作为硫代硫酸钠标准溶液的准确浓度值（mol/L）。

注意：$S_2O_3^{2-}$ 与 I_2 之间的反应很迅速、完全，但必须在中性或弱酸性溶液中进行。因为在碱性溶液或强酸性溶液中，$S_2O_3^{2-}$ 会发生歧化、分解等副反应，将引入误差，所以，要控制溶液的酸度。

另外，还应防止 I_2 的挥发和空气中的 O_2 氧化 I^-。I^- 被空气氧化的反应，随光照及酸度增高而加快。因此，在反应时，应置于暗处，滴定前调节好酸度，析出 I_2 后，立即进行滴定，滴定时，不要剧烈摇动碘瓶，以减少 I_2 的挥发。

（2）甲醛标准储备溶液的标定（碘量法）

① 标定原理

甲醛溶液中加入过量的碘，甲醛在碱性介质中被碘氧化成甲酸盐，剩余的碘在酸性条件下再用 $Na_2S_2O_3$ 标准溶液滴定，从而计算甲醛的量。反应式如下：

$$HCHO + I_2 + 3NaOH = HCOONa + 2NaI + 2H_2O$$
$$I_2 + 2Na_2S_2O_3 = 2NaI + Na_2S_4O_6$$

② 标定过程

精确量取 20.00mL 待标定的甲醛标准储备溶液，置于 250mL 碘量瓶中。加入 20.00mL $c(1/2\ I_2) = 0.1000mol/L$ 的碘溶液和 15mL 1mol/L 氢氧化钠溶液，放置 15min。再加入 20mL 0.5mol/L 硫酸溶液，放置 15min。

用精确标定好的浓度为 c 的硫代硫酸钠标准溶液滴定，至溶液呈淡黄色时，加入 1mL 0.5% 淀粉溶液，溶液变成深蓝色。继续滴定至蓝色恰好褪去为止，记录所用硫代硫酸钠溶液体积为 V_2，同时用水作试剂空白滴定，记录空白滴定所用硫代硫酸钠标准溶液体积为 V_1。

③ 结果计算

甲醛标准储备溶液的浓度可用下式计算

$$\rho(HCHO) = \frac{(V_1 - V_2) \times c \times 15}{20}$$

式中　$\rho(HCHO)$——甲醛标准储备溶液浓度（mg/mL）；

　　　V_1——试剂空白所消耗 $Na_2S_2O_3$ 标准溶液的体积（mL）；

V_2——甲醛标准储备溶液所消耗 $Na_2S_2O_3$ 标准溶液的体积(mL);

c——$Na_2S_2O_3$ 标准溶液的准确浓度(mol/L);

15——甲醛的摩尔质量(g/mol);

20——所取甲醛标准储备溶液的体积(mL)。

二次平行滴定,误差应小于 0.05mL,否则重新标定。二次平行标定结果的平均值作为甲醛标准储备溶液的浓度值。

④ 碘量法滴定操作中的注意事项:

A. 用碘量瓶操作,随手加盖(防止碘挥发);

B. 开始滴定时不能剧烈摇动(防止碘挥发);

C. 临近终点时再加指示剂淀粉(淀粉对碘有吸附作用);

D. 加入指示剂后要剧烈摇动(防止淀粉对碘的吸附作用);

E. 硫代硫酸钠滴碘时应在中性或弱酸性条件下进行,要严格按规定加酸、碱(碱性环境会发生副反应,造成误差,强酸环境硫代硫酸钠易分解);

F. 滴定温度不能过高(会造成碘挥发)。

(3) 标准曲线的绘制

取 10mL 具塞比色管,用甲醛标准溶液按表 6.1 制备标准色列管。

表 6.1 酚试剂分光光度法甲醛标准色列管

管号	0	1	2	3	4	5	6	7	8
标准溶液(mL)	0	0.1	0.2	0.4	0.6	0.8	1.0	1.5	2.0
吸收液(mL)	5.0	4.9	4.8	4.6	4.4	4.2	4.0	3.5	3.0
甲醛含量(μg)	0	0.1	0.2	0.4	0.6	0.8	1.0	1.5	2.0

各管加入 0.4mL1‰ 硫酸铁铵溶液,摇匀,室温下放置 15min,用 1cm 比色皿,在波长 630nm 下,以水作参比,测定各管溶液的吸光度,以甲醛含量为横坐标(μg),吸光度为纵坐标,绘制标准曲线,并计算回归线的斜率,以斜率的倒数作为样品测定计算因子 B_g(μg/吸光度)。

(4) 样品测定

采样后,将样品溶液全部转入比色管中,用少量吸收液洗吸收管,合并使用总体积为 5mL。按绘制标准曲线相同的操作步骤和检测条件,加入显色剂显色,测定吸光度(A)。在每批样品测定的同时,用 5mL 未采样的吸收液作试剂空白,测定试剂空白的吸光度为 A_0。

6.3.1.4 结果计算

(1) 先将采样体积按下式换算成标准状态下采样的体积

$$V_0 = V_t \cdot \frac{T_0}{273+t} \cdot \frac{P}{P_0}$$

式中 V_0——标准状态下的采样体积(L);

V_t——采样体积,为采样流量与采样时间乘积,一般为 10L;

t——采样点的气温(℃);

T_0——标准状态下的绝对温度,273K;

P——采样点的大气压强(kPa);

P_0——标准状态下的大气压,101.3kPa。

（2）所采空气样品中甲醛的浓度应按下式进行计算

$$c = \frac{(A - A_0) \times B_g}{V_0}$$

式中　c——空气中甲醛浓度(mg/m³);

　　　A——样品溶液的吸光度;

　　　A_0——空白溶液的吸光度;

　　　B_g——由标准曲线所得到的计算因子(μg/吸光度);

　　　V_0——换算成标准状态下的采样体积(L)。

6.3.1.5　测定结果的影响因素

根据朗伯-比尔定律,其中摩尔吸光系数 κ 受物质本身性质、入射波波长、显色温度、显色时间等因素的影响,从而影响甲醛浓度的测定结果。

（1）样品保存的影响

空气中的甲醛被酚试剂的水溶液吸收,形成样品溶液,其保存方式和保存时间对样品的稳定性影响明显,对测定结果也就有重要影响。

甲醛如直接吸收在纯水中,则很不稳定,放置 3～4h 降低约 10%;放置 24h 将降低约 68%。当 0.005% 酚试剂溶液作吸收液,则放置 24h 都是稳定的,具体数据见表 6.2。

表 6.2　甲醛样品溶液随时间的变化情况

甲醛溶液介质	吸光度		
	立即显色	放置3～4h后显色	24h后显色
在水中	0.68	0.61	0.22
在0.005%酚试剂溶液中	0.71	0.70	0.70

因此,用酚试剂的水溶液吸收空气中甲醛,样品溶液的稳定性较好,而且样品应于室温下 24h 内分析。同时,甲醛标准溶液宜用含 0.005% 酚试剂的吸收液配制,放置时间最好不超过 2h。

（2）显色剂的影响

本检测方法选用硫酸铁铵作为显色剂,但硫酸铁铵水溶液易水解而形成 $Fe(OH)_3$ 乳浊现象,影响比色,故用酸性溶剂配制。但酸度也不宜过大,否则原色太深,经试验选用 0.1mol/L 盐酸作溶剂为宜。甲醛与酚试剂缩合生成嗪的显色反应,较适宜的 pH 值范围是 3～7,以 pH＝4～5 最为理想。

同时,显色剂硫酸铁铵加入的量也不宜过多,否则空白管吸光度值高,影响比色。用 1% 三氯化铁与 1.6% 氨基磺酸的混合液作显色剂,可防止氮氧化物的干扰,但因试剂原色太深影响比色。故综合考虑各因素,以加入 1% 的硫酸铁铵溶液 0.4mL 为最好。

（3）显色时间的影响

取预先配制标定好的甲醛-酚试剂吸收溶液 3 组，按上述试验条件，在不同显色时间内测定每组溶液的吸光度（显色温度为 22℃），检测结果如图 6.11 所示。

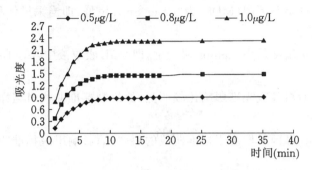

图 6.11　溶液吸光度随显色时间的变化曲线

由图 6.11 可以看出，大约在 13min 后，溶液吸光度变化很小，说明显色反应基本达到平衡，本方法中将显色时间定为 15min 比较合理。

超过 15min 以后溶液吸光度基本不变，若由于特殊原因没能在规定时间内及时进行比色，错过比色时间（15min）的仍可进行检测，分析结果依旧有效。

（4）显色温度的影响

分别取 5mL 不同浓度的甲醛-酚试剂吸收溶液，各加入 1% 的硫酸铁铵溶液 0.4mL，摇匀，在不同的温度下放置 15min 进行显色反应，以 5mL 未加甲醛的酚试剂吸收液作试剂空白，测定吸光度，检测结果如表 6.3 所示。

表 6.3　不同显色温度下甲醛-酚试剂溶液的吸光度

T（℃）	吸光度 A				
	0	5μg/L	0.8μg/L	1.0μg/L	1.2μg/L
5	0.001	0.764	1.244	1.377	1.491
10	0.002	0.764	1.369	1.498	1.736
20	0.001	0.769	1.481	1.856	2.217
26	0.002	0.772	1.658	2.052	2.489
30	0.002	0.779	1.726	2.169	2.601
40	0.002	0.783	1.921	2.398	2.788

实验过程中，在 40℃ 恒温水浴的溶液中，加入显色剂后马上出现蓝色，反应快速；在 5℃ 恒温的溶液中，出现颜色相对缓慢，可见该显色反应随着温度的升高，反应速度加快。在温度低于 20℃ 时，反应不太完全，光吸收较弱，与较高反应温度相比，吸光度相差较大。若检测当时环境温度比较低时，可以在 20℃ 以上的恒温水浴中保温操作，确保反应进行较为完全。

另外，从表 6.3 中可见，随着反应温度的升高，吸光度增大，而且温度对不同浓度的吸光度影响不同,甲醛浓度越高,受温度影响越大。由此可见,试验温度对检测结果有较明显的影响。在做具体检测的时候,实验人员应注明当时的检测温度。

6.3.1.6　注意事项

(1) 本检测方法的检测下限(MDL)为 $0.1\mu g/5mL$ 甲醛,即当采样体积为 10L 时,最低检出浓度为 $0.01mg/m^3$。

(2) 本检测方法灵敏度约为 $2.80\mu g/$ 吸光度,即 5mL 吸收液中含有 $1\mu g$ 甲醛时,吸光度 A 约为 0.357。

(3) 因显色温度对溶液吸光度影响比较明显,故绘制标准曲线时与样品测定时的显色温度差应不超过 2℃。

(4) 测定结果的计算因子取决于标准曲线的斜率,而影响甲醛标准曲线斜率的因素有以下几点:

① 标准溶液的配制。稀释倍数越低,斜率越高。

② 制备标准系列。先加吸收液,后加甲醛标准溶液,然后立即混匀,以免甲醛逸失。

③ 环境条件(温度、湿度与气压)。温度越高、湿度越高、气压越大,斜率越高。

④ 移液管移液的操作。要统一(自上而下准确放量或准确量取后放下),且移液前用溶液润洗 3 次。

⑤ 配制溶液的操作。先用容量瓶定容(双眼平视溶液凹液面底部与容量瓶刻度线相切,且内壁上不能挂水珠),再充分摇匀。

(5) 检测干扰与排除

$20\mu g$ 酚、$2\mu g$ 醛以及二氯化氮对本检测方法无干扰。

二氧化硫共存时,将使测定结果偏低,因此对二氧化硫的干扰不可忽视。可将气样先通过硫酸锰滤纸过滤器,予以排除。

硫酸锰滤纸过滤器的制备:取 10mL 浓度为 100mg/mL 的硫酸锰水溶液,滴加到 $250cm^2$ 玻璃纤维滤纸上,风干后切成碎片,装入 1.5mm×150mm 的 U 形玻璃管中即可。采样时,将此管接在甲醛吸收管之前。

此法制成的硫酸锰滤纸,吸收二氧化硫的效能受大气湿度的影响很大。当相对湿度大于88%、采气速度为 1L/min、二氧化硫浓度为 $1mg/m^3$ 时,能消除 95% 以上的二氧化硫,此滤纸可维持 50h 有效;当相对湿度为 15%～35% 时,吸收二氧化硫的效能逐渐降低;相对湿度很低时,应换用新制的硫酸锰滤纸。

6.3.2　AHMT 分光光度法测定室内空气中甲醛

6.3.2.1　方法概况

本检测方法主要依据《居住区大气中甲醛卫生检验标准方法 分光光度法》(GB/T 16129—1995)进行,同时参考《民用建筑工程室内环境污染控制标准》(GB 50325—2020)中采样布点的原则。它也是《公共场所卫生检验方法 第 2 部分:化学污染物》(GB/T 18204.2—2014)和《室内空气质量标准》(GB/T 18883—2002)中规定的一种空气中甲醛浓度的测定方法。

（1）基本概念

AHMT：中文名称为 4-氨基-3-联氮-5-巯基-1,2,4-三氮杂茂,别名 4-氨基-3-肼基-5-巯基-1,2,4-三氮唑,英文名称 4-Amino-3-hydrazino-1,2,4-triazol-5-thiol,简称 AHMT。化学式 $C_2H_6N_6S$,分子量 146.17,是光度法测定甲醛的专用试剂。

（2）适用范围

本检测方法是用分光光度法测定居住区中甲醛浓度的方法,也适用于公共场所空气中的甲醛浓度的测定,也可以作为水中甲醛含量测定的参考方法。

本检测方法的测定范围为 2mL 样品溶液中含 $0.2 \sim 3.2\mu g$ 甲醛污染物,即采样流量为 1L/min,采样体积为 20L,则测定浓度范围为 $0.01 \sim 0.16mg/m^3$。

（3）测定原理

空气中的甲醛与 AHMT（Ⅰ）在碱性条件下缩合（Ⅱ）,然后经高碘酸钾氧化成 6-巯基-5-三氮杂茂[4,3-b]-S-四氮杂苯（Ⅲ）紫红色化合物,其色泽深浅与甲醛含量成正比,分光光度法比色得出空气中的甲醛浓度。反应式如下:

$$HS-\underset{(Ⅰ)}{\boxed{N\atop N}}\overset{NH_2}{\underset{NH}{\overset{NH_2}{|}}} \xrightarrow[\text{碱}]{HCHO} HS-\underset{(Ⅱ)}{\boxed{N\atop N}}\overset{NH \quad NH}{\underset{NH}{|}} \xrightarrow{KIO_4} HS-\underset{(Ⅲ)}{\boxed{N\atop N}}\overset{N \quad N}{\underset{N}{|}}$$

6.3.2.2 主要的仪器设备和材料试剂

（1）恒流采样器:流量范围 $0 \sim 2L/min$,流量稳定可调,恒流误差小于 2%,采样前和采样后应用皂膜流量计校准采样系列的流量,误差小于 5%。

（2）大型气泡吸收管:5mL 和 10mL,出气口内径为 1mm,出气口至管底距离小于或等于 5mm。

（3）分光光度计:具有 550nm 波长,并配有 10mm 光程的比色皿。

（4）具塞比色管:10mL,若干支。

（5）移液管:1.0mL、2.0mL、10mL、25mL 等,或自动数字式移液管,检定合格。

（6）滴定管:酸式、碱式,25mL,检定合格。

（7）容量瓶:100mL、1000mL 若干支,检定合格。

（8）吸收液:称取 1g 三乙醇胺,0.25g 偏重亚硫酸钠和 0.25g 乙二胺四乙酸二钠溶于水中并稀释至 1000mL。

（9）AHMT 溶液(0.5%):称取 0.25g AHMT 溶于 0.5mol/L 盐酸中,并稀释至 50mL,此试剂置于棕色瓶中,可保存半年。

（10）氢氧化钾溶液(5mol/L):称取 28.0g 氢氧化钠溶于 100mL 水中。

（11）高碘酸钾溶液(1.5%):称取 1.5g 高碘酸钾溶于 0.2mol/L 氢氧化钾溶液中,并稀释至 100mL,于水浴上加热溶解,备用。

（12）甲醛标准储备溶液:取 2.8mL 含量为 36%～38% 甲醛原液于 1000mL 容量瓶中,加水定容,此溶液 1mL 约含 1mg 甲醛,其准确浓度按 6.3.1.3 中(2)方法进行标定。也可以直接从试剂商店购买 1.0mg/mL 的甲醛标准溶液(有证)。

(13) 甲醛标准溶液(2.0μg/mL):临用时,将标定过的甲醛标准储备溶液用吸收液稀释成 1.00mL 含 2.00μg 的甲醛。

6.3.2.3 采样

布点原则和采样注意事项已在 3.2 节中详述,采样过程:用一个内装 5mL 吸收液的气泡吸收管,以 1.0L/min 流量,采气 20L,并记录采样时的温度和大气压力。

6.3.2.4 检测过程

(1) 标准曲线的绘制

用标准溶液绘制标准曲线:取 7 支 10mL 具塞比色管,按表 6.4 制备标准色列管。

表 6.4 AHMT 分光光度法甲醛标准色列管

管号	0	1	2	3	4	5	6
标准溶液(mL)	0.0	0.1	0.2	0.4	0.8	1.2	1.6
吸收溶液(mL)	2.0	1.9	1.8	1.6	1.2	0.8	0.4
甲醛含量(μg)	0.0	0.2	0.4	0.8	1.6	2.4	3.3

各管中加入 1.0mL 5mol/L 氢氧化钾溶液,1.0mL 0.5% AHMT 溶液,盖上管塞,轻轻地颠倒混匀三次,放置 20min,加入 0.3mL 1.5% 高碘酸钾溶液,充分振荡,放置 5min。用 10mm 比色皿,在波长 550nm 下,以水作参比,测定各管吸光度。以甲醛含量(μg)为横坐标,吸光度为纵坐标,绘制标准曲线,并计算回归线的斜率,以斜率的倒数作为样品测定的计算因子 B_g(μg/吸光度)。

(2) 样品测定

采样后,补充吸收液到采样前的体积。准确吸收 2mL 样品溶液于 10mL 比色管中,按制作标准曲线的操作步骤测定吸光度 A。

在每批样品测定的同时,用 2mL 未采样吸收液,按相同步骤测定试剂空白吸光度 A_0。

6.3.2.5 结果计算

(1) 体积换算:按 6.3.1.4 节(1)中的方法将采样体积换算成标准状态下采样的体积。

(2) 所采空气样品中甲醛的浓度应按下式进行计算:

$$c = \frac{(A - A_0) \times B_g}{V_0} \times \frac{V_1}{V_2}$$

式中　c——空气中甲醛浓度(mg/m³);

　　　A——样品溶液的吸光度;

　　　A_0——空白溶液的吸光度;

　　　B_g——由标准曲线所得到的计算因子(μg/吸光度);

　　　V_0——换算成标准状态下的采样体积(L);

　　　V_1——采样时吸收液体积,5mL;

V_2——分析时取样体积,2mL。

6.3.2.6 注意事项

(1) 检出限:3 个实验室测定本检测方法检出限平均值为 $0.13\mu g$。

(2) 灵敏度:本检测方法标准曲线的直线回归后的斜率为 0.175 吸光度/μg。

(3) AHMT 有毒,用完要洗手。

(4) 本检测方法的显色反应是在碱性环境中发生,最佳的显色 pH 值为 12~13。

(5) 干扰:乙醛、丙醛、正丁醛、丙烯醛、丁烯醛、乙二醛、苯(甲)醛、甲醇、乙醇、正丙醇、正丁醇、仲丁醇、异丁醇、异戊醇、乙酸乙酯等对本检测方法无影响。大气中共存的二氧化碳和二氧化硫对测定无干扰。

6.3.3 乙酰丙酮分光光度法测定装饰装修材料中甲醛

6.3.3.1 方法概况

本检测方法主要依据《人造板及饰面人造板理化性能试验方法》(GB/T 17657—2013)中的相关方法进行,同时参考《空气质量 甲醛的测定 乙酰丙酮分光光度法》(GB/T 15516—1995)和"室内装饰装修材料有害物质限量"10 项强制性国家标准(见 8.1 节)中的相关原理和方法。它也是《室内空气质量标准》(GB/T 18883—2002)中规定的一种空气中甲醛浓度的测定方法。

(1) 适用范围

本检测方法主要适用于人造板材、家具、树脂涂料、胶黏剂、壁纸、染料等室内装饰装修材料中的甲醛含量的测定,也可用于测定工业废气和环境空气中甲醛浓度,本检测方法的测量范围为 0.5~800mg/m^3。

(2) 测定原理

甲醛气体经水吸收后,在 pH=6 左右的乙酸铵溶液中与乙酰丙酮作用,在水浴加热条件下生成稳定的二乙酰基二氢卢剔啶(黄色化合物),在波长412nm 处测定,由标准曲线法求出甲醛含量。显色反应式如下:

$$H-\overset{\overset{\displaystyle O}{\|}}{C}-H + NH_3 + 2[CH_3-\overset{\overset{\displaystyle O}{\|}}{C}-CH_2-\overset{\overset{\displaystyle O}{\|}}{C}-CH_3] \longrightarrow \underset{\text{黄色化合物}}{CH_3-\overset{\overset{\displaystyle O}{\|}}{C}-CH_2-\overset{\displaystyle C}{\underset{\displaystyle H-C}{\|}} \cdots + 3H_2O}$$

黄色化合物

(3) 主要步骤

① 采样:不同的材料使用不同的采样方法,同一种材料也有不同的采样方法和注意事项已在 3.2 节中详述,在此不做重复讲述。

② 显色:向吸收溶液中加入一定量的显色剂乙酰丙酮溶液和乙酸铵溶液,在 60℃ 的恒温水浴中显色。

③ 检测：用分光光度计对显色溶液进行比色，获得溶液的吸光度。

④ 计算：根据标准曲线计算出甲醛的浓度。

6.3.3.2　主要的仪器设备和材料试剂

（1）分光光度计：可在 412nm 测定吸光度，并配有 5mm 光程的比色皿。

（2）具塞比色管：50mL，若干支。

（3）移液管：1.0mL、2.0mL、10mL、25mL 等，或自动数字式移液管，检定合格。

（4）滴定管：酸式、碱式、25mL，检定合格。

（5）容量瓶：100mL、1000mL 若干支，检定合格。

（6）恒温水浴锅：可保持温度（60±1）℃。

（7）吸收液：不含有机物的重蒸馏水（加少量高锰酸钾的碱性溶液于蒸馏水中再行蒸馏即得，在整个蒸馏过程中水应始终保持红色，否则应随时补加高锰酸钾）。

（8）乙酰丙酮溶液（0.4%）：用移液管吸取 4mL 乙酰丙酮于 1000mL 棕色容量瓶中，并加蒸馏水稀释至刻度，摇匀，储存于暗处。

（9）乙酸铵溶液（20%）：在感量为 0.01g 的天平上称取 200g 乙酸铵于 500mL 烧杯中，加入蒸馏水完全溶解后转至 1000mL 棕色容量瓶中，稀释至刻度，摇匀，储存于暗处。

（10）甲醛标准储备溶液：取 2.8mL 含量为 36%～38% 甲醛原液于 1000mL 容量瓶中，加水定容，此溶液 1mL 约含 1mg 甲醛，其准确浓度按 6.3.1.3 中（2）方法进行标定。也可以直接从试剂商店购买 1.0mg/mL 的甲醛标准溶液（有证）。

（11）甲醛标准溶液（15.0μg/mL）：将标定过的甲醛标准储备溶液用蒸馏水定容于 1000mL 容量瓶中，配制成 1.00mL 含 15.0μg 甲醛的标准溶液。用于配制标准色列管，此标准溶液可稳定一周。

6.3.3.3　检测过程

（1）标准曲线的绘制

把 0mL、5mL、10mL、20mL、50mL 和 100mL 的甲醛标准溶液分别移加到 100mL 容量瓶中，并用蒸馏水稀释到刻度，获得甲醛质量浓度为 0～15mg/L 的系列标准溶液。

分别准确吸收上述系列的标准溶液各 10.0mL 于 6 支 50mL 的具塞比色管中，再量取 10mL 乙酰丙酮和 10mL 乙酸铵溶液加入每支比色管中，塞上瓶塞，摇匀，再放到（60±1）℃的恒温水浴锅中加热 10min，然后把这种黄绿色的溶液在避光处室温下存放（约 1h）。用 0.5cm 比色皿，在波长 412nm 下，以蒸馏水作为参比溶液，测定各管溶液的吸光度。以吸光度为横坐标，甲醛含量为纵坐标（μg/mL），绘制标准曲线（图 6.12）。使用最小二乘法计算标准曲线的回归方程式，确定斜率，保留 4 位有效数字。

（2）样品测定

准确吸取 10.0mL 的甲醛吸收溶液于 50mL 的具塞比色管中，加入 10mL 乙酰丙酮和 10mL 乙酸铵溶液，按上述绘制标准曲线的实验步骤进行显色、比色，测定样品溶液的吸光度（A_s）。在每批样品测定的同时，用 10mL 蒸馏水作试剂空白，测定试剂空白的吸光度（A_b）。

6.3.3.4　结果计算

材料中的甲醛含量按下式进行计算：

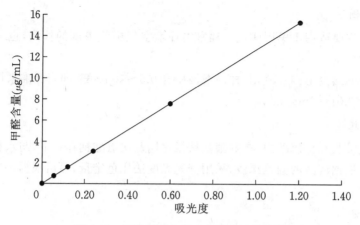

图 6.12 乙酰丙酮分光光度法的标准曲线

$$E = \frac{(A_s - A_b) \times f \times V}{m}$$

式中　E——每 100g 试件含有甲醛的毫克数（mg/100g）；

　　　A_s——吸收溶液的吸光度；

　　　A_b——空白溶液的吸光度；

　　　f——标准曲线的斜率（mg/mL）；

　　　V——吸收溶液的定容体积（mL）；

　　　m——用于试验的试件质量（g）。

6.3.3.5　注意事项

（1）对于不同的材料，由于其甲醛含量的表达形式（甲醛含量的单位）不同，所以最后的计算公式有所不同，但检测方法的原理和步骤基本相同。

（2）本检测方法的检测范围为 0.5～800mg/m³，范围跨度较大（四个数量级），不可能用一条工作曲线涵盖整个测量范围，因此在实际检测中，需要具体根据某种材料中甲醛含量的范围来确定标准系列溶液的浓度范围。

（3）与前两种分光光度法相比，本检测方法的优点是检测上限大，可测定甲醛浓度较大的材料样品和工业废气，而且不受乙醛的干扰，选择性和重复性较好。

6.4　分光光度法测定氨

6.4.1　靛酚蓝分光光度法测定室内空气中氨

6.4.1.1　方法概况

本检测方法主要依据《公共场所卫生检验方法　第 2 部分：化学污染物》（GB/T 18204.2—2014），本检测方法是《民用建筑工程室内环境污染控制标准》（GB 50325—2020）中规定的民用建筑室内空气中氨浓度检测的仲裁方法。

（1）适用范围

本检测方法主要适用于民用建筑工程室内环境空气中氨浓度的检测，也可用于公共场所空气中氨浓度的测定。

本检测方法的测量范围：10mL 样品溶液中含 0.5～10μg 氨，即当标准采样体积为 5L 时，可测浓度范围为 0.01～2mg/m³。

（2）测定原理

将空气中氨吸收在稀硫酸中，在亚硝基铁氰化钠及次氯酸钠存在下，与水杨酸生成蓝绿色的靛酚蓝染料。根据溶液的颜色深浅，采用分光光度法比色定量，最后根据标准曲线法计算出空气中氨的浓度。

（3）主要步骤

① 采样：应用稀硫酸溶液作吸收液，采集一定体积的空气样品，具体的采样方法和注意事项已在 3.2 节中详述，在此不再重复讲述。

② 显色：向吸收溶液中加入一定量的显色剂亚硝基铁氰化钠、次氯酸钠和水杨酸溶液，室温放置显色。

③ 检测：用分光光度计对显色溶液进行比色，获得溶液的吸光度。

④ 计算：根据标准曲线计算出氨的浓度。

6.4.1.2 主要的仪器设备和材料试剂

（1）恒流采样器：流量范围 0～2L/min，流量稳定可调，采样前和采样后应用皂膜流量计校准采样流量，误差小于 5%。

（2）大型气泡吸收管：10mL，出气口内径为 1nm，出气口至管底距离小于或等于 5mm。

（3）分光光度计：可在 697.5nm 测定吸光度，狭缝小于 20nm，并配有 10mm 光程的比色皿。

（4）具塞比色管：10mL，若干支。

（5）移液管：1.0mL、2.0mL、10mL、25mL 等，或自动数字式移液管，检定合格。

（6）容量瓶：100mL、1000mL 若干支，检定合格。

（7）滴定管：酸式、碱式，25mL，检定合格。

（8）无氨蒸馏水：于普通蒸馏水中，加入少量的高锰酸钾至浅紫红色，再加少量氢氧化钠至呈碱性。蒸馏，取其中间蒸馏部分的水，加入少量硫酸溶液呈微酸性，再蒸馏一次。

（9）吸收液$[c(H_2SO_4)=0.005mol/L]$：量取 2.8mL 浓硫酸加入水中，并稀释至 1L。临用时再稀释 10 倍。

（10）水杨酸溶液（50g/L）：称取 10.0g 水杨酸$[C_6H_4(OH)COOH]$和 10.0g 柠檬酸钠$(Na_3C_6O_7 \cdot 2H_2O)$，加水约 50mL，再加 55mL 氢氧化钠溶液$[c(NaOH)=2mol/L]$，用水稀释至 200mL。此试剂稍有黄色，室温下可稳定一个月。

（11）亚硝基铁氰化钠溶液（10g/L）：称取 1.0g 亚硝基铁氰化钠$[Na_2Fe(CN)_5 \cdot NO \cdot 2H_2O]$，溶于 100mL 水中，储存于冰箱中可稳定一个月。

（12）硫代硫酸钠标准溶液$[c(Na_2S_2O_3)=0.100mol/L]$：可以直接从试剂商店购买当量的标准试剂，也可按 6.3.1.3 节（1）方法进行制备和标定。

(13) 淀粉溶液(5g/L)：将 0.5g 可溶性淀粉，用少量水调成糊状后，再加入 100mL 沸水，并煮沸 2～3min 至溶液透明，冷却后，加入 0.1g 水杨酸或 0.4g 氯化锌保存。

(14) 次氯酸钠溶液[c(NaClO)＝0.05mol/L]：取 1mL 次氯酸钠试剂原液，用碘量法标定其浓度，详细标定方法按 6.4.1.3 节(1)方法进行。然后取一定量准确标定过的次氯酸钠原液用氢氧化钠溶液(2mol/L)稀释成 0.05mol/L 的溶液。储存于冰箱中可保存两个月。

(15) 氢氧化钠溶液(2mol/L)：称量 80g 氢氧化钠，溶于水中，并稀释至 1000mL。

(16) 氨标准储备溶液：准确称取 0.3142g 经 105℃ 干燥 1h 的氯化铵(NH$_4$Cl)基准物质，用少量水溶解，移入 100mL 容量瓶中，用吸收液(0.005mol/L H$_2$SO$_4$)稀释至刻度。此液 1.00mL 含 1.00mg 氨。也可以直接从试剂商店购买 1.0mg/mL 的氨标准溶液(有证)。

(17) 氨标准溶液(1.0μg/mL)：临用时，将氨标准储备溶液(1.0mg/mL)用吸收液稀释成 1.00mL 含 1.00μg 氨。放置 30min 后，用于配制标准色列管。

6.4.1.3 检测过程

(1) 次氯酸钠原液的标定(碘量法)

由于次氯酸钠(NaClO)不稳定，受热或光照易分解，故临用前用碘量法标定次氯酸钠试剂原液中 NaClO 的准确含量，再用 2mol/L 的 NaOH 溶液稀释成 c(NaClO)＝0.05mol/L 的溶液。

① 标定原理：在酸性介质中，次氯酸根与碘化钾反应析出碘，再用硫代硫酸钠标准溶液滴定生成的碘，以淀粉为指示剂，至溶液蓝色消失为终点。根据硫代硫酸钠的消耗量求出生成碘的量，从而计算出次氯酸根的量。具体反应式如下：

$$2H^+ + ClO^- + 2I^- \rule{2em}{0.4pt} I_2 + Cl^- + H_2O$$

然后
$$I_2 + 2S_2O_3^{2-} \rule{2em}{0.4pt} 2I^- + S_4O_6^{2-}$$

② 标定过程：先称取 2g 碘化钾(KI)于 250mL 碘量瓶中，加水 50mL 溶解，加 1.00mL 次氯酸钠试剂原液，再加 0.5mL 盐酸溶液[V(HCl)＝50％]摇匀，暗处放置 3min。再用硫代硫酸钠标准溶液[c(Na$_2$S$_2$O$_3$)＝0.100mol/L]滴定析出的碘，至溶液呈黄色时，加 1mL 新配制的淀粉指示剂(5g/L)，继续滴定至蓝色刚刚褪去，即为终点，记录所用硫代硫酸钠标准溶液体积 V。

③ 结果计算：次氯酸钠原液的浓度可用下式计算

$$c(\text{NaClO}) = \frac{c(\text{Na}_2\text{S}_2\text{O}_3) \times V}{1.00 \times 2}$$

式中　c(NaClO)——次氯酸钠原液的浓度(mol/L)；

　　　c(Na$_2$S$_2$O$_3$)——硫代硫酸钠标准溶液浓度(mol/L)；

　　　V——硫代硫酸钠标准溶液用量(mL)。

④ 注意事项：

A. 滴定必须在中性或弱酸性溶液中进行，原因见 6.3.1.3 节(1)。

B. 加入的 KI 必须过量，一般 KI 过量 2～3 倍，确保次氯酸根反应完全。

C. 由于光线能催化 I$^-$ 被空气氧化的反应，所以析出 I$_2$ 的反应一般放置在暗处进行约 5min，之后立即用 Na$_2$S$_2$O$_3$ 进行滴定。

D. 碘量法操作的一些注意事项详见 6.3.1.3 节(2)，以防止 I$_2$ 的挥发和 I$^-$ 被 O$_2$ 氧化。

(2) 标准曲线的绘制

取 10mL 具塞比色管 7 支，用氨标准溶液按表 6.5 制备标准色列管。

表6.5 靛酚蓝分光光度法氨标准色列管

管号	0	1	2	3	4	5	6
标准溶液（mL）	0	0.50	1.00	3.00	5.00	7.00	10.00
吸收液（mL）	10.00	9.50	9.00	7.00	5.00	3.00	0
氨含量（μg）	0	0.50	1.00	3.00	5.00	7.00	10.00

在各管中加入0.50mL水杨酸溶液，再加入0.10mL亚硝基铁氰化钠溶液和0.10mL次氯酸钠溶液，混匀，室温下放置1h。用1cm比色皿于波长697.5nm处，以水作参比测定各管溶液的吸光度。以氨含量（μg）作横坐标、吸光度为纵坐标绘制标准曲线，并计算回归线的斜率。标准曲线斜率应为（0.081±0.003）（吸光度/μg），以斜率的倒数作为样品测定计算因子B_s（μg/吸光度）。

（3）样品测定

采样后，将样品溶液全部转入比色管中，用少量吸收液清洗吸收管，合并使用总体积为10mL。按绘制标准曲线相同的操作步骤和检测条件，加入显色剂显色，测定吸光度（A）。在每批样品测定的同时，用10mL未采样的吸收液作试剂空白，测定试剂空白的吸光度为A_0。如果样品溶液吸光度超过标准曲线范围，则可用试剂空白稀释样品显色液后再分析，计算样品浓度时要考虑样品溶液的稀释倍数。

6.4.1.4 结果计算

（1）先将采样体积按6.3.1.4节（1）中的方法换算成标准状态下采样的体积。

（2）所采空气样品中氨的浓度应按下式进行计算

$$c = \frac{(A - A_0) \times B_s}{V_0} \times \kappa$$

式中 c——空气中氨浓度（mg/m^3）；

A——样品溶液的吸光度；

A_0——空白溶液的吸光度；

B_s——由标准曲线所得到的计算因子（μg/吸光度）；

V_0——换算成标准状态下的采样体积（L）；

κ——样品溶液的稀释倍数。

6.4.1.5 测定结果的影响因素

为了将测定结果的误差控制在一定范围内，标准曲线的斜率需控制在（0.081±0.003）（吸光度/μg）范围内。由于实验用水、次氯酸钠溶液的浓度等因素对标准曲线的斜率均有影响，从而影响氨浓度的测定结果。同时，显色剂用量、显色时间等因素对氨的测定结果也有影响，因此需要对这些因素进行控制。

（1）实验用水的影响

分别用电阻率为14MΩ·cm、16MΩ·cm、18.2MΩ·cm的水配制靛酚蓝分光光度法所需要的所有溶液，并按照本检测方法中规定的实验步骤绘制标准曲线，结果见表6.6。

表 6.6　不同电阻率的水对标准曲线的影响

管号	0	1	2	3	4	5	6	斜率	相关系数
标准溶液（mL）	0	0.10	0.2	0.4	0.60	0.80	1.00		
吸收液（mL）	5.0	4.9	4.8	4.6	4.4	4.2	4.0		
甲醛含量（μg）	0	0.1	0.2	0.4	0.6	0.8	1.0		
吸光度 （水的电阻率 14MΩ·cm）	0.018	0.056	0.090	0.257	0.423	0.579	0.862	0.0837	0.9994
吸光度 （水的电阻率 16MΩ·cm）	0.019	0.057	0.089	0.258	0.430	0.581	0.859	0.0836	0.9995
吸光度 （水的电阻率 18.2MΩ·cm）	0.018	0.059	0.094	0.237	0.406	0.585	0.806	0.0832	0.9989
吸光度（无氨蒸馏水）	0.009	0.070	0.114	0.306	0.479	0.636	0.896	0.0878	0.9993

由表 6.6 可以看出：与无氨蒸馏水相比，高纯水的试剂空白值相对较高，为 0.016～0.020，但标准曲线的斜率均在 0.081±0.003 之间，说明实验室使用电阻率 14～18MΩ·cm 的水可以满足实验要求。但最好使用新制的高纯水，且做试剂空白实验以扣除水中氨的影响。

（2）次氯酸钠浓度的影响

分别配制 0.10mol/L、0.050mol/L、0.025mol/L、0.012mol/L 的次氯酸钠溶液，准备 4 组比色管，在保证其他各种溶液的体积及添加顺序不变的情况下，分别向 4 组比色管中各加入 0.1mL 上述不同浓度的次氯酸钠溶液，并按照本检测方法中规定的实验步骤绘制标准曲线，结果见表 6.7。

表 6.7　次氯酸钠浓度对实验结果的影响

管号	0	1	2	3	4	5	6	斜率	相关系数
标准溶液（mL）	0	0.10	0.2	0.4	0.60	0.80	1.00		
吸收液（mL）	5.0	4.9	4.8	4.6	4.4	4.2	4.0		
甲醛含量（μg）	0	0.1	0.2	0.4	0.6	0.8	1.0		
吸光度 （次氯酸钠浓度 0.10mol/L）	0.015	0.051	0.091	0.233	0.389	0.539	0.780	0.0761	0.9998
吸光度 （次氯酸钠浓度 0.050mol/L）	0.019	0.057	0.089	0.258	0.430	0.581	0.859	0.0836	0.9995
吸光度 （次氯酸钠浓度 0.025mol/L）	0.019	0.063	0.109	0.315	0.452	0.612	0.846	0.0827	0.9985
吸光度 （次氯酸钠浓度 0.012mol/L）	0.007	0.045	0.071	0.181	0.290	0.386	0.515	0.0510	0.9982

从表 6.7 中可以看出：当 NaClO 的浓度为 0.012mol/L 时，存在着显色不完全的现象；当

NaClO 的浓度为 0.025mol/L 与 0.050mol/L 时溶液均显色完全,且斜率均在 0.081±0.003 范围内;当 NaClO 的浓度为 0.10mol/L 时,浓度较高的氨溶液吸光度值明显偏低,曲线斜率也偏低。所以,当 NaClO 的浓度为 0.025~0.050mol/L 时均可满足氨的测定要求,浓度不宜太高或太低。

（3）显色温度的影响

分别取不同浓度的氨标准溶液 5 组,加入试剂后分别置于不同温度(5~30℃)下进行 1h 显色反应,其他实验条件按本检测方法中规定的实验步骤执行,其检测结果见表 6.8。

表 6.8　不同显色温度下的吸光度测定结果

$T(℃)$	$c(\mu g/mL)$						
	0	0.5	1	3	5	7	10
5	0.009	0.061	0.115	0.305	0.485	0.635	0.896
15	0.009	0.058	0.111	0.308	0.485	0.662	0.902
18	0.010	0.056	0.095	0.304	0.474	0.628	0.890
20	0.009	0.070	0.114	0.306	0.479	0.636	0.896
30	0.009	0.058	0.111	0.298	0.475	0.635	0.879

从表 6.8 中可以看出:样品吸光度受温度的影响不大。因此,本检测方法对实验室温度要求不高,在我国一般室内环境下检测均适用。

（4）显色时间的影响

分别取不同浓度的氨标准溶液 6 组,在不同的显色时间内检测样品吸光度,其他实验条件按本检测方法中规定的实验步骤执行,其检测结果如图 6.13 所示。

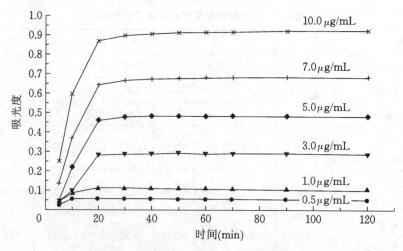

图 6.13　不同显色时间下吸光度的变化曲线

由图 6.13 可以看出,显色 30min 后吸光度基本稳定不变。因此,有条件将显色时间从标准规定的 1h 缩短为 30min,标准修订缩短显色时间后,有利于快速检测。另外,由于各种原因没有在标准规定的显色 1h 进行比色分析实验的话,至少显色 2h 的比色分析实验结果可以参考采用,避免错过时间样品无检测结果的情况发生。

(5) 显色剂用量的影响

为了保证显色反应尽可能地进行完全,一般都要加入过量的显色剂,但不是显色剂越多越好。在 $1.0\mu g/mL$ 的氨溶液中加入不同量的水杨酸溶液显色剂,其他实验条件按本检测方法中规定的实验步骤执行,分别检测其吸光度,其结果见图 6.14。

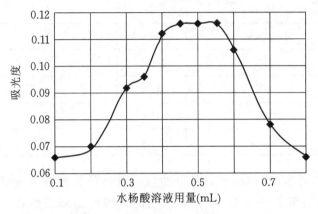

图 6.14 吸光度与显色剂用量关系

从图 6.14 中可以看出,当水杨酸溶液用量增大时,吸光度也增大,溶液用量增大到 $0.45\sim0.55mL$ 时曲线变平坦;当水杨酸溶液用量大于 $0.55mL$ 后,吸光度反而下降。因此应控制水杨酸溶液的用量在 $0.45\sim0.55mL$,最佳用量为本检测方法规定的 $0.50mL$。

如果样品溶液吸光度超过标准曲线范围,要用加有显色剂的未采样吸收液稀释样品,保证稀释后样品显色剂量基本不变,30min 后再检测吸光度。

(6) 氨浓度影响

在实际检测工作中,发现氨浓度较高时,显色剂加入后反而不显色,用加有显色剂的未采样吸收液稀释仍然不显色。于是,配制 $0\sim80\mu g/mL$ 的不同浓度的氨标准溶液进行试验。发现氨浓度大于 $50\mu g/mL$ 时,颜色反而变浅,且吸光度逐渐下降,如图 6.15 所示。

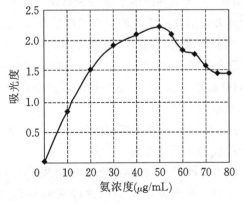

图 6.15 吸光度与氨浓度的变化曲线

另外。分别对 $20\sim50\mu g/mL$ 的氨溶液按本检测方法规定的方式稀释至溶液浓度不大于 $10\mu g/mL$，检测结果见表 6.9。

表 6.9 不同浓度的氨溶液稀释后的检测情况

氨溶液浓度 ($\mu g/mL$)	稀释到 $5\mu g/mL$ 再计算氨溶液浓度 ($\mu g/mL$)	相对误差 (%)	稀释到 $10\mu g/mL$ 再计算氨溶液浓度 ($\mu g/mL$)	相对误差 (%)
15	13.95	7	14.5	3.33
20	15.88	20.6	18.7	6.50
25	18	28	22.3	10.8
30	19.98	33.4	26.7	11.0
40	22.56	43.6	31.6	21.0
50	22.8	54.4	35.4	29.2

由表 6.9 中可以看出，稀释后通过标准曲线计算出的氨溶液浓度都小于其配制浓度。氨浓度越高，稀释后计算的误差越大；同一浓度的氨溶液稀释倍数越高，计算后的误差也越大。

因此，我们认为用该方法检测氨溶液浓度不宜大于 $10\mu g/mL$（即采样 5L 时，空气中氨浓度不大于 $60mg/m^3$），稀释倍数不宜大于 2 倍。对于氨浓度大于 $10\mu g/mL$ 的溶液，通过稀释的方法检测误差也比较大。对于氨浓度较高的环境，最好采用适当缩短采样时间的方法来采样。

6.4.1.6 注意事项

（1）本检测方法的检测下限（MDL）为 $0.5\mu g/10mL$，即采样体积为 5L 时，最低检出氨浓度为 $0.01mg/m^3$。

（2）本检测方法灵敏度约为 10mL 吸收液中含有 $1\mu g$ 的氨，吸光度为 0.081 ± 0.003。

（3）靛酚蓝分光光度法具有灵敏度高，测量结果准确、稳定、安全、环保等优点，是室内空气中氨含量测定的一种好方法，但标准曲线的绘制较为麻烦。

（4）同甲醛一样，本检测方法的样品吸收液应在采样后 24h 内进行分析，且在采集室内空气样品的同时，应在室外上风向处采集一组空气空白样品。

（5）在显色过程中，注意各显色试剂的加入顺序：先加入 0.50mL 的水杨酸溶液，然后再加入 0.10mL 亚硝基铁氰化钠溶液和 0.10mL 次氯酸钠溶液。亚硝基铁氰化钠和次氯酸钠的加入顺序不论，但一定先加入水杨酸溶液。

（6）对于本检测方法的标准曲线，由于水杨酸溶液、亚硝基铁氰化钠溶液等显色试剂的稳定时间为 1 个月，所以标准曲线的使用周期为 1 个月。

（7）干扰和排除：对已知的各种干扰物，本检测方法已采取有效措施进行排除，最为常见的 Ca^{2+}、Mg^{2+}、Fe^{2+}、Mn^{2+}、Al^{3+} 等多种阳离子已被柠檬酸络合。$2\mu g$ 以上的苯胺有干扰，H_2S 允许量为 $30\mu g$。

6.4.2 纳氏试剂分光光度法测定室内空气中氨

6.4.2.1 方法概况

本检测方法主要依据《公共场所卫生检验方法 第2部分:化学污染物》(GB/T 18204.2—2014)进行,同时参考《民用建筑工程室内环境污染控制标准》(GB 50325—2020)中采样布点的原则。它也是《室内空气质量标准》(GB/T 18883—2002)中规定的一种空气中氨浓度的测定方法。

(1) 基本概念

纳氏试剂可选择下列方法之一制备:

① 称取 17.0g 氯化汞($HgCl_2$)溶解于 300mL 水中,另称取 35.0g 碘化钾(KI)溶解在 100mL 水中,然后将氯化汞溶液缓慢加入碘化钾溶液中,直至形成红色沉淀且不溶为止。再加入 600mL 氢氧化钠溶液(200g/L)及剩余的氯化汞溶液。将此溶液静置 1~2d,使红色浑浊物下沉,将上清液移入棕色瓶中(用 5 号玻璃砂芯漏斗过滤),用橡皮塞密封保存备用,此试剂几乎无色。

② 称取 16.0g 氢氧化钠,溶于 50mL 水中,充分冷却至室温。另称取 7.0g 碘化钾和 10.0g 碘化汞(HgI_2)溶于水,然后将此溶液在搅拌下徐徐注入上述氢氧化钠溶液中,用水稀释至 100mL,储存于聚乙烯瓶中,密封保存。

(2) 适用范围

本检测方法适用于民用建筑工程室内环境空气中氨浓度的检测,也适用于地面水、地下水、工业废水和生活污水中氨氮含量的测定。

测定范围为 10mL 样品溶液中含 2~20μg 氨,即当标准采样体积为 5L 时,样品可测浓度范围为 0.4~4mg/m³。

(3) 测定原理

空气中氨吸收在稀硫酸中,以游离态的氨或铵离子等形式存在的氨与碘化汞和碘化钾的碱性溶液(纳氏试剂)作用生成黄棕色胶态化合物,此颜色在较宽的波长范围内(410~425nm)均具有较强烈的吸收,根据着色深浅,比色定量得出氨的浓度。其反应式如下:

$$2K_2HgI_4 + 3KOH + NH_3 \Longrightarrow NH_2Hg_2IO + 7KI + 2H_2O$$

6.4.2.2 主要的仪器设备和材料试剂

(1) 恒流采样器:流量范围 0~2L/min,流量稳定可调,采样前和采样后应用皂膜流量计校准采样流量,误差小于 5%。

(2) 大型气泡吸收管:10mL,出气口内径为 1nm,出气口至管底距离小于或等于 5mm。

(3) 分光光度计:可在 425nm 测定吸光度,狭缝小于 20nm,并配有 10mm 光程的比色皿。

(4) 具塞比色管:10mL,若干支。

(5) 移液管:1.0mL、2.0mL、10mL、25mL 等,或自动数字式移液管,检定合格。

(6) 容量瓶:100mL、1000mL 若干支,检定合格。

(7) 无氨蒸馏水:制法见 6.4.1.2 节。

(8) 吸收液[$c(H_2SO_4)=0.005$mol/L]:制法见 6.4.1.2 节。

（9）酒石酸钾钠溶液（500g/L）：称取 50g 酒石酸钾钠（$KNaC_4H_4O_6 \cdot 4H_2O$）溶于 100mL 水中，煮沸，使其大约减少至 20mL 为止，冷却后，再用水稀释至 100mL。

（10）氨标准储备溶液：按照 6.4.1.2 节中相应的配制和标定方法进行。

（11）氨标准溶液（2.0μg/mL）：临用时，将氨标准储备溶液（1.0mg/mL）用吸收液稀释成 1.00mL 含 2.00μg 氨。放置 30min 后，用于配制标准色列管。

6.4.2.3 检测过程

（1）标准曲线的绘制

取 10mL 具塞比色管 7 支，用氨标准溶液按表 6.10 制备标准色列管。

表 6.10 纳氏试剂分光光度法氨的标准色列管

管号	0	1	2	3	4	5	6
标准溶液（mL）	0	1.00	2.00	4.00	6.00	8.00	10.00
吸收液（mL）	10.00	9.00	8.00	6.00	4.00	2.00	0
氨含量（μg）	0	2.00	4.00	8.00	12.00	16.00	20.00

在各管中加入 0.1mL 酒石酸钾钠溶液，再加入 0.5mL 纳氏试剂，混匀，室温下放置 10min。用 1cm 比色皿，于 425nm 波长处，以水作参比，测定各管溶液的吸光度。以氨含量作横坐标、吸光度为纵坐标，绘制标准曲线，并计算标准曲线的斜率。标准曲线的斜率应为（0.014±0.002）（吸光度/μg），以斜率的倒数作为样品测定的计算因子 B_s（μg/吸光度）。

（2）样品测定

采样后，将样品溶液全部转入比色管中，用少量吸收液清洗吸收管，合并使用总体积为 10mL。按绘制标准曲线相同的操作步骤和检测条件，加入显色剂显色，测定吸光度（A）。在每批样品测定的同时，用 10mL 未采样的吸收液作试剂空白，测定试剂空白的吸光度为（A_0）。如果样品溶液吸光度超过标准曲线范围，则可用试剂空白稀释样品显色液后再分析，计算样品浓度时要考虑样品溶液的稀释倍数。

6.4.2.4 结果计算

（1）先将采样体积按 6.3.1.4 节（1）中的方法换算成标准状态下采样的体积。

（2）所采空气样品中氨的浓度按 6.4.1.4 节（2）进行计算。

6.4.2.5 测定结果的影响因素

纳氏试剂分光光度法具有操作简便、灵敏、稳定的优点，但在实际操作中影响测定结果的因素较多。

（1）显色时间的影响

在实验测定操作过程中，比色时间是很不稳定的，很容易受到各方面因素的影响，进而导致显色时间延后，因而要准确判断和确定显色时间的范围。实验表明：在常温状态下，显色时间少于 10min，显色时间过短，溶液显色不完全；显色时间在 10～30min，溶液颜色比较稳定、显色比较完全，吸光度已经达到最大值；显色时间在 45min 以后，溶液颜色逐渐减退。因此，用纳氏试剂分光光度法测定氨时，显色时间应控制在 10～30min，一般以 20min 为宜。然后尽快地进行比色,以达到分析的精密度和准确度。

（2）显色温度的影响

温度影响纳氏试剂与氨反应的速度,并显著影响溶液颜色,进而影响测定结果。实验表明:以显色 20min 为准,当实验温度在 5～15℃时颜色不稳定,显色不完全;当实验温度在 20～25℃时显色较为完全;当温度达 30℃以上,溶液褪色,吸光度出现明显偏低现象。所以,将实验温度控制在 20～25℃范围内比较适宜。在室温较低的情况下,要提高测量灵敏度可以通过延长显色时间的方法来实现,但最长显色时间不宜超过 30min。

（3）反应体系 pH 值的影响

从显色原理的反应式可以看出,显色体系的 pH 值对显色程度有显著影响,进而影响分析结果的准确性。实验证明:加入纳氏试剂后溶液显色的 pH 值范围为 11.8～12.4 较为理想。若 pH 值低于 11.8,反应向反方向进行,不产生显色反应;若 pH 值高于 12.4,溶液中产生大量 NH_2HgIO 沉淀,溶液变浑浊而无法比色。

（4）试剂纯度的影响

对测试影响最明显的是酒石酸钾钠的纯度,当酒石酸钾钠的纯度不符合要求时,往往可导致空白值偏高,以及导致测试样品溶液浑浊,严重影响比色结果。通常向不合格的酒石酸钾钠试剂中加入少量碱,然后进行煮沸、蒸发、冷却,或者加入纳氏试剂,形成沉淀后取上清液体使用。

6.4.2.6　注意事项

（1）本检测方法的检测下限（MDL）为 $2\mu g/10mL$,即采样体积为 5L 时,最低检出浓度为 $0.4mg/m^3$。

（2）本检测方法灵敏度约为 10mL 吸收液中含有 $2\mu g$ 的氨,吸光度为 0.027±0.002。

（3）本检测方法因其检测上限较高,更多是用来测定水(如地表水、污水)中氨氮的含量,目前本检测方法已是国内外普遍测定水中氨氮的标准方法之一。

（4）纳氏试剂毒性较大,取用时必须十分小心,接触到皮肤时,应立即用水冲洗。含纳氏试剂的废液,应集中处理。

（5）纳氏试剂中氯化汞与碘化钾的比例,对显色反应的灵敏度有较大影响,$HgCl_2$ 与 KI 的最佳用量比为 0.41:1(即 82g $HgCl_2$ 与 20g KI)。静置后生成的沉淀应除去。

（6）滤纸中常含痕量铵盐,使用时注意用无铵水洗涤。所用玻璃器皿应避免实验室空气中的氨的玷污。

（7）干扰和排除:对已知的各种干扰物,本检测方法已采取有效措施进行排除,常见的 Ca^{2+}、Mg^{2+}、Fe^{2+}、Mn^{2+}、Al^{3+} 等多种离子低于 $10\mu g$ 不干扰,H_2S 的允许量为 $5\mu g$,甲醛为 $2\mu g$,丙酮和芳香胺也有干扰,但样品中少见。

纳氏试剂分光长度法因操作简便,检测范围宽,一般多采用此法测定水中氨的含量,但此法显色胶体不十分稳定,易受醛类和硫化物的干扰。靛酚蓝分光光度法灵敏度高,显色较为稳定,干扰少,但要求操作条件严格,蒸馏水和试剂本底值的增高是影响测定值的主要误差来源。这两种方法均已作为公共场所空气中氨含量检验的标准方法。

思考题

1. 什么是分光光度法？其特点是什么？
2. 简述分光光度计的构成及特点。
3. 检测空气中甲醛的方法有哪些？其中哪一种方法是仲裁方法？
4. 检测空气中氨的方法有哪些？其中哪一种方法是仲裁方法？

 **7** 气相色谱法检测 TVOC、苯、甲苯、二甲苯

 学习目标

★ 了解气相色谱法的基本知识。

★ 了解气相色谱仪的基本知识。

★ 熟悉气相色谱仪的操作规程。

★ 掌握气相色谱仪检测 TVOC、苯、甲苯、二甲苯的方法。

7.1 气相色谱法的基本知识

7.1.1 基本概念

色谱（Chromatography）又称色谱分析、色谱分析法、层析法，是一种分离和分析方法，利用物质在流动相中与固定相中分配系数的差异，当两相做相对运动时，试样混合组分在两相之间进行反复多次分配，各组分的分配系数即使只有微小差别，也会以不同的速度沿固定相移动，最终达到分离的效果。通常根据流动相的状态可分为液相色谱和气相色谱。

气相色谱（Gas Chromatography，简称 GC）又称气相色谱法，是以惰性气体（通常为99.999％的高纯氮气）作为流动相，色谱柱为固定相的色谱分析技术。

基线（Baseline）：在实验条件下，色谱柱后仅有纯流动相进入检测器时的流出曲线。基线在稳定的条件下应是一条水平的直线，如图 7.1 中所示的直线。它的平直与否可反映出实验条件的稳定情况，若实验条件不稳，基线会出现漂移（直线但不水平）或噪声（水平但呈波浪线）。

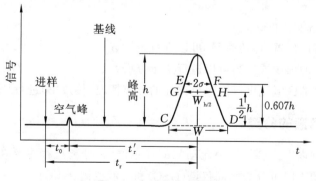

图 7.1　色谱流出曲线图

135 ·

峰高(Peak Height)：色谱峰顶点与基线的距离(图 7.1 中的 h)。它是待测组分从柱后洗脱出最大浓度时检测器输出的信号值,一般用毫米(mm)或检测器输出的信号单位表示,可作为定量测定的依据。它的大小取决于组分的最大浓度和响应系数。

峰面积(Peak Area)：色谱峰与峰底基线所围成区域的面积(图 7.1 中的 $CDFE$ 区域),一般用 A 表示。它是待测组分从柱后洗脱出的所有含量的信号值,一般用 mAu·s 作为单位,是定量测定的主要依据。它的大小取决于组分的含量和响应系数。

归一化法(Normalization Method)：以样品中被测组分经校正过的峰面积(或峰高)占样品中各组分经校正过的峰面积(或峰高)的总和的比例来表示样品中各组分含量的定量方法。采用积分仪或色谱工作站处理数据时,一般均采用峰面积直接归一化进行定量分析。该方法的优点是简便、准确,操作条件对定量结果影响小,但使用的前提是试样中所有组分均能流出色谱柱,且完全分离,并在检测器上都能产生信号。

死时间(Dead Time)：不与固定相作用的物质从进样到出现峰极大值时的时间(图 7.1 中的 t_0),它与色谱柱的空隙体积成正比。由于该物质不与固定相作用,其流速与流动相的流速相近,因此据 t_0 可求出流动相平均流速。

保留时间(Retention Time)：从进样至被测组分出现浓度最大值(最高峰)时所需时间(图 7.1 中的 t_r),它包括组分随流动相通过柱子的时间 t_0 和组分在固定相中滞留的时间 t_r'。保留时间是由色谱过程中的热力学因素所决定,在一定的色谱操作条件下,任何一种物质都有一个确定的保留时间,因此可根据 t_r 值对组分进行定性分析。

区域宽度(Peak Width)：色谱峰的区域宽度是色谱流出曲线中一个重要参数,它的大小反映色谱柱或所选色谱条件的好坏,从分离效果的角度来讲,区域宽度越窄越好。通常度量色谱峰区域宽度有三种方法：

① 标准偏差(Standard Deviation)σ：这里的意义与统计学中的标准偏差意义不同,这里是指 0.607 倍峰高处色谱峰宽度的一半(图 7.1 中的 EF 直线段的一半)；

② 半高峰宽(Peak Width at Half Height)$W_{h/2}$：是指峰高一半处的色谱峰的宽度(图 7.1 中的 GH 直线段)；

③ 峰底宽度(Peak Width at Peak Base)W：是指由色谱峰两侧的转折点作切线,与基线交点的距离(图 7.1 中的 CD 直线段)。

这三种表示方法中以后两者使用居多,三者的关系是：

$$W_{h/2} = 2.355\sigma, \qquad W = 4\sigma = 1.70W_{h/2}$$

根据上述的概念介绍可知：

(1) 根据色谱峰的位置(保留时间)可以进行定性分析；

(2) 根据色谱峰的面积或峰高可以进行定量分析；

(3) 根据色谱峰的区域宽度可以对色谱柱的分离情况(柱效率)进行评价。

7.1.2 气相色谱的分类

气相色谱是一种以气体(载气)为流动相的柱色谱法,分离过程主要在色谱柱内完成,根据所用固定相状态的不同可分为气固色谱(GSC)和气液色谱(GLC)。

7.1.2.1 气固色谱

气固色谱是指流动相是气体,固定相是固体物质的色谱分离方法。气固色谱的固定相是一种具有一定活性的固体吸附剂,利用样品中不同分子在固定相表面的吸附-脱附能力的差异(吸附原理)来实现分离。常用的固体吸附剂有碳质吸附剂(活性炭、石墨化炭黑、碳分子筛)、活性氧化铝、硅胶、无机分子筛和高分子多孔微球等。

(1)碳质吸附剂:有较大的比表面积,吸附性较强。

(2)活性氧化铝:有较大的极性。适用于常温下 O_2、N_2、CO、CH_4、C_2H_6、C_2H_4 等气体的相互分离,CO_2 能被活性氧化铝强烈吸附而不能用这种固定相进行分析。

(3)硅胶:与活性氧化铝大致相同的分离性能,除能分析上述物质外,还能分析 CO_2、N_2O、NO、NO_2 等,且能够分离臭氧。

(4)无机分子筛:碱及碱土金属的硅铝酸盐(沸石),多孔性。如 3A、4A、5A、10X 及 13X 分子筛等。常用 5A 和 13X(常温下分离 O_2 与 N_2),除了广泛用于 H_2、O_2、N_2、CH_4、CO 等的分离外,还能够测定 He、Ne、Ar、NO、N_2O 等。

(5)高分子多孔微球(GDX 系列):新型的有机合成固定相(苯乙烯与二乙烯苯共聚),型号有 GDX-01、GDX-02、GDX-03 等。适用于水、气体及低级醇的分析。

气固色谱固定相具有的特点:①使用方便;②性能与制备和活化条件有很大关系;③同一种固定相,不同厂家或不同活化条件,分离效果差异较大;④吸附剂种类有限,所以能分离的对象不多。

气固色谱不如气液色谱应用广泛,主要用于分离和分析永久性气体和低沸点烃类物质,在石油化工领域应用很普遍。

7.1.2.2 气液色谱

气液色谱是指流动相是气体,固定相是液体的色谱分离方法。气液色谱的固定相是在惰性多孔固体基质(载体或担体)上涂渍一薄层高沸点的液体物质(固定液),利用样品中不同分子与固定液分子之间作用力(溶解-挥发)的差异(分配原理)来实现分离。气液色谱固定相的分离效果主要取决于载体和固定液的选择。

(1)载体的选择

载体应满足的条件有:①比表面积大,孔径分布均匀;②化学惰性,表面无吸附性或吸附性很弱,与被分离组分不起反应,且有较好的浸润性;③具有较高的热稳定性和机械强度,不易破碎;④颗粒大小均匀、适度,一般常用 60～80 目、80～100 目等。

常用的载体有:无机载体(如硅藻土、玻璃粉末或微球、金属粉末或微球、金属化合物)和有机载体(如聚四氟乙烯、聚乙烯、聚乙烯丙烯酸酯)。

(2)固定液的选择

固定液为高沸点、难挥发的有机物或聚合物,在常温下不一定为液体,但在使用温度下一定呈液体状态。作为固定液的物质应满足以下条件:①挥发性小,具有较低的蒸气压(在450℃以下有 1.5～10kPa 的蒸气压);②热稳定性好,一般在 500℃ 以下不分解、不汽化、不挥发;③化学稳定性好,不与被分离组分发生不可逆的化学反应;④熔点不能太高,在使用温度下须呈液态;⑤对被分离试样中的各组分具有不同的溶解能力。

固定液的种类繁多,选择余地大,所以在固定液的选择过程中应注意以下几点:

① 固定液的相对极性。规定角鲨烷(异三十烷)的相对极性为零,β,β'-氧二丙腈的相对极性为5(图7.2)。

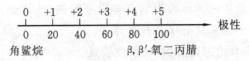

图 7.2　固定液的相对极性示意

② 固定液的最高和最低使用温度。高于最高使用温度固定液物质易分解,低于最低使用温度固定液呈固体。

③ 混合固定相。对于复杂的难分离组分通常采用特殊固定液或将两种甚至两种以上固定液配合使用。

④ 固定液的选择原则。固定液的选择一般为"相似相溶"原则,待测组分分子与固定液分子的性质(极性、官能团)相似时,其溶解度就大。通常根据极性将固定液分为几大类,分别适用于不同化合物的分析,具体见表7.1。

表 7.1　固定液的分类

固定液分类	相对极性	固定液与待测物分子间的作用力	组分出峰顺序	常见固定液	主要分析对象(参考)
非极性	0~1	色散力	按沸点由低到高顺序出峰	角鲨烷(异十三烷)、阿皮松类、聚二甲基硅氧烷等	非极性和弱极性化合物,如烃类、醚类等
中等极性	1~3	色散力、诱导力	按沸点由低到高顺序出峰	聚苯基甲基硅氧烷、聚乙二醇酯等	弱极性和中等极性化合物,如酚类、酯类、硝基苯类等
强极性	3~5	静电力、诱导力	按极性由小到大顺序出峰	聚三氟丙基硅氧烷、β,β'-氧二丙腈等	极性化合物,如醇类、醛类、酸类等
氢键型	—	氢键	按形成氢键的难易程度由难到易出峰	聚乙二醇、三乙醇胺等	含F、N、O等的化合物,如醛类、脂肪酸等

由于在气液色谱中可供选择的固定液种类很多,而且新的固定液不断被研究开发出来,特别是根据使用需求将多种固定液配合使用,可以得到理想的分离效果,所以气液色谱比气固色谱有着更广泛的实用价值。但气液色谱的缺点是高温下固定液易流失,所以使用时需注意最高使用温度。

7.1.2.3　填充柱气相色谱和毛细管气相色谱

按照气相色谱的色谱柱类型又可分为填充柱气相色谱和毛细管气相色谱。填充柱的柱管有不锈钢管、铜管、铝管、铜镀镍管、玻璃管以及聚四氟乙烯管等,柱管内径一般为 2～4mm,长度一般小于 10m。柱子的形状可以是螺旋形的,也可以是 U 形[图 7.3(a)]。U 形柱易获得较高的柱效,若是使用螺旋形的柱,应注意柱色谱柱圈直径的大小对柱效会产生一定的影响,一般柱圈的圈径应比柱管的内径大 15 倍。

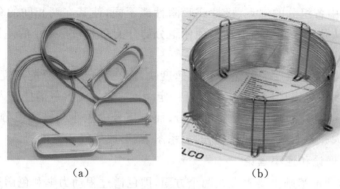

（a）   （b）

图 7.3　气相色谱柱

(a)填充柱;(b)毛细管柱

毛细管柱是用熔融二氧化硅拉制的空心管,也叫弹性石英毛细管。柱管内径通常为 0.1～0.5mm,柱长 30～50m,绕成直径 20cm 左右的环状[图 7.3(b)]。用这样的毛细管作分离柱的气相色谱称为毛细管气相色谱或开管柱气相色谱。与填充柱相比,毛细管柱的优点为:分离效能高,分析速度快,样品用量少,可在几十分钟内分离出包含几百种化合物的汽油馏分,然而样品用量仅需数微克。

7.1.3　气相色谱的分离原理及特点

7.1.3.1　气相色谱的分离过程

气相色谱实质上是一种物理化学的分离方法,其分离过程大致如下(图 7.4):

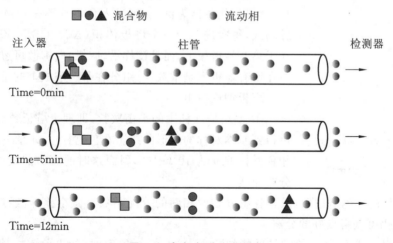

图 7.4　气相色谱分离示意

(1) 待分析样品汽化后被载气(流动相)带入色谱柱,样品通过色谱柱内的填充物(固定相)时,样品中的各组分在流动相和固定相之间连续移动并多次建立分配平衡。

(2)每种组分都倾向于在流动相和固定相之间形成分配或吸附平衡,但由于载气是流动的,这种平衡实际上很难建立起来。当两相做相对运动时,各组分在两相之间进行反复多次分配(吸附-脱附或溶解-挥发过程)。

(3)由于样品中各组分的沸点、极性或吸附性能不同,使其在两相间的分配系数不同,经过反复多次分配(从几千次到数百万次),即使组分的分配系数只有微小的差异,随着流动相的移动可以有明显的差距。

(4)结果是在载气中浓度大的组分运动速度快,而在固定相中分配浓度大的组分运动速度慢,经过一定长度的色谱柱后,各组分拉开一定距离,先后流出色谱柱进入检测器。

(5)检测器将各组分的浓度转变为电信号,而电信号的大小与被测组分的量或浓度成正比,这些信号经放大并绘制成强度与时间的关系图,就形成了气相色谱图。

7.1.3.2 塔板理论和速率理论

气相色谱法的理论基础主要表现在两个方面,即色谱过程动力学和色谱过程热力学,也可以这样说,组分是否能分离开取决于其热力学行为,而分离得好不好则取决于其动力学过程。目前,用于描述色谱过程中的热力学行为的理论是塔板理论,用于描述色谱过程中的动力学过程的理论是速率理论。

(1)塔板理论

塔板理论是 Martin 等人于 1941 年提出的色谱热力学平衡理论,该理论将色谱分离过程比作蒸馏过程,把色谱柱比作一个精馏塔,沿用精馏塔中塔板的概念来描述组分在两相间的分配行为,同时引入理论塔板数作为衡量柱效率的指标,即色谱柱是由一系列连续的、相等的水平塔板组成。由于流动相在不停地移动,组分就在这些塔板间隔的气液两相间不断地达到分配平衡。

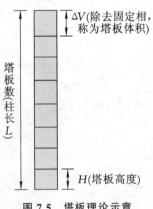

图 7.5　塔板理论示意

塔板理论假设(图 7.5):①在柱内一小段长度 H 内,组分可以在两相间迅速达到平衡。这一小段柱长称为理论塔板高度 H;②以气相色谱为例,载气进入色谱柱不是连续进行的,而是脉动式,每次进气为一个塔板体积(ΔV);③所有组分开始时存在于第 0 号塔板上,而且试样沿轴(纵)向扩散可忽略;④分配系数在所有塔板上是常数,与组分在某一塔板上的量无关。

塔板理论指出:

① 当溶质在柱中的平衡次数,即理论塔板数 n 大于 50 时,可得到基本对称的峰形曲线。在色谱柱中,n 值一般很大,如气相色谱柱的 n 为 $10^3 \sim 10^6$,因而这时的流出曲线可趋近于正态分布曲线。

② 当样品进入色谱柱后,只要各组分在两相间的分配系数有微小差异,经过反复多次的分配平衡后,仍可获得良好的分离。

③ 通常用 n 或 H 作为描述柱效能的一个指标,在 t_r 一定时,如果色谱峰越窄,则说明 n 越大、H 越小,柱效能越高。n 与半峰宽及峰底宽的关系式为:

$$n_{理}=5.54\left(\frac{t_r}{W_{h/2}}\right)^2=16\left(\frac{t_r}{W}\right)^2$$

$$H_{理}=\frac{L}{n}$$

式中 L 为色谱柱的长度，t_r 及 $W_{h/2}$ 或 W 用同一单位(时间或距离)。

塔板理论是一种半经验性理论,它用热力学的观点定量说明了溶质在色谱柱中移动的速率,成功解释了流出曲线的形状,并提出了计算和评价柱效能高低的参数。但是,色谱过程不仅受热力学因素的影响,而且还与分子的扩散、传质等动力学因素有关,因此塔板理论只能定性地给出板高的概念,却不能解释板高受哪些因素影响,也不能说明为什么在不同的流速下可以测得不同的理论塔板数,因而限制了它的应用。

(2) 速率理论

速率理论是 1956 年荷兰学者范第姆特(Van Deemter)等在研究气液色谱时提出的色谱过程动力学理论。他们吸收了塔板理论中板高的概念,并充分考虑了组分在两相间的扩散和传质过程,从而在动力学基础上较好地解释了影响板高的各种因素。该理论模型对气相、液相色谱都适用。

速率理论认为,单个组分分子在色谱柱内固定相和流动相间要发生千万次转移,加上分子扩散和运动途径等因素,它在柱内的运动是高度不规则的,是随机的,在柱中随流动相前进的速率是不均一的。与偶然误差造成的无限多次测定的结果呈正态分布相类似,无限多个随机运动的组分粒子流经色谱柱所用的时间也是正态分布的。

速率理论更重要的是把色谱过程看作一个动态非平衡过程,研究了过程中的动力学因素对板高的影响,提出了范第姆特方程式(速率方程式),其数学简化式为

$$H=A+B/u+Cu$$

式中 u——流动相的线速度,即一定时间里载气在色谱柱中的流动距离(cm/s);

A,B,C——常数,分别代表涡流扩散系数、分子扩散项系数、传质阻力项系数。

由式中关系可见,当 u 一定时,只有当 A、B、C 较小时,H 才能有较小值,才能获得较高的柱效能;反之,色谱峰扩张,柱效能较低,所以 A、B、C 为影响峰扩张的三项因素。

A、B、C 三项又分别受填充物平均颗粒直径 d_p、组分在流动相中的扩散系数 D_g、容量因子 k 等因素的影响,将速率方程式扩展可得气液色谱速率板高方程为

$$H=2\lambda d_p+\frac{2\gamma D_g}{u}+\left[\frac{0.01k^2}{(1+k)^2}\frac{d_p^2}{D_g}+\frac{2}{3}\cdot\frac{k}{(1+k)^2}\frac{d_f^2}{D_1}\right]u$$

式中 λ——填充不均匀因子;

d_p——填充物平均颗粒直径;

γ——阻碍因子;

D_g——组分在流动相中的扩散系数;

k——容量因子;

d_f——固定相的液膜厚度;

D_1——组分在液相中的扩散系数。

这一方程是色谱工作者选择色谱分离条件的主要理论依据,它指出了色谱柱填充的均匀

程度、填料颗粒的大小、流动相的种类及流速、柱温、固定相的液膜厚度等因素对柱效能及色谱峰扩张的影响,对于气相色谱分离条件的选择具有实际指导意义。

7.1.3.3　气相色谱的特点

气相色谱是色谱分析中的一种,在分离分析方面,具有如下一些特点:

(1)分离效率高。一般填充柱的理论塔板数可达数千,毛细管柱的理论塔板数可达一百多万,可把组分复杂的样品分离成单组分。

(2)选择性高。可以使一些分配系数很接近的以及极为复杂、难以分离的物质(如有机同系物、异构体、手性异构体等)获得满意的分离。

(3)灵敏度高。可以检测 $10^{-11} \sim 10^{-13}$ g 级别的物质,可作超纯气体、高分子单体的痕量杂质分析和空气中微量毒物的分析。

(4)分析速度快。一般在几分钟或几十分钟内可以完成一个试样的分析,有利于指导和控制生产。

(5)应用范围广。适用于沸点低于 400℃ 的各种有机或无机试样的分析,即可分析低含量的气、液体,也可分析高含量的气、液体,可不受组分含量的限制。

(6)所需试样量少。一般气体样需几毫升,液体样需几微升或几十微升。

(7)设备和操作比较简单,仪器价格便宜。

(8)不适用于高沸点、难挥发、热不稳定物质的分析;被分离组分的定性较为困难。

7.1.4　气相色谱的分离效果

色谱分析的目的是将样品中各组分彼此分离,因此色谱分离的效果才是最终判断一个色谱技术成功与否的标准。为了判断相邻两组分在色谱柱中的分离情况,通常用分离度 R 作为衡量色谱柱的分离效能指标。

7.1.4.1　分离度

分离度(Resolution)又称分辨率,是指相邻两色谱峰保留时间之差与两组分色谱峰的峰底宽度之和的一半的比值,用 R 表示,即

$$R = \frac{t_{r(2)} - t_{r(1)}}{\dfrac{W_1 + W_2}{2}} = \frac{2[t_{r(2)} - t_{r(1)}]}{W_1 + W_2}$$

由上式可知:相邻两组分保留时间的差值反映了色谱分离的热力学性质,色谱峰的宽度则反映了色谱过程的动力学因素,因此分离度 R 概括了这两方面的因素,并定量地描述了混合物中相邻两组分的实际分离效果,所以 R 是既能反映柱效率又能反映选择性的指标,称为总分离效能指标,是一个综合性指标。

R 值越大,表明相邻两组分分离越好。对于峰形对称且满足正态分布的色谱峰(图 7.6):
①当 $R < 1$ 时,相邻两峰有部分重叠;②当 $R = 1.0$ 时,相邻两组分分离程度可达 98%,称为 4σ 分离,两峰基本分离,裸露峰面积为 95.4%,内侧峰基重叠约 2%;③当 $R = 1.5$ 时,相邻两组分分离程度可达 99.7%,称为 6σ 分离,裸露峰面积为 99.7%。

所以,通常用 $R = 1.5$ 作为相邻两组分已完全分离的标志,$R \geqslant 1.5$ 称为完全分离。

7.1.4.2　色谱分离方程式

在色谱分析中,对于难分离的两个组分,由于它们的保留值和分配系数差别小,可以近似

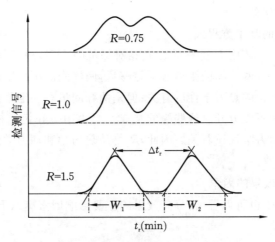

图 7.6 不同分离度时色谱峰分离的程度

认为 $W_1 \approx W_2 = W$，$k_1 \approx k_2 = k$，则：

$$R = \frac{2[t_{r(2)} - t_{r(1)}]}{W_1 + W_2} = \frac{t_{r(2)} - t_{r(1)}}{W}$$

由 $n = 16\left(\dfrac{t_r}{W}\right)^2$ 得

$$W = \sqrt{\frac{16 t_{r(2)}^2}{n}} = \frac{4 t_{r(2)}}{\sqrt{n}}$$

又根据 $\dfrac{t'_{r(2)}}{t_0} = k_2$ 得

$$\frac{t'_{r(2)}}{t'_{r(1)}} = \frac{t_{r(2)} - t_0}{t_{r(1)} - t_0} = \frac{k_2}{k_1} = r_{2,1}$$

所以

$$R = \left(\frac{\sqrt{n}}{4}\right)\left(\frac{r_{2,1} - 1}{r_{2,1}}\right)\left(\frac{k}{k+1}\right)$$

在实际应用中，往往用 n_{eff} 代替 n，即

$$n = \left(\frac{1+k}{k}\right)^2 \cdot n_{eff}$$

故最终为

$$R = \frac{\sqrt{n_{eff}}}{4} \cdot \left(\frac{\alpha - 1}{\alpha}\right)$$

式中　$\dfrac{\sqrt{n}}{4}$ ——柱效项；

$\left(\dfrac{\alpha - 1}{\alpha}\right)$ ——柱选择项；

$\left(\dfrac{k}{k+1}\right)$ ——容量因子项；

$\alpha = r_{2,1}$——相对保留因子。

上式称为色谱分离的基本方程式。

由分离方程式可知,分离度 R 受柱效(n)、相对保留因子(α)和容量因子(k)三个参数的控制。组分要达到完全分离,两峰间的距离必须足够远,两峰间的距离是由组分在两相间的分配系数决定的,即与色谱过程的热力学性质有关;但是两峰间虽有一定距离,如果每个峰都很宽,以致彼此重叠,两峰还是不能分开。这些峰的宽或窄是由组分在色谱柱中传质和扩散行为决定的,即与色谱过程的动力学性质有关。因此,R 是从热力学和动力学两方面来全面反映相邻两峰分离程度的重要参数。

7.1.4.3 影响分离效果的因素

从色谱分离方程式中也可以看出,分离效果的主要影响因素有以下三个方面:

(1)色谱柱效 n

具有一定相对保留值 α 的物质对,分离度直接和有效塔板数有关,说明有效塔板数能正确地代表柱效能,而分离方程式表明分离度与理论塔板数的关系还受热力学性质的影响。当固定相确定,被分离物质对的 α 确定后,分离度将取决于 n。这时,对于一定理论塔板高的柱子,分离度的平方与柱长成正比,即

$$\left(\frac{R_1}{R_2}\right)^2 = \frac{n_1}{n_2} = \frac{L_1}{L_2}$$

随着 n 增大,$\sqrt{n_{\text{eff}}}$ 增大,R 也随之增大。

增加 n 的方法:

① 降低板高 H,制备性能优良的柱子,在最优化的条件下操作。

② 增加柱长 L。若系统压力不变,则必须降低流速,延长分析时间,色谱峰扩展;若分析时间不变,则必须增大柱压,对设备要求提高。

(2)容量因子 k

容量因子 k 又称为分配比,是组分在固、液两相中质量分配的比值,取决于组分及固定相的热力学性质,随柱温、柱压的变化而变化,还与流动相及固定相的体积有关。两个组分的 k 值相等,则色谱峰必将重合,说明分不开。k 值相差越大,则分离得越好。因此两组分具有不同的分配系数是色谱分离的先决条件。

研究证明:当 k 很小时,$\frac{k}{k+1}$ 随 k 增大,R 迅速增大;当 $k > 5$ 以后,k 增大,R 缓慢增大;当 $k > 10$ 后,增大 k 对 R 的增大效果微乎其微,反而使分析时间显著增加。因此,k 的最佳变化范围是 $1 \leqslant k \leqslant 10$。

改变 k 的方法:①改变固定相;②改变柱温(GC)或流动相(LC);③改变相比 β(改变固定相量 V_s 及柱死体积 V_m)。

(3)色谱柱选择性

相对保留因子 α(或 $r_{2,1}$)又称选择因子,是色谱柱选择性的量度。α 越大,柱选择性越好,分离效果越好。当 $\alpha = 1$ 时,$R = 0$,此时无论怎样提高柱效也无法使两组分分离。

研究发现:当 α 值为 $1\sim2$,α 的微小变化就能引起分离度的显著变化。一般通过改变固定

相和流动相的性质和组成或改变柱温,可有效增大 α 值。

综上所述,分离度、柱效、柱选择性的关系如下式

$$L=16R^2 \cdot H_{eff}\left(\frac{\alpha}{\alpha-1}\right)^2 = n_{eff} \cdot H_{eff}$$

α、n、k 对 R 值的影响可用图 7.7 分析:

① 改变 k 对分离产生很大的影响,若原始 k 为 $0.5\sim$ 2,k 减小,t_r 减小,R 减小;k 增大,R 增大,峰高降低,峰宽增大。

② 若在柱长不变的情况下提高 n,t_r 不变,峰高增高,峰宽减小,R 增大。当 n 提高到原来的 3 倍,R 提高到原来的 1.7 倍。

③ 提高 α,两峰发生相对位移,R 增大。当 α 从 1.01 提高到 1.1,提高约 9%,则 R 提高到原来的 9 倍。所以,选择合适的固定相提高 α 是改善气相色谱分离度最有效的方法。

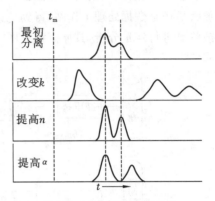

图 7.7　影响分离度的因素

7.2　气相色谱仪的基本知识

7.2.1　气相色谱仪的基本构造

气相色谱仪是一种以气体为流动相,采用冲洗法的柱色谱技术对多组分混合物进行分离、分析的多用途高性能仪器。气相色谱仪由气路系统、进样系统、分离系统、温控系统、检测记录系统五大系统组成,如图 7.8 所示。

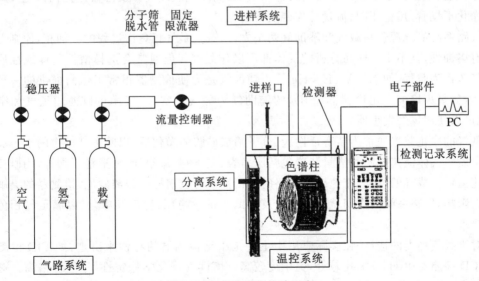

图 7.8　气相色谱仪构造示意

载气（流动相）从高压钢瓶（载气瓶）中流出，经减压阀降压到所需压力后，通过净化干燥器使载气净化，再经稳压阀和转子流量计后，以稳定的压力、恒定的速度流经汽化室与汽化的样品混合。载气将样品气体带入色谱柱（固定相）中进行分离，分离后的各组分随着载气先后流入检测器，然后载气放空。检测器将不同浓度的各组分物质转变为强弱不同的电信号，信号经放大后送至数据处理工作站，得到色谱图。根据色谱峰的保留时间进行定性分析，根据峰面积或峰高进行定量分析，具体流程见图 7.9。

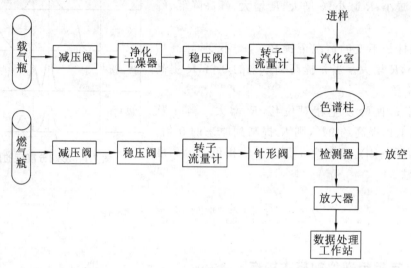

图 7.9　气相色谱仪流程示意

7.2.1.1　气路系统

气路系统是指载气及其他气体（燃烧气、助燃气）流动的管路和控制、测量元件，包括气源、气体净化器、气路控制系统。所用的气体从气源（高压气瓶或气体发生器）逸出后，通过减压和气体净化干燥管，用稳压阀、流量计控制所需的流量。

气路系统的气源包括载气和辅助气两个方面，载气是气相色谱过程的流动相，原则上说只要没有腐蚀性，且不干扰样品分析的气体都可以作载气。但通常会选择惰性气体或性质较稳定的气体作为载气，如 N_2、Ar、H_2、He 等。辅助气是为使检测器正常工作而提供的一种辅助性气体，如氢火焰离子化检测器（FID）的辅助气为氢气和空气，气源可以使用氢气和空气钢瓶，也可以使用氢气发生器。

载气的净化装置通常为装有活性炭、分子筛或硅胶的净化器，以除去载气中的水、氧、有机物等杂质。气体流速控制和测量装置包括压力表、减压阀、流量计、针形稳压阀等，用以控制载气流速恒定。载气的纯度、流速以及气路的气密性等对色谱柱的分离效能、检测器的灵敏度均有很大影响，气路系统的作用就是将载气及辅助气进行稳压、稳流及净化，以满足气相色谱分析的要求。

对于载气种类的选择，在实际应用中主要是根据检测器的特性来决定，如 FID 检测器用 N_2，TCD 检测器用 H_2、He 比较好，灵敏度较高。惰性气体化学稳定性好，但价格高。对于气体的纯度，建议在满足分析要求的前提下，尽可能选用纯度较高的气体。这样不但会提高仪器的灵敏度，而且会延长色谱柱和仪器原件（如气路控制部件、气体过滤器等）的使用寿命。

7.2.1.2 进样系统

进样系统包括进样装置和汽化室,它的功能是引入试样,并使试样瞬间汽化。

气体样品的进样装置为六通阀,分推拉式和旋转式两种。试样首先充满定量管,切入后,载气携带定量管中的试样气体进入分离柱[图 7.10(a)],进样量的重复性可达 0.5%。气体样品也可以先使用吸附管采样(如室内空气中的 TVOC 和苯),然后使用热解吸装置(7.2.2 节中详述)与六通阀连接进行进样。

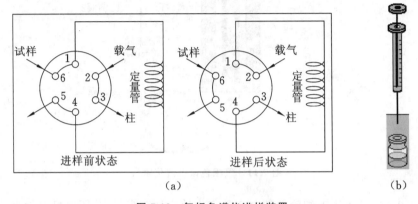

图 7.10 气相色谱仪进样装置

(a)气体进样器;(b)液体进样器

液体样品的进样装置一般采用专用的微量注射器[图 7.10(b)],重复性比较差,在使用时,注意进样量与所选用的注射器相匹配,最好是在注射器最大容量下使用(手动进样)。新型的气相色谱仪都带有全自动液体进样器,清洗、润冲、取样、进样、换样等过程自动完成,一次可放置数十个试样,重复性很好(自动进样)。

汽化室是进样系统中的重要部件,其作用是把液体样品瞬间加热变成蒸气,然后快速定量地由载气送入色谱柱分离系统中。汽化室进样一般可分为分流模式和不分流模式两种(SSI),当进样量较小时,为确保检测器上有足够强的信号,一般采用不分流模式,即关闭汽化室旁边的分流阀(图 7.11)。但大多数情况下都采用分流模式进样,因为在毛细管柱气相色谱中,毛细管柱固定相的样品容量很小,进样量较大时,汽化后的样品只有一小部分被载气带入色谱柱,大部分从分流阀放空。

若采用分流模式进样,需要考虑一个参数——分流比,即

$$分流比 = \frac{分流出口流量 + 柱流量}{柱流量}$$

分流比是进样系统中一个重要的参数,因为进样的多少、进样时间的长短、试样的汽化速度等都会影响色谱的分离效果和分析结果的准确性和重现性。

7.2.1.3 分离系统

分离系统主要由色谱柱组成,是气相色谱仪的心脏,它的功能是使混合样品中各组分在柱内运行的同时得到分离。人们通常根据色谱柱中固定相的不同将气相色谱分为气固色谱和气液色谱(7.1.2 节中详述),由于气固色谱的固定相选择余地较小使其使用范围受到限制,目前使用更广泛的是气液色谱的色谱柱。色谱柱的基本类型也有两种:填充柱和毛细管柱(两者的

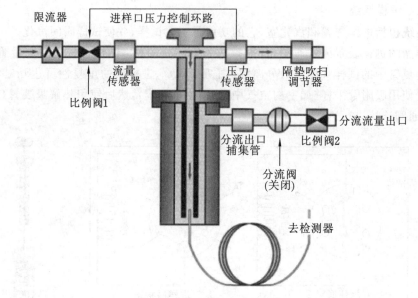

图 7.11　气相色谱仪汽化室

比较详见 7.1.2.3 节），由于毛细管柱的分离效率比填充柱要高得多，所以目前大多选择毛细管色谱柱。

对于毛细管气液色谱柱，目前使用最多的类型为壁涂毛细管柱，即在内径为 0.1～0.3mm 的中空石英毛细管的内壁上直接涂渍固定液，所以通常描述毛细管柱的参数有柱长、柱内径、固定液和液膜厚度。

对于柱长的考虑：由于分离度正比于柱长的平方根，所以增加柱长对分离是有利的，但增加柱长会使各组分的保留时间增加，延长分析时间。因此，在满足一定分离度的条件下，应尽可能使用较短的柱子。若即使选择最长规格的色谱柱依然无法满足分离度的要求，需考虑更换固定相或膜厚。通常使用的标准柱长为 25～30m，可满足大部分应用需求。对于特别复杂的样品分析，可考虑 50m 以上的长色谱柱。

对于柱内径的考虑：较小的内径可以获得更好的分离度，或者在更短的时间内获得同样的分离度。增加色谱柱的内径，可以增加分离的样品量，但由于纵向扩散路径的增加，使柱效降低。内径 0.10mm 的毛细管柱适用于快速气相色谱分析；内径 0.25mm 的毛细管柱具有较高的柱效，用于标准的 GC-MS 分析和分流/不分流进样；内径 0.32mm 的毛细管柱中等柱效，多用于不分流进样。

对于固定液和液膜厚度的考虑：固定液的选择一般遵循"相似相溶"的原则（选择方法详见 7.1.2.2 节），根据组分极性来选择适合的固定相，从而来选择适当的色谱柱，常见有机物的极性变化如图 7.12 所示。

极性　　　　　　　　　　　　　　　　　　　　　　　　　　　　非极性

水　甲醇　异丙醇　　乙腈　THF　乙酸乙酯　CH_2Cl_2　$CHCl_3$　己烷

NH_3X/ArOH/RCOOH　CNH_2　ROH　RCN　醛/酮　N(R)$_2$　NO_2　卤代烷烃　烷烃

图 7.12　常见有机物的极性变化图

液膜厚度的改变将直接影响分离度和化合物的流出温度。膜越厚,保留越强,分离度越好,流出温度相应也越高。标准膜厚为 $0.25\sim0.50\mu m$,应用最为广泛,对于流出温度达到 300℃的大多数样品分析效果良好。气相色谱仪常用的毛细管柱见表7.2。

表 7.2   常用的毛细管柱

固定相	化学成分	极性	应用范围	对应产品
SE-30	100%聚甲基硅氧烷	非极性	碳氢化合物、农药、酚、胺	DB-1 BP-1 OV-1 HP-1 AT-1
OV-101	100%聚甲基硅氧烷	非极性	碳氢化合物、氨基酸	HP-100 SP-2100
SE-52 SE-54	5%聚苯基硅氧烷,1%乙烯基,5%聚苯基甲基硅氧烷	非极性	多核芳烃、酚、酯、碳氢化合物、药物、胺	HP-5 DB-5
OV-1701	77%氰丙基,7%聚苯基甲基硅氧烷	中极性	芳烃、药物、醇、酯、硝基苯类	DB-1701 BP-1701 HP-1701 AT-1701
OV-17	50%苯基,50%聚二甲基硅氧烷	中极性	药物、多环芳烃、甾族化合物	DB-17 HP-17 AT-50
OV-225	25%氰丙基,25%聚苯基甲基硅氧烷	强极性	脂肪酸甲酯、酚类、卤代烃	DB-225 BP-225 HP-225 AT-225
PEG-20M	聚乙二醇-20M	强极性	脂肪酸甲酯、香料、溶剂、醇及醚、白酒	DB-Wax HP-20 BP-20 MAT-Wax

7.2.1.4 温控系统

温度是气相色谱分离条件的重要选择参数。汽化室、分离室、检测器三部分在色谱仪操作时均需控制温度,所以气相色谱仪的温控系统包括这三部分的温度控制器件。汽化室的温度需保证液体样品瞬间汽化而又不发生分解,准确控制分离室的温度以确保色谱柱分离的需要,检测器的温度需保证被分离后的组分通过时不在此处冷凝。

气相色谱仪中的色谱柱放置于温度由电子电路精确控制的恒温箱内,通常所说的"柱温"实际上指的就是恒温箱的温度。柱温的选择对气相色谱的分析速度和分离效果都至关重要,样品通过色谱柱的速率与温度正相关。降低柱温可使色谱柱的选择性增大,但升高柱温可以缩短分析时间。柱温越高,样品通过色谱柱越快。但是,样品通过色谱柱越快,与固定相之间的相互作用就越少,分离效果就越差。所以,柱温的选择是综合考虑分离时间与分离度的结果。

通常来说,对于组分简单的样品,可采用恒温方法分离,即柱温在整个分析过程中保持恒定的方法。但大多数情况下,复杂样品均需采用程序升温的方法进行分离,即分离室温度需要按一定控温程序变化,柱温随着分析过程的进行逐渐上升,各组分在最佳温度下得到分离。初温及持续时间、升温速率(温度"斜率")、末温及持续时间统称为控温程序。程序升温使得较早被洗脱的被分析物能够得到充分的分离,同时又缩短了较晚被洗脱的被分析物通过色谱柱的时间,获得较理想的分离效果,如图 7.13 所示。

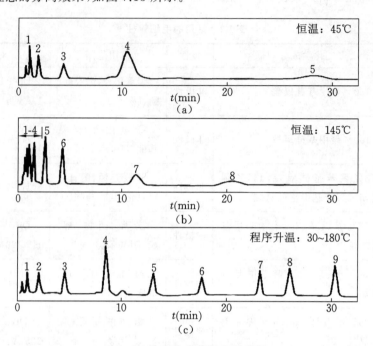

图 7.13　气相色谱仪柱温的选择

(a)温度低,分离效果较好,但分析时间长;(b)温度高,分析时间短,但分离效果差;(c)程序升温,分离效果好,且分析时间短

7.2.1.5　检测记录系统

检测记录系统是指从色谱柱流出的各个组分,经过检测器把浓度(或质量)信号转换成电信号,并经放大器放大后由记录仪显示出最终获得分析结果的装置,它包括检测器、放大器和记录仪。其中检测器是检测记录系统的主要装置,也是气相色谱仪的核心部件,被称为气相色谱仪的"眼睛"。

检测器的种类有很多,根据检测原理可分为浓度型和质量型两类,根据应用范围可分为通用型(对所有物质均有响应)和选择型(对特定物质有高灵敏响应)两类,根据工作过程可分为破坏型和非破坏型两类。常见的检测器有氢火焰离子化检测器(FID)、热导池检测器(TCD)、电子捕获检测器(ECD)、火焰光度检测器(FPD)、氮磷检测器(NPD)、质谱检测器(MSD)等,详见表 7.3。

表 7.3　常见的检测器

检测器名称	TCD	FID	ECD	FPD	NPD	MSD
检测方法	物理常数法	气相电离法	气相电离法	光度法	气相电离法	质谱法
工作原理	热导率差异	火焰电离	化学电离	分子发射	热表面电离	电离与质量色散结合

续表7.3

检测器名称	TCD	FID	ECD	FPD	NPD	MSD
类型	浓度型 通用型 非破坏性	质量型 准通用型 破坏性	质量型 选择型 非破坏性	浓度型 选择型 破坏性	质量型 选择型 破坏性	质量选择型
灵敏度	≥2500mV·mL/mg	≤10^{-11} g/s	≤10^{-13} g/s	硫≤10^{-10} g/s 磷≤10^{-11} g/s	氮≤5×10^{-11} g/s 磷≤2×10^{-12} g/s	
线性范围	≥10^4	≥10^6	≥$10^2\sim10^4$	硫≥10^2 磷≥$10^3\sim10^4$	10^5	10^5
应用范围	所有化合物	有机化合物	电负性化合物	硫、磷化合物	氮、磷化合物、 农药残留	所有化合物 (结构检定)

氢火焰离子化检测器,简称氢焰检测器,又称火焰离子化检测器(Flame Ionization Detector,简称FID),是目前有机物分析中应用最广泛的一种质量型检测器。它主要部件是离子室,H_2(燃气)与载气在进入喷嘴前混合,空气(助燃气)由一侧引入,在火焰上方筒状收集电极(作正极)和下方的圆环状极化电极(作负极)间施加恒定电压(图7.14)。

FID检测器的工作原理:当待测有机物由载气携带从色谱柱流出,进入火焰后,在火焰高温(2000℃左右)作用下发生离子化反应,生成的许多正离子和电子,在外电场作用下,向两极定向移动,形成了微电流(微电流的大小与待测有机物含量成正比),微电流经放大后,由记录仪记录下来。

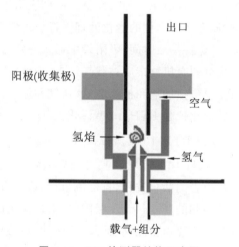

图7.14 FID检测器结构示意图

FID检测器的优点:结构简单,稳定性好,响应迅速,死体积小,线性范围宽,对大多数有机化合物具有很高的灵敏度(比TCD检测器高100~1000倍),适合于痕量有机物的分析。

FID检测器的缺点:FID检测器属于破坏性选择型检测器(只对碳氢化合物产生信号),样品被破坏,无法进行收集,对无机气体、水、四氯化碳等含氢少或不含氢的物质灵敏度低或不响应,不能检测永久性气体及 H_2O、H_2S 等。

使用FID检测器的注意事项:①载气、氢气和空气须过滤净化,一般常用分子筛、活性炭和硅胶作为干燥净化剂,定期更换干燥净化剂;②选择FID的操作条件时应注意所用气体流量和工作电压,一般 N_2 和 H_2 流速的最佳比为1:1~1.5:1(此时灵敏度高、稳定性好),氢气和空气的比例为1:10,极化电压一般为100~300V;③当分析样品水分太多或进样量太多时,会使火焰温度下降,影响灵敏度,有时甚至会使火焰熄灭;④离子头、管道和离子室必须清洁,不得被有机物污染,否则引起本底电流增大,噪声增大,灵敏度降低,若不清洁,可用水、酒精和苯依次清洗烘干；⑤应在氢气通气半小时以上再点火，以免火点不着，等火点着了以后再通尾吹气。

记录系统除了记录仪，还包括数据处理系统，即色谱工作站。目前大多数气相色谱仪均配备操作软件包的工作站，用计算机控制，既可以对色谱数据进行自动处理，又可对色谱系统的参数进行自动控制。

7.2.2　吸附管活化仪和热解吸仪

对于使用吸附管采样的气体样品（如室内空气中的 TVOC 和苯），吸附管活化仪和热解吸仪是气相色谱法定量分析必不可少的辅助设备，两者可以是集成为一体的装置，也可以是互相独立的两台设备。

7.2.2.1　吸附管活化仪

吸附管活化仪又叫采样管老化炉，是在热解吸仪的基础上，利用升温脱附的原理，对采样吸附管进行活化处理的设备。所谓吸附管的活化处理，就是在采样前对吸附管进行净化预处理，原理和色谱柱的老化处理一样。对需采样的吸附管加热，并在较高温度下（一般在 300℃以上）保持一段时间，吸附管中通入一定流量的氮气，使吸附管中的吸附剂在高温下将其吸附的水分和有机物杂质被载气带走，起到净化吸附剂的作用，从而降低气体样品的本底值。活化仪主要包括加热和控温装置、通气和流量调节装置以及定时装置等几个部分，目前使用比较普遍的活化仪是 BTH-10 型活化仪（图 7.15）。

（1）BTH-10 型活化仪

BTH-10 型活化仪具有独立控温系统，不需外接其他任何控温设备，即可独立完成 1～10支吸附管的活化过程，自带流量计，显示直观，操作简单。适用于民用建筑工程环境检测、大气环境检测的 Tenax-TA 吸附管、活性炭吸附管以及农业及科研项目中采样管等活化处理。该活化仪主要由截断阀、针阀、流量计、控温单元、支架和壳体等部件组成，其气路流程如图 7.16所示。

图 7.15　BTH-10 型活化仪

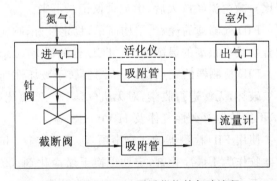

图 7.16　BTH-10 型活化仪的气路流程

该活化仪的功能特点：①可同时最多处理 10 支采样管；②气体流量 0～1000mL/min 连续可调；③升温速度快，控温范围 50～400℃，控温精度±2℃；④具有定时提醒功能，定时范围

0～99min。

（2）使用活化仪的注意事项

① 安装吸附管时需注意气密性，确保无漏气现象。若活化的吸附管数量少于 10 支时，需将多余的接头用加热盒两侧的盲堵密封。

② 氮气流量的设置：一般设定流量为 0.5～1.0L/min。

③ 活化温度的设置：活化温度需根据吸附剂的种类、将要采集的气体样品、热解吸的温度等因素综合考虑。温度太低，不能使吸附剂上高沸点的杂质脱附，吸附管活化不干净；温度太高会使吸附剂的多孔结构坍塌，缩短吸附管的使用寿命。但必须保证活化温度高于热解吸温度，Tenax-TA 吸附管和活性炭吸附管的活化温度一般设在 300～350℃。

④ 活化时间的设置：活化时间可根据氮气流量、活化温度来确定，若氮气流量较大、活化温度较高，活化的时间就可以相应缩短，只要确保吸附管活化干净、气体样品的本底值较低就可以了。Tenax-TA 吸附管和活性炭吸附管的活化时间一般为 30min 以上。

⑤ 活化后的吸附管和加热盒内温度较高，请勿直接用手触摸，以免烫伤。

7.2.2.2 热解吸仪

利用物理（化学）吸附的方法进行样品的预处理和浓缩，然后进行气相色谱分析的方法叫作吸附浓缩气相色谱法，或者简单地说就是吸附浓缩技术和气相色谱技术的相结合。吸附浓缩气相色谱法包括以下几个主要操作步骤：吸附→解吸→气相色谱分析，室内空气中的总挥发性有机物含量（TVOC）和苯的指标就是按照这个步骤进行测定。分散在液体、固体或气体中的痕量杂质，可以利用优先吸附或吸收的方式从其母体中抽提出来，一般都采用各种吸附剂。而回收被吸附的溶剂（杂质）通常用热解吸或溶剂洗脱两种方法。因此，吸附浓缩气相色谱法不仅能得到更浓的目标分析物，增加痕量组分的浓度，而且还能除去绝大部分的主组分。由于被分析物浓度变高，因此，对载气纯度和仪器气密性的要求都相对要低一些。正因为如此，热解吸仪（图 7.17）越来越受到人们的重视，尤其在对大气污染、高纯气体、石油化工、食品等分析测试方面成为不可缺少的工具。

图 7.17　热解吸仪

热解吸仪又称为热脱附仪，是气相色谱仪对气体样品进行定量与定性检测时的样品前处理设备，其工作原理是：待测的气体样品被吸附在采样管中，对吸附管加热时，吸附在吸附剂上的挥发性有机物会发生脱附，变成有机物蒸气被收集，然后被一定流量的载气送入气体进样器（六通阀），待测样品随载气按照一定进样量进入色谱柱进行分析。

目前通用的热解吸仪主要包括加热和控温装置、载气和流量调节装置、自动进样装置等几个部分，工作过程包括解吸、进样、反吹三个步骤。

（1）解吸过程中，最重要的是选择合适的解吸温度，该温度要求高于色谱柱程序升温的最终温度，确保能流出色谱柱的组分全部被脱附下来。但解吸温度又必须低于吸附管的活化温度,避免将吸附管中高沸点的杂质解吸下来。对于室内空气样品的 Tenax-TA 吸附管和活性炭吸附管,解吸温度一般为 280~300℃。另外,解吸过程中需注意载气流动的方向,应与采样时空气流动的方向相反。

(2) 热解吸进样,最关键的是使进入色谱柱的样品不发生谱带扩宽而保持"塞子"形。在系统接入进样器后关闭热解吸系统的载气,待解吸腔升温至终点温度后通入载气,样品随气流以较窄的形式进入色谱系统。解吸后的样品气体通过进样阀以一定量快速进入气相色谱仪中,选择合适的进样时间非常重要,进样时间过短,进样不完全;进样时间太长,色谱峰会变宽,降低分离度,进样时间一般设定为 10s。热解吸进样也可以使用注射器进行手动进样,但重复性较差,目前基本不用。

(3) 热解吸的反吹过程主要是为了解决样品残留的问题,吸附管上没有完全解吸下来的残留样品在反吹过程中被排掉,其实也是一个吸附管净化的步骤。

图 7.17 中是单只吸附管解吸、手动换样的热解吸仪。目前很多单位也在使用多只吸附管解吸、全自动换样的热解吸仪(图 7.18),其重复性较好,自动化程度高,只是成本较高。

图 7.18　双通道全自动热解吸仪

7.2.3　气相色谱仪的操作规程

以 Agilent 6890N 型气相色谱仪为例,操作过程包括:操作前预备、开机、方法及其参数设置、编辑及样品运行、数据处理、关机等。

7.2.3.1　操作前预备

(1) 色谱柱的检查与安装:首先打开柱温箱门看是否为所需用的色谱柱,若不是,则换上所需色谱柱。

(2) 检查所有电路是否连接正确。

(3) 检漏:用检漏液检查柱及管路是否漏气。

7.2.3.2　开机

(1) 接通电源,打开计算机,然后开启主机,主机进行自检,自检通过主机屏幕显示"power on successful",双击计算机桌面的"仪器 1 或 2 联机"图标,使仪器和工作联结。

(2) 打开气源:分别将氮气、氢气、空气三个钢瓶打开,先开总阀,再开减压阀,查看压力表显示是否正常,减压阀的压力一般为 0.3~0.5MPa。

(3) 打开热解吸仪,设置热解吸的相关参数。

7.2.3.3　调用或编辑新方法

(1) 若所需的方法工作站内已有保存,则点击"方法→调用方法",选择所用的方法。

(2) 若工作站内没有所需的方法,则点击"方法→编辑完整的方法",勾选方法信息,仪器参数/数据采集,运行时间顺序表,然后单击"确定"。

(3) 打开"方法注释"窗口,如有需要输入方法信息(方法用途等),单击"确定";

（4）打开"选择进样源"窗口，选择"手动或 GC 进样器"，然后选择"前或后"进样口，单击"确定"。

7.2.3.4　方法设置

（1）"进样器设置"：选择"进样量"和输入"清洗和抽吸"的次数。

（2）"进样口"参数设置：输入"进样口温度""隔垫吹扫速度"，选择"分流模式、不分流模式、脉冲分流模式、脉冲不分流模式"中的一种；假如选择"分流或脉冲分流"模式，输入"分流比"。完成后单击"确定"。

（3）"CFT 设置"参数设置：选择"恒流或恒压模式"，并输入"柱流速或压力值"。完成后单击"确定"。

（4）"柱温"参数设置：选择"柱箱温度为开"；输入恒温分析或者程序升温设置参数；如有需要，输入"平衡时间""后运行时间"。完成后单击"确定"。

（5）"检测器"参数设置：勾选"检测器温度""氢气流速""空气流速""尾吹速度""点火"和"静电计"，并对前四个参数输入分析所要求的量值。完成后单击"确定"。

（6）储存方法：单击"方法"菜单，选中"方法另存为"，输入新的方法名称，单击"确定"完成。

7.2.3.5　编辑及样品运行

（1）从"序列"菜单中选择"序列参数"选项，输入操纵者名称，在"子目录"输入保留文件夹名称，并选择"自动"或者"前缀/计数器"，完成后单击"确定"。

（2）从"序列"菜单中选择"新建序列"选项，选择"前或后"注射器，输入对应的样品瓶位、样品名称、方法名称、进样次数、样品类型、样品量、稀释倍数、进样量等。然后点击"确定"，从"序列"菜单中选择"序列另存为"选项，输入序列名称，点击"确定"。

（3）待工作站提示"准备就绪"且仪器基线平衡后，从"运行控制"菜单中选择"运行序列"选项，开始进样采集数据。

7.2.3.6　数据处理

双击计算机桌面的(仪器 1 或 2 脱机)图标，进入色谱工作站。

（1）查看数据

① 选择数据：单击"文件"—"调用信号"，选择要处理的数据的"文件名称"，单击"确定"。

② 选择方法：单击打开图标，选择需要的方法的"方法名称"，单击"确定"。

（2）积分

① 单击菜单"积分"—"自动积分"。积分结果不理想，再从菜单中选择"积分"—"积分事件"选项，选择合适的"斜率灵敏度""峰宽""最小峰面积""最小峰高"。

② 从"Integration"菜单中选择"Integrate"选项，则按照要求，数据被重新积分。

③ 如积分结果不理想，则重复①和②操作，直到满足为止。

7.2.3.7　建立新校正曲线

（1）调出第一个标样谱图：单击菜单"文件"—"调用信号"，选择标样的"文件名称"，单击"确定"。

（2）单击菜单"校正"—"新建校正表"：弹出"校正"窗口，选择"自动设置"，根据需要输入"校正级"和"含量"，或者接受默认选项，单击"确定"。

（3）假如（2）中没有输入"含量"，则在此时输入，并输入"化合物名称"。

（4）增加一级校正：单击菜单"文件"—"调用信号"，选择另一标样的"文件名称"，单击"确定"。然后单击菜单"校正"—"添加级别"，并重复（3）步骤。

（5）若使用多级（点）校正表，重复（4）步骤。

（6）储存方法：单击"方法"菜单，选中"方法另存为"，输入新的方法名称，单击"确定"完成。

7.2.3.8　关机

（1）仪器在测定完毕后，将检测器熄火，关闭空气、氢气阀门，将炉温降至50℃以下，检测器温度降至100℃（最好50℃）以下，关闭载气阀门。将工作站退出，然后关闭所有气源。

（2）做好使用记录，如仪器在使用过程中出现异常情况，需记录在册，并立刻告知仪器负责人。

7.2.4　气相色谱仪的日常维护

7.2.4.1　气路系统的日常维护

载气系统主要包括气源（气体钢瓶或发生器）、减压阀、限流器、净化器、载气管路等部分，载气系统最主要的维护工作就是检漏和净化器的维护。

（1）气路气密性检查

气密性检查是一项十分重要的工作，若气路有漏，不仅直接导致仪器工作不稳定或灵敏度下降，而且还有发生爆炸的危险。更换钢瓶时减压阀安装不当就会发生泄漏，或者管路接头的橡胶密封圈由于长时间使用老化也会造成气密性不好。所以检漏工作应定期进行，周期视实际情况而定，无异常情况下管路接头一般4～6个月检漏一次，减压阀等部位每次更换气瓶后都需要检漏，当仪器出现异常如无压力或气压不够时，也需要进行检漏。

检漏可采用厂家提供的检漏液或者自行配制肥皂水振摇起泡，涂抹在管路连接处或阀门等有缝隙的地方，打开气源后查看涂抹的肥皂水是否有气泡产生。可先排查气瓶连接处是否有漏气情况发生，用肥皂水逐个接头检漏。查不出原因时，可能是主机内气路有漏，应联系工程师。检漏时需要注意的是，不要将载气管路长时间放空，应使用堵头堵住两端，尽量避免空气进入载气管路。还有不要把检漏液洒在电气线路上，特别是检测器和加热器的导线上。将肥皂液滴落在电路元件上，涂抹在管路上的检漏液应尽快擦干，以除去皂膜。

（2）净化器的维护

气体净化器有很多种选择，主要有氧气净化器、水分净化器、烃类净化器、综合净化器等，根据需要可独立使用，也可以几个净化器同时使用组成气路的净化系统（图7.19）。

净化器在载气系统中作用很大，可以帮助去除气源中污染设备和影响分析结果的水分、烃类、氧气等杂质，还可以吸附由于泄漏而进入管道里的杂质。若气体不纯，不但会污染样品，出现鬼峰，而且色谱柱与氧气和水分的持续接触，特别是在高温下，将会迅速导致色谱柱的严重

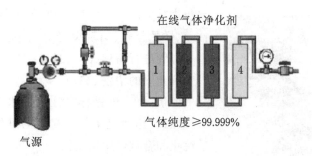

在线气体净化剂

气体纯度≥99.999%

气源

图 7.19　气路净化系统

损坏。

除了部分水分及烃类净化管可以再生处理以外,一般均为一次性使用,使用寿命视实际情况而定。可再生类净化管一般有显色指示,根据指示确定是否需要再生处理,再生处理步骤为取出吸附剂,烘箱中加热烘烤,最后干燥冷却后重新填装并连接管路。净化器的更换和处理周期应根据使用频率而定,一般为 3～5 瓶气体维护一次。

7.2.4.2　进样系统的日常维护

进样系统包括进样器、进样垫、衬管和 O 形圈等,每个部件的污染和损坏都会影响色谱分析结果。在日常分析中,由于进样失败导致峰形变宽、保留时间改变,而使分析结果不准确或无效是常有的事,根据气相色谱仪故障统计,90％的问题都发生在进样口。室内环境检测必备的热解吸仪与色谱仪的进样口连接,虽然不是色谱仪的一部分,但平时也需进行维护。

（1）隔垫

隔垫是气相色谱仪最常用的消耗品之一,其作用是将样品流路与外部隔开,进样针插入时,能保持系统内压,防止泄漏,避免外部空气渗入,污染系统。隔垫一般由耐高温、惰性好、气密性好的硅橡胶制成。由于进样针的反复穿刺,加上进样口的高温使隔垫老化,很容易造成隔垫气密性下降。

如果隔垫漏气,保留时间会偏移(载气泄漏,实际达不到设定压力),响应值会降低或峰面积的重复性变差(样品可能从泄漏处跑掉),检测出鬼峰(进样垫的碎屑污染),而且空气会扩散入进样口造成色谱柱损伤,检测器的信号噪声也会增大。

隔垫的使用寿命由进样频率和隔垫的质量决定,不同厂家、不同材质的隔垫使用寿命不同,一般隔垫可达到 100 次进样以上使用寿命,特殊隔垫(如 Agilent BTO)可达 400 次以上使用寿命。进样针头上的毛刺、尖锐的边缘、粗糙的表面或针头钝都会降低隔垫使用寿命。如发现进样口压力下降,可检查隔垫是否磨损严重,密封性变差,必要时进行更换。

更换隔垫时应先将进样口的温度降下来,用镊子操作,避免用手直接接触污染隔垫。需要注意的是:安装更换隔垫时螺帽不要拧得过紧,否则会导致隔垫过于收缩、变硬,进样隔垫更容易产生碎屑,使用寿命大幅下降,一般以不漏气稍紧一些即可。

（2）玻璃衬管

玻璃衬管是进样口的中心,主要起到样品汽化室的作用,样品在衬管中汽化并被带入色谱柱中,衬管有去活和不去活之分,也有分流和不分流之分。由于长期使用,汽化室和衬管内会

图 7.20　玻璃衬管的维护

聚集大量的高沸点物质,导致峰形变差、溶质歧视、重现性差、样品分解、出现鬼峰等结果。因此要定期对汽化室和衬管进行清理(图 7.20)。

汽化室的清洗比较简单,即卸掉色谱柱,在加热和通气的情况下,由进样口注入无水乙醇或丙酮,反复几次,最后加热通气干燥。衬管的维护保养主要是清洗、硅烷化和合理使用玻璃棉。

① 清洗:实验室内最好有干净的可替换衬管,在衬管污染后可以及时更换。如考虑到经常更换新的玻璃衬管成本比较高,也可以定期对衬管进行清洗。一般清洗主要用纯水、甲醇或无水乙醇等冲洗或超声清洗,污染严重时可把衬管浸入浓铬酸溶液中浸泡 24h 后,再用蒸馏水清洗干净,甲醇润洗,70℃烘干后干燥冷却、密封存放即可。

② 硅烷化:它可以消除载体表面的硅醇基团,减弱生成氢键作用力,使表面惰化,是消除载体表面活性最有效的办法之一。一般的方法是用 5%～8%硅烷化试剂的甲苯溶液浸泡或回流 1h 以上,然后用无水甲醇洗至中性,烘干备用。常用的硅烷化试剂有二甲基二氯硅烷(DMCS)、三甲基氯硅烷(TMCS)和六甲基二硅氨烷(HMDS)。以 DMCS 的硅烷化效果最好,HMDS 其次,TMCS 较差。

③ 合理使用玻璃棉:在大部分的实际应用中,通常可以在衬管里面填充一定量的玻璃棉以增加样品的汽化效率,同时还可以起到防止隔垫碎屑堵塞色谱柱的作用,但是如果玻璃棉未经去活或断点较多,会使得活性点增加,起到反作用。以下应用不推荐使用玻璃棉:酚类、有机酸类、农药类、胺类、滥用药物类、反应性极性化合物类、热不稳定化合物等。

(3) O 形橡胶圈

O 形橡胶圈是套在玻璃衬管外使用,作用是密封进样口顶部和底座及衬管。长期在高温下会使 O 形圈固化,不能起到密封作用。因此每次更换衬管或者 O 形圈漏气时都需要更换 O 形圈,若经常在高温下使用进样口,应当用石墨 O 形圈,虽然其使用寿命较长,但最终还会硬化,也应经常检查更换。

(4) 分流平板和金属垫片(SSI)

分流平板位于玻璃衬管下方,起密封和限流等作用,有纯铜、不锈钢、镀金等材质,以镀金最好。定期或按需检查,有污染情况可卸下用纯水或有机溶剂超声清洗,可用棉签轻柔擦拭表明,不可用硬物划伤上表面。若污染情况过于严重,也可以更换新的分流平板和金属垫片。

金属垫片起密封色谱柱与衬管连接处作用。一般为纯石墨、特氟隆、金属、按比例添加 Vespel 或 100%Vespel 等物质。纯石墨材质一般都是一次性使用,如果密封效果还可以,也可多次使用。其他材质可多次使用,以密封不漏气为准。

7.2.4.3 色谱柱的老化

室内环境检测所用的色谱柱为毛细管色谱柱,它是气相色谱分析的核心部件之一。正确使用和维护色谱柱对气相色谱分析结果的准确性和延长色谱柱的使用寿命至关重要,因此分析人员必须掌握色谱柱的正确维护方法,其中最重要的一项就是色谱柱的老化。

(1)毛细管色谱柱的老化

色谱柱使用一段时间以后,或者新的色谱柱使用之前,都需要从室温程序升温到最高温度,并在高温段保持数小时,氮气流中将残余在色谱柱中的溶剂和低沸点杂质赶走,这个过程称为色谱柱的老化。

色谱柱的老化不仅可以除去残留在柱中的杂质,起到净化的效果,而且可以使固定液在载体表面分布得更均匀,有更好的柱效。新色谱柱在样品分析之前必须进行老化,旧的色谱柱如果长时间未用,或者使用过程中出现基线不稳、鬼峰和噪声,都应该进行老化。

老化时,应关闭检测器以及空气和氢气,用无孔垫圈和柱螺帽盖上检测器接头,色谱柱的一端连接进样口,另一端放空,不与检测器连接。将氮气流压力调节合适,并在室温下通入柱内 15～30min,以赶走柱内空气,再将柱箱以 10℃/min 左右的升温速率升温,升至平时使用的最高温度以上 30℃ 左右(一般约为 280℃),保持 1h 左右即可。

毛细管色谱柱老化的时候需要特别注意的是:柱温不能高于固定液允许的最高使用温度,否则会造成固定液大量挥发流失。即使正常的色谱柱老化,也不能过度频繁,毕竟高温时固定液还是会有少量流失,对色谱柱的使用寿命影响较大。

(2)色谱柱使用过程中需注意的其他问题

① 在没有载气通过时,柱固定液热分解较迅速,所以在柱箱升温前应该先通上载气,柱箱冷却后才能把载气关上。

② 在大多数情况下,柱的寿命与它的使用温度成反比。所以在达到分离效果以后,使用较低的温度或缩短程序升温到较高温度所维持的时间,可显著提高色谱柱的使用寿命。

③ 色谱柱头的石墨垫起密封的作用,使用一段时间需要更换,石墨垫有较好的变形性,适合各种外径的色谱柱,更换时柱帽不用过分拧紧。

④ 色谱柱出口端与检测器连接,要注意毛细管柱插入的长度。如安装不当,会造成理论塔板数降低、峰形增宽或拖尾、灵敏度降低等后果。插入深度要超过尾吹和 H_2 的进口,而且应尽可能将柱出口端插到 FID 的喷嘴下面 1mm 处,一般在柱垫圈上端以上留出 4～6mm 的柱长度(图 7.21)。

⑤ 毛细管色谱柱切勿划伤,划伤后的柱子可能由于高温加热而足以使之从划痕处断裂。

⑥ 长时间不使用的色谱柱,保存时应使用专用的堵头堵上柱子两端,以保护柱子中的固定液不被氧气和其他污染物所污染。

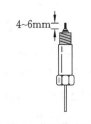

图 7.21 色谱柱的安装示意

7.2.4.4 检测器的维护保养

室内环境检测规定使用的气相色谱检测器为氢火焰离子化检测器(FID),它在平时的使用过程中有时受固定液流失及样品中高沸点成分、易分解及腐蚀性物质的作用而被污染,从而影响分析结果的准确性。因此对于检测器的清洗也是日常分析工作中一个重要的环节,正确的维护与保养可延长检测器的使用寿命。

FID检测器的维护工作大部分围绕清洗喷嘴进行。因为检测器的长期使用会使高沸点物质沉积在喷嘴附近,形成污染物。所以检测器的温度设置不应低于色谱柱实际工作的最高温度,以减缓污染物的沉积速度。一旦检测器被污染或堵塞,轻则灵敏度下降或噪声增大,重则点不着火。具体的解决办法是对喷嘴进行定期清洗或更换。

(1)喷嘴的更换

当喷嘴已经被严重污染时,更换一个新的喷嘴比清洗脏喷嘴要方便得多。重新组装检测器时也要小心,否则会再度污染,装入仪器后,先通载气30min,再点火升高检测室温度,最好先在120℃保持几小时,再升至正常工作温度。

(2)喷嘴的清洗

当污染不太严重时,可不必卸下来清洗,只需要将色谱柱取下,用一根管子将进样口与检测器连接起来,然后通载气并将检测器炉温升至120℃以上,从进样口先注入20μL左右的蒸馏水,再用少量的丙酮溶剂进行清洗。在此温度下保持1~2h以后检查基线是否平稳,若仍不满意,可重复上述操作或拆卸下来清洗。

当污染比较严重时,必须拆卸下来清洗。先卸下收集极、极化极、喷嘴等,收集极、极化极可用无水乙醇浸泡擦洗,底座和喷嘴用有机溶剂反复冲洗,通气管路也要彻底清洗,喷嘴口要平整光滑,如有毛刺可用油石或什锦锉、砂纸打磨光滑,再用乙醇反复冲洗,然后用热冷风交替吹干。清洗完后,所有的配件禁止用手接触,安装时要戴干净手套,所有的工具用前要清洗干燥。

装配时要恢复原状,做到俯视喷嘴、极化极、收集极三者同心,侧视极化极与喷嘴口两者处于同一水平。另外,喷嘴不要拧得太紧,拧得太紧会造成喷嘴和基座永久性的变形和损坏。

(3)点火器的更换

FID检测器使用过程中除了需要定期维护喷嘴,还应注意点火组件的维护。若出现检测器无法正常点火,则很可能是点火器损坏,需及时更换。更换时需关闭所有气体,将检测器冷却至室温,然后关闭仪器电源,断开连接器电缆,用扳手更换点火器。另外,检测器无法正常点火,也可能是检测器内积水或氢气不纯造成。

7.2.4.5 仪器内部的吹扫清洁

气相色谱仪在长期使用后,内部组件包括电路板都会附着大量灰尘,应定期进行吹扫清洁。在仪器关机后,切断电源,打开仪器的侧面和后面面板,用压缩空气或氮气对仪器内部灰尘进行吹扫,对积尘较多或不容易吹扫的地方可用软毛刷配合处理。吹扫完成后,对仪器内部存在有机物污染的地方用水或有机溶剂进行擦洗,清洗电路板时应戴绝缘手套操作,防止静电或手上的汗渍等对电路板上的部分元件造成影响。注意,在擦拭仪器过程中不能对仪器表面或其他部件造成腐蚀或二次污染。

7.3　气相色谱工作站的定性和定量分析方法

色谱工作站(Chromatographic Station)是一种辅助色谱仪器采样、收集色谱检测器中的电压信号,进行数据分析处理的工作站辅助软件,具有谱图处理、自动化分析、定性及定量分析、自定义报告输出、数据统计、数据库建立、系统适应性评价等功能,是整个色谱仪器的"指挥部"。需要说明的是:不同的仪器生产厂家或同一厂家的不同型号的仪器,其工作站的模块、使用方法以及具有的功能都有很大的区别。目前使用比较普遍和功能比较完备的气相色谱工作站主要有岛津气相色谱工作站 GC-Solution(日本)、安捷伦气相色谱工作站 Agilent GC ChemStation(美国)、戴安/赛默飞世尔色谱工作站 Chromelon(美国)等。

7.3.1　工作站的参数设置

气相色谱法研究的核心就是选择最适合的色谱体系和条件,在最短的时间达到最佳的分离效果。在确定了色谱柱、检测器等基本的器件以后,分离温度、载气流量等参数的选择对最终的分离效果和检测结果也至关重要。对于通常的气相色谱仪,这些基本的参数都可以在色谱工作站中进行设置。

以 Agilent 7820A 型气相色谱仪为例,参数的设置主要包括自动进样器、进样口、色谱柱、柱箱、检测器五个模块中相关参数的设定(图 7.22)。

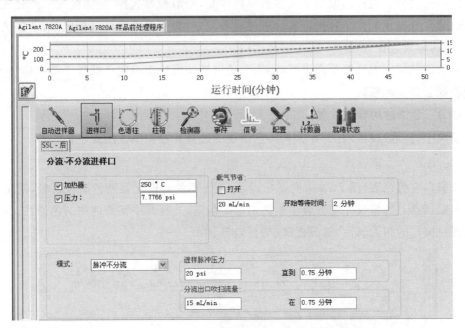

图 7.22　气相色谱工作站中的参数设置

7.3.1.1　自动进样器的参数设置

此模块的参数设置主要是针对配有自动进样器的气相色谱仪而言,与"序列"模块中的参数设置大体一致,相关参数若已经在序列模块中设定,在此不需重复设置。此模块中主要设置的参数为进样量、清洗和抽吸的次数。

进样量一般设定为 $1\sim 2\mu L$,特殊情况下可设为 $5\mu L$。若进样量过大,使色谱柱超载,柱效急剧下降,峰形变宽;进样量过小,检测器的响应信号没有足够的强度,峰高或峰面积与进样量的线性关系被破坏。所以进样量应控制在柱容量允许范围及检测器线性检测范围之内。

清洗和抽吸的次数一般均设定为 3 次,两者也可以设定为不同的次数,根据实际的需要选择,如对于清洗比较困难的试样,清洗次数也可设为 6 次。

对于没有配备自动进样器的气相色谱仪,则需要使用专用的微量注射器进行手动进样或使用热解吸仪辅助进样。手动进样过程中需准确抽取进样体积、迅速推送试液,而且要注意动作的准确和连贯性,总而言之,手动进样的技巧完全靠平时实际操作的积累,没有捷径可走。

7.3.1.2 进样口的参数设置

若气相色谱仪配有多个进样口,应先选择需要使用的进样口,选择进入相应模块后再进行参数设定。对于进样口设置,最重要的参数就是进样口的汽化温度。进样口温度过低,将导致样品中高分子量的组分汽化不完全,并且不能有效转移到色谱柱中;进样口温度过高,导致热稳定性差的化合物分解。所以汽化温度一般设为比色谱柱最高温度高 $20\sim 30℃$ 即可。

对于分流/不分流进样模式(SSI),需要考虑进样量、色谱柱的负载能力以及检查方法的要求等各因素来确定选择"分流模式"或"不分流模式"。如检测室内空气中的苯和 TVOC,就需要选择"不分流模式"进样。但对于大多数液体样品,一般都要选择"分流模式",此时就需要设置"分流比"。分流比的大小可根据实际进样需要设定,对于毛细管柱气相色谱,进样量为 $1\mu L$ 时,分流比通常设置在 5:1$\sim$50:1 的范围内。

进样口的载气压力一般不需设定,因为在色谱柱的模块中设定了载气流量或载气压力后,此参数系统会自动配置。

7.3.1.3 色谱柱的参数设置

此模块中的参数设置包括两个内容:色谱柱的选择和控制模式的设定。

(1) 色谱柱的选择

模块窗口左侧列表(图 7.23 中椭圆标识处)是气相色谱仪配置的色谱柱目录,简单显示色谱柱的主要信息。如果仪器配置有多根色谱柱的信息,选择其中需要使用的色谱柱,仪器会自动识别该色谱柱的相关属性,如分配比、塔板数等。

图 7.23 色谱柱的参数设置

如果列表中没有需要的色谱柱,可以点击"配置"模块,在配置窗口的列表中手动输入需要使用的色谱柱的相关信息,如柱长、内径、膜厚、固定相、最高使用温度等。点击"确定"后回到色谱柱模块窗口,会发现需要的色谱柱已经出现在左侧列表中,选择即可。注意:如果色谱仪中安装的色谱柱不是你选择的色谱柱,需要提前更换色谱柱。更换色谱柱时须参考色谱柱更换的相关注意事项,按照正确的方法操作,否则会降低柱效或损坏色谱柱。

(2)控制模式的设定

控制模式主要是指色谱柱内载气流速的控制模式,因为载气流速对分离结果至关重要。载气流速越高,分析速度越快,但是分离度越差;载气流速过低,对分离度有利,但分析速度慢。因此,最佳载气流速的选择与柱温的选择一样,都需要在分析速度与分离度之间取得平衡。

控制模式分为恒流模式和恒压模式,恒流模式是载气在色谱柱内以设定的流量恒定流过,恒压模式同理。通常情况下选择恒流模式,载气流速设为 $1\sim2mL/min$。

7.3.1.4 柱箱的参数设置

柱箱是气相色谱柱的控温室,所以柱箱的参数主要是用来控制色谱柱的温度变化情况,设置柱箱的参数主要就是设计合理的升温过程,因为色谱柱的分离效果很大程度上取决于色谱柱的升温程序。柱温的选择主要取决于样品的性质,对于组分简单的样品,可用恒温过程分离,柱温一般设为主要组分沸点以上 $10\sim30℃$。但大多数情况下均采用程序升温的方式进行分离,特别是对于组分复杂的样品或者宽沸程的混合样品,程序升温能在较短的分析时间内得到更好的分离效果。初始温度、升温速率、终点温度、运行时间等参数的确定,称为升温程序,需在模块窗口中的表格内设定(图7.24)。

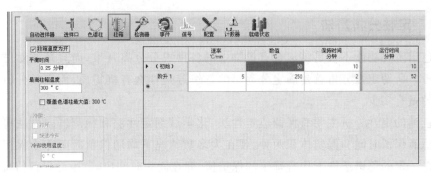

图 7.24 柱箱的参数设置

初始温度一般设为 $50℃$ 以上,因为固定液在 $50℃$ 以下可能会固化。升温速率一般为 $5\sim20℃/min$,终点温度通常在 $300℃$ 以下,运行时间需要根据高沸点组分的分离情况确定。需要注意的是:终点温度应低于色谱柱最高使用温度 $30\sim50℃$,且在高温段的运行时间应尽量短,以免造成固定液的大量流失。如室内环境检测用的毛细管色谱柱内填充聚二甲基硅氧烷固定液,使用温度上限为 $325℃$,而国家标准规定的程序升温最高为 $250℃$,如按此例设置,可延长色谱柱的使用寿命。

另外,平衡时间一般为 $0\sim3min$,最高柱箱温度通常高于程序升温的终点温度,低于色谱柱的最高使用温度。

7.3.1.5 检测器的参数设置

与进样口一样，有的气相色谱仪配有多个检测器，应先选择需要使用的检测器，再进行参数设定。检测器的参数设置主要包括两个方面：检测器的温度设定和气体流量的设置。

（1）检测器的温度设定

温度对 FID 检测器的灵敏度没有明显的影响，实验证明，从 80～180℃灵敏度几乎没有变化。但在低于 100℃时，灵敏度受冷凝水蒸气的影响显著降低，噪声也增加。所以，检测器的温度通常是进样口、色谱柱以及检测器三者之中温度最高的，为了防止样品在检测室冷凝，通常检测器的温度设置应高于色谱柱实际工作的最高温度 20～50℃，同时不应低于 120℃，以防止检测器积水。但也不宜将检测器的温度设置过高，因为过高温度的长时间运行，可能对仪器的某些元器件的寿命有影响，所以综合考虑，检测器的温度一般设为 120～320℃。

（2）气体流量的设置

除了汽化分离后的样品组分，通入 FID 检测器的气体有三种：氮气（载气）、氢气（燃烧气）、空气（助燃气）。氮气与氢气的流量比例对 FID 的灵敏度有直接影响，氮气和氢气预混合以后进入喷嘴，两者比例不同，FID 的响应强度明显不同。而且不同生产厂商的产品结构设计不同，氮气与氢气的最佳比例也不同，所以对于每一台仪器、每一个检测器，只能通过实测确定。

对于一般的 FID 检测器，较优的流量比例为氮气：氢气：空气＝1∶1～1.4∶8～15，各自的流量通常为氮气 20～30mL/min，30～40mL/min，300～400mL/min。

最后，将所有参数设置完成，单击"方法"菜单，选中"方法另存为"，输入新的方法名称，单击"确定"，完成方法储存。

7.3.2 定性分析方法

气相色谱主要功能不仅是将混合有机物中的各种成分分离开来，而且还要对结果进行定性定量分析。所谓定性分析就是确定分离出的各组分是什么有机物质，而定量分析就是确定分离组分的量有多少。

气相色谱的定性分析主要有保留值定性法、化学试剂定性法和检测器定性法等。气相色谱的保留值有保留时间和保留体积两种，现在大多数情况下均用保留时间作为保留值。由于各种物质在一定的色谱条件下均有确定的保留值，即在同一时间出峰，因此保留值可作为一种定性分析的依据，目前各种色谱定性方法都是以此为基础的。

但必须注意：不同物质在同一色谱条件下，可能具有相似或相同的保留值，即保留值并非专属的，因此仅根据保留值对一个完全未知的样品定性是困难的。如果在了解样品的来源、性质、分析目的的基础上，对样品组成做初步的判断，再结合下列的方法则可确定色谱峰所代表的化合物。

（1）利用纯物质对照定性

在一定的色谱条件下，一个未知组分只有一个确定的保留时间。因此将已知纯物质在相同的色谱条件下的保留时间与未知组分的保留时间进行比较，就可以定性鉴定未知物。若两者相同，则未知物可能是已知的纯物质；不同，则未知物就不是该纯物质，如图 7.25 所示。

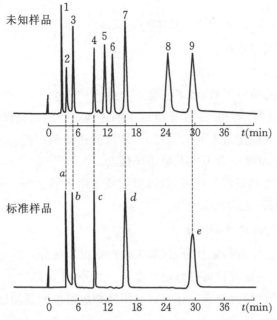

图 7.25 已知纯物质与未知样品对照定性分析示意

这一方法是最常用、最可靠的定性分析方法,简便快捷。但此方法只适用于组分性质已有所了解、组成比较简单且有纯物质的未知物的定性分析。

(2) 相对保留值法

相对保留值 α_{is} 是指组分 i 与基准物质 s 调整保留值的比值,即:

$$\alpha_{is} = \frac{t'_{ri}}{t'_{rs}} = \frac{V'_{ri}}{V'_{rs}}$$

α_{is} 仅随固定液及柱温变化而变化,与其他操作条件无关。相对保留值分析方法就是在某一固定相及柱温下,分别测出组分 i 和基准物质 s 的调整保留值,再按上式计算即可。用已求出的相对保留值与文献相应值比较即可定性。

通常选容易得到的纯品且与被分析组分相近的物质作基准物质,如正丁烷、环己烷、正戊烷、苯、对二甲苯、环己醇、环己酮等。

(3) 加入已知物增加峰高法

当未知样品中组分较多,所得色谱峰过密,用上述方法不易辨认时,或仅作未知样品指定项目分析时均可用此法。

首先作出未知样品的色谱图,然后在未知样品中加入某已知物,又得到一个色谱图,峰高增加的组分即可能为这种已知物。

(4) 保留指数法

保留指数 I 又称为柯瓦(Kováts)指数,是一种相对保留值,是把物质的保留行为用两个最靠近它的标准物(一般为两个正构烷烃)来标定,并以两个标准物的调整保留值的对数作为相对的尺度,并假定正构烷烃的保留指数为 $N \times 100$。某被测物的保留指数值可用下式计算

$$I_x = 100 \times \frac{\lg t'_{Rx} - \lg t'_{RN}}{\lg t'_{R(N+1)} + \lg t'_{RN}} + 100N$$

式中　I_x——被测物的保留指数；

　　　t'_{Rx}——被测物的调整保留时间；

　　　N——正构烷烃的碳原子数,如正己烷 $N=6$；

　　　$t'_{RN}, t'_{R(N+1)}$——具有 N 和 $N+1$ 个碳原子的正构烷烃的调整保留时间。

保留指数表示物质在固定液上的保留行为,是目前使用最广泛并被国际上公认的定性指标。它具有重现性好、标准统一及温度系数小等优点。

由于 I 的值与温度之间呈线性关系,所以可方便地用内插法或外推法求出文献测定条件下的 I 值而进行定性分析,无需标准物质。

（5）与其他方法联用的定性分析法

对于比较复杂的混合物进行定性分析(如天然产物提取成分),需要经色谱柱分离后,再联合质谱、红外光谱或核磁共振等仪器进行定性鉴定。另外,还可以对一些特殊官能团化合物进行化学反应,然后再进行试探性辨别。还可以利用气相色谱检测器的选择性进行定性分析等。

7.3.3　定量分析方法

气相色谱是一种强有力的分离技术,但其定性鉴定分析能力相对较弱,对有机物各组分定量分析才是气相色谱的强项,其准确性远远超越光谱和质谱等仪器对有机物组分的定量分析。所谓定量分析就是要通过气相色谱测试有机混合样品中各种组分的准确含量。

气相色谱的定量分析是指在某些条件限定下,仪器检测系统的响应值（色谱峰面积）与相应组分的量或浓度成正比关系,即：

$$m_i = f_i \cdot A_i$$

式中　m_i——被测组分 i 的质量；

　　　A_i——被测组分 i 的峰面积；

　　　f_i——被测组分 i 的校正因子。

上式是气相色谱定量的依据。

由此可知:气相色谱的定量分析首先要取得很好的分离效果,即有机混合物中的各组分要被完全分离开,没有很好分离的气相色谱结果是不能进行定量分析的。其次要解决色谱峰面积和组分质量的关系问题,这方面涉及色谱峰面积准确测量、定量校正因子和定量计算方法三个根本性问题。因此,气相色谱的定量分析实质上就是如何测定色谱峰面积,并在确定定量校正因子的基础上选择合适的定量计算方法。

7.3.3.1　色谱峰面积准确测量

峰面积是色谱图提供的基本定量数据,峰面积测量的准确与否直接影响定量结果的准确与否。由于峰面积的大小不易受操作条件如柱温、流动相的流速、进样速度等因素影响,故峰面积更适合做定量分析的参数。测量峰面积的方法分为手工测量和自动测量两大类,对于不同峰形的色谱峰采用不同的测量方法。

（1）对称峰面积的测量

完全分开并且对称的标准色谱峰面积等于峰高 h 乘以半峰高宽 $W_{h/2}$，即：

$$A = 1.065 \times W_{h/2} \times h$$

（2）不对称峰面积的测量

大多数情况下气相色谱峰并不是理想的，如仍按照对称峰测量误差就较大，因此采用峰高 h 乘以平均峰宽法，即：

$$A = h \times \frac{(W_{0.15} + W_{0.85})}{2}$$

式中　$W_{0.15}$，$W_{0.85}$——峰高 0.15 倍和 0.85 倍处的峰宽。

现在的气相色谱仪都有计算机数据处理系统，使用积分仪，在设定合适的参数后就可以直接给出色谱峰面积数据。

7.3.3.2　定量校正因子

定量分析的依据是被测组分的量与响应信号成正比，校正因子是定量计算公式中的比例常数。同一含量的不同物质，由于其物理、化学性质的差别，即使在同一检测器上产生的信号大小也不同，直接用响应信号定量，必然产生较大误差。换而言之，两组分的峰面积相同，并不意味着两组分的含量相同。为了使峰面积能真实反映出物质的质量，就要对峰面积进行校正，即在定量计算时引入校正因子。

校正因子分为绝对校正因子和相对校正因子，公式 $m_i = f_i \cdot A_i$ 中的校正因子为绝对校正因子，但绝对校正因子在定量分析时难以精确求出，因此经常使用相对校正因子 f_i'。

相对校正因子为被测组分 i 的绝对校正因子与标准物质 s 的绝对校正因子的比值，即：

$$f_i' = \frac{f_i}{f_s} = \frac{m_i / A_i}{m_s / A_s} = \frac{m_i}{m_s} \cdot \frac{A_s}{A_i}$$

相对校正因子 f_i' 值与被测物和标准物以及检测器的类型有关，而与操作条件无关。气相色谱仪的检测器不同，所选用的标准物质不同。常用的标准物质对热导池检测器（TCD）是苯，对氢火焰离子化检测器（FID）是正庚烷。人们通常将相对校正因子中"相对"二字省略，习惯上仍称校正因子。

f_i' 值可自文献中查出引用，也可以自己测定。相对校正因子的测定方法：准确称取被测组分的纯物质和标准物质，配制成已知浓度的标准样品，在一定的色谱条件下准确进样，得到被测组分和标准物质的峰面积，利用上述公式即可计算出 f_i' 值。测定 f_i' 值最好使用色谱纯试剂。

7.3.3.3　定量计算方法

在得到气相色谱峰面积和相应的定量校正因子后，就可以选择合适的计算方法对相应的组分进行定量分析了。气相色谱的定量分析一般采用归一化法、内标法和外标法三种方法，在实际工作中采用何种方法，应根据实际的需要加以选择。

（1）归一化法

归一化法是将样品中所有出峰组分的含量之和按 100% 计算，以它们相应的色谱峰面积或峰高（响应信号）为定量参数的计算方法，计算式为

$$x_i = \frac{m_i}{m_{\text{总}}} \times 100\% = \frac{A_i f_i'}{\sum\limits_{i=1}^{n} A_i f_i'} \times 100\%$$

若样品中组分是同分异构体或同系物,校正因子近似相等,就可以不用校正因子,直接将面积归一化,此时又称为面积百分比法,即可按下式计算

$$x_i = \frac{A_i}{\sum\limits_{i=1}^{n} A_i} \times 100\%$$

归一化法的优点是简单、准确,进样量的多少与结果无关,仪器与操作条件对结果影响不大,是一种常用的定量方法。但使用这种方法的条件是样品中所有的组分均能流出色谱柱且有较好分离度的色谱峰。此法的缺点是某些不需要定量的组分也必须测出其峰面积和校正因子,对测量低含量尤其是微量杂质时误差较大。

(2) 内标法

内标法是将一定量的纯物质作为内标物加入准确称量的试样中,然后对含有内标物的样品进行色谱分析,根据试样和内标物的质量以及被测组分和内标物的峰面积可求出被测组分的含量。

由于被测组分与内标物质量之比等于峰面积之比,即:

$$\frac{m_i}{m_s} = \frac{A_i f_i'}{A_s f_s'}$$

得

$$m_i = \frac{m_s A_i f_i'}{A_s f_s'}$$

若试样质量为 m,则

$$x_i = \frac{m_i}{m} \times 100\% = \frac{m_s}{m} \cdot \frac{A_i}{A_s} \cdot \frac{f_i'}{f_s'} \times 100\%$$

当样品各组分不能全部从色谱柱流出或有些组分在检测器上无信号而不能用归一化法定量时,或只需对样品中某几个出现色谱峰的组分进行定量时,可考虑用内标法定量。

内标法的关键是选择合适的内标物,故对内标物的要求是:①内标物应是试样中原来不存在的纯物质;②内标物的性质应与被测组分接近,色谱峰应在被测组分色谱峰附近并完全分离;③内标物能与试样完全互溶,但不发生化学反应;④内标物的加入量应与被测组分的量接近,以保持色谱峰大小差不多。

内标法是色谱分析中一种比较准确的定量方法,尤其在没有标准物对照时,此方法更显其优越性。其优点是不需要全部组分的色谱峰面积和校正因子,只需被测组分和内标物的色谱峰面积和校正因子就可进行定量分析,进样量和操作条件的变化对结果没有明显影响,适宜于低含量组分的分析,且不受归一法使用上的局限。

但内标法的缺点主要是:内标物选择的合适与否对分析结果影响明显,在实际工作中要寻找一个比较合适的内标物通常比较困难。另外,每次分析都要用分析天平准确称出内标物和

样品的质量,这对日常分析使用很不方便。在样品中加入一个内标物,显然对分离度的要求也更高。

（3）外标法

外标法又称校正曲线法,首先用被测组分的纯物质配制一系列不同浓度的标准试样,在一定的色谱条件下准确定量进样,绘制峰面积与含量（浓度）之间的关系曲线,也就是校正曲线[峰面积为纵坐标,含量（浓度）为横坐标],求出被测组分纯物质含量与色谱峰面积的关系,并给出线性方程式。然后将样品在相同条件下进行色谱分析,由峰面积根据线性方程式计算出所需组分的定量分析结果,如图7.26所示。

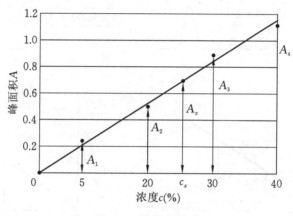

图 7.26　校正曲线法

由图7.26可以看出,各组分的含量与峰面积成正比,校正曲线的斜率就是绝对校正因子,即:

$$m_i = f_i A_i$$

此校正曲线理论上应是通过原点的直线,若校正曲线不通过原点,则说明存在系统误差。

外标法是一种比较法,以待测成分的标准物质作为对照品,相对比较以求得试样中的含量,是一种简便、快速的定量方法,也是仪器分析中应用最广泛的方法之一。该方法的优点是操作简单,不用求出校正因子,计算方便,气相色谱工作站可直接绘制出校准曲线和计算出被测组分的定量结果,尤其适合相同样品的大批量测试,这对工业化生产或环境中某种有机物的检测或控制非常有效。

外标法的缺点是仪器和操作条件对分析结果影响很大,不像归一化和内标法定量操作中可以互相抵消,方法的精确度在很大程度上受操作条件的控制。因此,使用本方法的前提是保证进样量、色谱仪器及操作等分析条件严格固定不变,并且标准曲线使用一段时间后应当校正。

（4）内标法与外标法的比较

内标法要求严格,对于内标物的选择要有一定的原则,适于分析样品量较少的情况;不要求样品里的所有组分都出峰,只要内标物和所关注的组分出峰并分离好就可以了;定量准确,对进样量和操作条件的控制不很严格,但必须准确称量试样和内标物,否则会影响实验结果。

与内标法相比,外标法不是把标准物质加入被测样品中,而是在与被测样品相同的色谱条件下单独测定,把得到的色谱峰面积与被测组分的色谱峰面积进行比较求得被测组分的含量,如图 7.27 所示。

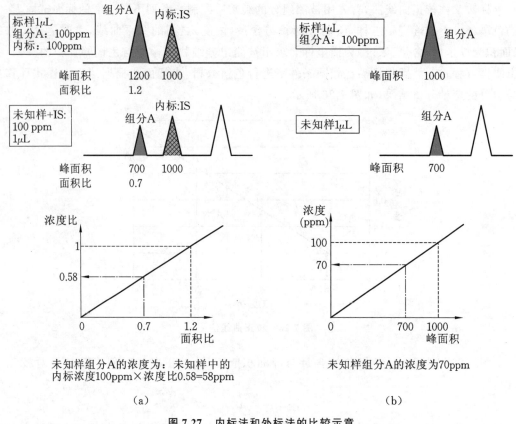

未知样组分A的浓度为：未知样中的
内标浓度100ppm×浓度比0.58=58ppm

未知样组分A的浓度为70ppm

(a)　　　　　　　　　　(b)

图 7.27　内标法和外标法的比较示意

(a)内标法；(b)外标法

　　外标法要求仪器重复性很严格,适于大量的分析样品,因为仪器随着使用会有所变化,因此需要定期进行曲线校正。此法的特点是操作简单,计算方便,不需测量校正因子,适于自动分析。但仪器的重现性和操作条件的稳定性必须保证,否则,会影响实验结果。

7.4　气相色谱法检测室内空气中 TVOC 和苯、甲苯、二甲苯

7.4.1　气相色谱法检测室内空气中 TVOC

7.4.1.1　方法概况

　　本检测方法主要依据《民用建筑工程室内环境污染控制标准》(GB 50325—2020)中的附录 E 进行。本检测方法参考了 ISO 16017—1 和 ISO 16000—6 的原理和方法,并结合已经开展了几年 TVOC 检测的实际情况而确定。

（1）对 TVOC 的定义

总挥发性有机化合物（Total Volatile Organic Compounds，简称 TVOC），在室内空气中作为一类污染物，成分极其复杂，不同的标准中对其的定义各不相同。《民用建筑工程室内环境污染控制标准》（GB 50325—2020）中对 TVOC 的定义为：在本标准规定的检测条件下，所测得空气中挥发性有机化合物的总量。由于本检测方法中色谱柱程序升温的范围为 50～250℃，所以具体到本检测方法的 TVOC 定义为：室内空气中沸点在 50～250℃的所有挥发性有机化合物的总和。

（2）适用范围

本检测方法只适用于民用建筑工程室内环境空气中 TVOC 的检测，不适用于装饰装修材料（如涂料、胶黏剂等）中挥发性有机物含量的测定，某些参数可作为相关检测方法的参考依据。

（3）测定原理

用 Tenax-TA 吸附管或 2,6-对苯基二苯醚多孔聚合物—石墨化炭黑—X 复合吸附管采集一定体积的空气样品，空气中的挥发性有机化合物保留在吸附管中，通过热解吸装置加热吸附管以得到挥发性有机化合物的解吸气体，然后将其注入气相色谱仪进行色谱分析，以保留时间定性，以峰面积定量分析。

（4）主要步骤

① 采样：应用 Tenax-TA 吸附管采集一定体积的空气样品，具体的采样方法和注意事项已在 3.2 节中详述，在此不再重复讲述。

② 热解吸：通过热解吸装置加热吸附管，并得到 TVOC 的解吸气体。

③ 检测：将 TVOC 的解吸气体注入气相色谱仪进行色谱分析，以保留时间定性，以峰面积定量。

7.4.1.2 主要的仪器设备和材料试剂

（1）恒流采样器：在采样过程中流量应稳定，流量范围应包含 0.5 L/min，并且当流量为 0.5L/min 时，应能克服 5～10kPa 的阻力，此时用皂膜流量计校准系统流量时，相对偏差应不大于±5%。

（2）热解吸装置：应能对吸附管进行热解吸，其解吸温度及载气流速应可调。

（3）气相色谱仪：配有 FID 检测器。

（4）石英毛细管柱：长度为 30～50m，内径为 0.32mm 或 0.53mm，柱内涂覆聚二甲基硅氧烷，其膜厚为 1～5μm；柱操作条件应为程序升温，初始温度为 50℃，保持 10min，升温速率为 5℃/min，温度应升至 250℃，并保持 2min。

（5）进样器：1μL、10μL 的微量注射器若干个，或自动进样器。

（6）Tenax-TA 吸附管：TVOC 专用吸附管，可为玻璃管或内壁光滑的不锈钢管，管内装有 200mg 粒径为 0.18～0.25mm（60～80 目）的 Tenax-TA 吸附剂。使用前应通氮气加热活化，活化温度应高于解吸温度，活化时间应不少于 30min，活化至无杂质峰为止，当流量为 0.5L/min 时，阻力应为 5～10kPa。

（7）正乙烷、苯、三氯乙烯、甲苯、辛烯、乙酸丁酯、乙苯、对（间）二甲苯、邻二甲苯、苯乙烯、壬烷、异辛醇、十一烷、十四烷、十六烷的标准溶液或标准气体。

（8）载气为氮气，纯度应不小于 99.99%。

（9）干燥氢气和空气。

7.4.1.3 检测过程

（1）绘制工作曲线

根据实际情况可以选用气体外标法或液体外标法。当选用气体外标法时，应分别准确抽取气体组分浓度约为 1mg/m³ 的标准气体 100mL、200mL、400mL、1L、2L，使标准气体通过吸附管，以完成标准系列制备。但为了实验操作的方便，通常选择液体外标法。选用液体外标法绘制工作曲线，按照以下步骤进行：

① 首先抽取标准溶液 1~5μL，在有 100mL/min 的氮气通过吸附管情况下，将各组分含量为 0.05μg、0.1μg、0.4μg、0.8μg、1.2μg、2.0μg 的标准溶液分别注入 Tenax-TA 吸附管，5min 后应将吸附管取下并密封，以完成标准系列制备。

② 采用热解吸直接进样的气相色谱法，将吸附管置于热解吸直接进样装置中，经温度范围为 280~300℃ 充分解吸后，使解吸气体直接由进样阀快速进入气相色谱仪进行色谱分析，以保留时间定性，以峰面积定量。

③ 以各组分的含量（μg）为横坐标，以峰面积为纵坐标，分别绘制工作曲线，并计算回归方程。建立工作曲线的详细步骤见 7.2.3.7 节。

（2）样品测定

样品分析时，每支样品吸附管应按与标准系列相同的热解吸气相色谱分析方法进行分析，以保留时间定性，以峰面积定量。

7.4.1.4 结果计算

（1）所采空气样品中各组分的浓度应按下式进行计算

$$C_m = \frac{m_i - m_0}{V}$$

式中　C_m——所采空气样品中 i 组分的浓度（mg/m³）；

　　　m_i——样品管中 i 组分的质量（μg）；

　　　m_0——未采样管中 i 组分的质量（μg）；

　　　V——空气采样体积（L）。

（2）空气样品中各组分的浓度还应按下式换算成标准状态下的浓度

$$C_c = C_m \times \frac{101.3}{P} \times \frac{t+273}{273}$$

式中　C_c——换算到标准体积后空气样品中 i 组分的浓度（mg/m³）；

　　　P——采样时采样点的大气压力（kPa）；

　　　t——采样时采样点的温度（℃）。

（3）所采空气样品中总挥发性有机化合物（TVOC）的浓度应按下式进行计算

$$C_{\text{TVOC}} = \sum_{i=1}^{i=n} C_{\text{c}}$$

式中 C_{TVOC}——标准状态下所采空气样品中总挥发性有机化合物（TVOC）的浓度（mg/m³）。

7.4.1.5 注意事项

（1）本检测方法使用的吸附管采样前必须活化，活化温度须高于解吸温度。

（2）注意 Tanex-TA 吸附管上标识的箭头，采样时吸附管上的箭头方向应与空气流动方向一致，热解吸进样时箭头方向应与载气流动方向相反。

（3）空白样品：采集室外空气样品作为空白值扣除，空白样品应与采集室内空气样品同步进行，且地点宜选择在室外上风向处。

（4）本检测方法中对 Tanex-TA 吸附剂用量、颗粒粗细及活化吸附管等进行了明确要求，以保证吸附剂本身对空气中 TVOC 的吸附能力的一致性，提高检测结果的准确度。因此本检测方法所使用的吸附管必须符合相关要求。

（5）采用热解吸直接进样的气相色谱法绘制工作曲线时，应在确保气相色谱仪和热解吸仪的稳定性和重复性良好的情况下进行。

（6）本方检测法中未识别峰的计算：在 TVOC 的众多成分中，除了苯、甲苯、对（间）二甲苯等 8 种已知组分外，其余组分统称为未知组分，对应的色谱峰称为未识别峰，其具体的计算方法为：

① 未识别峰面积＝空气样品总的峰面积－8 种已知组分的峰面积－未采样管中的未识别峰面积。

② 将计算出的未识别峰面积代入甲苯的工作曲线方程中计算，得出未知组分的含量。

③ 将所有未知组分作为一个组分按 7.4.1.4 节计算。

（7）目前本检测方法检测室内空气中 TVOC，取样测量过程过于复杂、周期长、成本过高，所以将来的努力方向为在保证检测质量的前提下，合理简化检测步骤，易于操作，使室内环境污染物检测进入千家万户。

7.4.2 气相色谱法检测室内空气中苯、甲苯、二甲苯

7.4.2.1 方法概况

气相色谱法检测室内空气中苯、甲苯、二甲苯和检测 TVOC 在方法上有很多相似之处，如测定原理、主要步骤等。所以在下面的叙述中，与 TVOC 检测方法中相同的部分将简述，重点讲述两者不同部分的内容。

本检测方法主要依据《民用建筑工程室内环境污染控制标准》（GB 50325—2020）中的附录 D 进行。本检测方法引用了《室内空气中苯系物及总挥发性有机化合物检测方法标准》（T/CECS 539—2018）的 T-C 复合吸附管方法，明确了复合吸附管结构性能和使用要求。

（1）适用范围

与 TVOC 的检测方法相同，本检测方法只适用于民用建筑工程室内环境空气中苯系物的检测，不适用于装饰装修材料（如涂料、胶黏剂等）中挥发性有机物含量的测定，但可作为相关检测方法的参考依据。

（2）测定原理和主要步骤

测定原理和主要步骤与 TVOC 的相同，均是应用吸附管采集空气样品，然后用热解吸直接进样的气相色谱法测定，以保留时间定性，以峰面积定量。所不同的是使用的采样吸附管为活性炭管，具体的采样方法和注意事项也已在 3.2 节中详述。

7.4.2.2 主要的仪器设备和材料试剂

（1）恒流采样器：要求与 7.4.1.2 节相同。

（2）热解吸装置：要求与 7.4.1.2 节相同。

（3）气相色谱仪：氢火焰离子化检测器。

（4）毛细管柱或填充柱：毛细管柱长应为 30～50m 的石英柱，内径应为 0.32mm，内涂覆聚二甲基硅氧烷或其他非极性材料。

（5）进样器：要求与 7.4.1.2 节相同。

（6）活性炭吸附管：该管为内装 100mg 椰子壳活性炭吸附剂的玻璃管或内壁光滑的不锈钢管。使用前应通氮气加热活化，活化温度应为 300～350℃，活化时间应不少于 10min，活化至无杂质峰为止；当流量为 0.5L/min 时，阻力应为 5～10kPa。

（7）苯、甲苯、二甲苯的标准溶液或标准气体。

（8）载气为氮气，纯度应不小于 99.99%。

（9）干燥氢气和空气。

7.4.2.3 色谱条件

气相色谱分析条件可选用以下推荐值，也可根据实验室条件选定其他最佳分析条件：

（1）填充柱温度应为 90℃ 或毛细管柱温度应为 60℃；

（2）检测室温度应为 150℃；

（3）汽化室温度应为 150℃；

（4）载气为氮气，流量为 1.0mL/min。

7.4.2.4 检测过程

（1）绘制工作曲线

外标法配制标准系列方法：应分别准确抽取一定浓度的苯、甲苯、对（间）二甲苯、邻二甲苯标准气体或标准液体，定量注入吸附管，分别制成苯含量为 0.05μg、0.1μg、0.2μg、0.4μg、0.8μg、1.2μg 以及甲苯、二甲苯含量分别为 0.1μg、0.4μg、0.8μg、1.2μg、2.0μg 的标准系列吸附管，同时用 100mL/min 的氮气通过吸附管，5min 后取下并密封，作为标准吸附管。

（2）样品测定

对于采用热解吸直接进样的气相色谱法，应将标准吸附管和样品吸附管分别置于热解吸直接进样装置中，经过 300～350℃ 解吸后，将解吸气体经由进样阀直接进入气相色谱仪进行色谱分析，应以保留时间定性，以峰面积定量。对标准系列样品，以苯的含量（μg）为横坐标，以峰面积为纵坐标，绘制工作曲线，计算回归方程。

7.4.2.5 结果计算

（1）所采空气样品中苯、甲苯、二甲苯的浓度应按下式进行计算

$$C = \frac{m - m_0}{V}$$

式中　C——所采空气样品中苯、甲苯、二甲苯各组分的浓度（mg/m³）；

　　　m——样品管中苯、甲苯、二甲苯各组分的质量（μg）；

　　　m_0——未采样管中苯、甲苯、二甲苯各组分的质量（μg）；

　　　V——空气采样体积（L）。

（2）所采空气样品中苯、甲苯、二甲苯的浓度还应按下式换算成标准状态下的浓度

$$C_c = C_m \times \frac{101.3}{P} \times \frac{t + 273}{273}$$

式中　C_c——换算到标准体积后空气样品中苯、甲苯、二甲苯的浓度（mg/m³）；

　　　P——采样时采样点的大气压力（kPa）；

　　　t——采样时采样点的温度（℃）。

7.4.2.6　注意事项

（1）吸附管的活化、吸附管上的箭头方向以及空白样品的要求，均与 7.4.1.5 节的注意事项相同。

（2）本检测方法中对活性炭吸附剂的种类、用量及活化过程等进行了明确要求，为了保证吸附剂本身对空气中苯、甲苯、二甲苯的吸附能力的一致性，本检测方法所使用的吸附管必须符合相关要求。

（3）由于活性炭对水分有较强的吸附作用，所以采样时空气湿度不宜太大（空气湿度≤90%），否则活性炭吸附空气中的大量水分后达到吸附饱和，对苯的吸附能力大幅减弱，采样效率降低。

（4）空气样品吸附管也可以热解吸后手工进样或二硫化碳萃取后手工进样，这两种方法都增加了操作步骤，扩大了系统误差，而且操作过程中空气污染物对实验人员的危害较大，目前基本不采用。

（5）所作标准曲线（标准系列）涵盖的苯浓度范围相当于取样 10L 对应的空气中苯、甲苯、二甲苯浓度范围：0.01～0.20mg/m³，对于《民用建筑工程室内环境污染控制标准》（GB 50325—2020）中规定的空气中苯浓度限量为 0.09mg/m³、甲苯浓度限量为 0.20mg/m³、二甲苯浓度限量为 0.20mg/m³ 来说是合适的。若所采空气样品中的苯浓度超过该标准曲线的浓度范围，特别是对于高浓度苯的样品，需要扩展标准系列所涵盖的浓度范围。

 思考题

1. 气相色谱仪的操作规程是什么？

2. 什么是吸附管活化仪？它的使用注意事项有哪些？

3. 什么是热解吸仪？它的工作原理是什么？

 **8** 室内装饰装修材料中有害物质检测

 学习目标

★ 了解室内装饰装修材料中各种有害物质限量。

★ 了解室内装饰装修材料中各种有害物质的来源和危害。

★ 了解室内装饰装修材料中各种有害物质的检测方法。

8.1 室内装饰装修材料中有害物质限量

8.1.1 "室内装饰装修材料有害物质限量"10 项标准

国家质量监督检验检疫总局于 2001 年 6 月 27 日召开了制定"室内建筑装饰装修材料有害物质限量"强制性国家标准研讨会。2001 年 12 月 10 日,由国家质量监督检验检疫总局和国家标准化管理委员会联合批准发布包括人造板、内墙涂料、木器涂料、胶黏剂、地毯、壁纸、家具、地板革、混凝土外加剂、建筑材料放射性物质等 10 项"室内装饰装修材料有害物质限量"强制性国家标准,自 2002 年 1 月 1 日起实施。2002 年 7 月 1 日起强制执行,市场上停止销售不符合该标准的产品。近年,其中部分标准又进行了修订,目前现行的 10 项"室内装饰装修材料有害物质限量"强制性国家标准如下:

(1)《室内装饰装修材料　人造板及其制品中甲醛释放限量》(GB 18580—2017);

(2)《木器涂料中有害物质限量》(GB 18581—2020);

(3)《建筑用墙面涂料中有害物质限量》(GB 18582—2020);

(4)《室内装饰装修材料　胶黏剂中有害物质限量》(GB 18583—2008);

(5)《室内装饰装修材料　木家具中有害物质限量》(GB 18584—2001);

(6)《室内装饰装修材料　壁纸中有害物质限量》(GB 18585—2001);

(7)《室内装饰装修材料　聚氯乙烯卷材地板中有害物质限量》(GB 18586—2001);

(8)《室内装饰装修材料　地毯、地毯衬垫及地毯用胶黏剂中有害物质释放限量》(GB 18587—2001);

(9)《混凝土外加剂中释放氨的限量》(GB 18588—2001);

(10)《建筑材料放射性核素限量》(GB 6566—2010)。

以上标准中,对不同成分、不同等级的各种室内用装饰装修材料中各种有害物质限量值进行了明确的规定,详见附录1。

8.1.2 室内装饰装修材料的分类

《民用建筑工程室内环境污染控制标准》(GB 50325—2020)将民用建筑工程中所使用的材料主要分为无机非金属建筑主体材料和装饰装修材料、人造木板及其制品、涂料、胶黏剂、水性处理剂、其他材料等。

(1)无机非金属建筑主体材料和装饰装修材料

民用建筑工程所使用的无机非金属建筑主体材料包括砂、石、砖、实心砌块、水泥、混凝土、混凝土预制构件等,无机非金属装修材料包括石材、建筑卫生陶瓷、石膏制品、无机粉粘结材料等。规范主要对这类材料的放射性限量做出了严格的规定,放射性核素的检测方法应符合现行国家标准《建筑材料放射性核素限量》(GB 6566—2010)的有关规定。

(2)人造木板及其制品

民用建筑工程室内用人造木板及其制品,必须测定游离甲醛含量或游离甲醛释放量。规范阐述了甲醛释放量的各种检测方法并明确规定了不同检测方法下甲醛释放量的限量值,主要检测方法有环境测试舱法、干燥器法等,与之对应的国家标准为《室内装饰装修材料 人造板及其制品中甲醛释放限量》(GB 18580—2017),《人造板及饰面人造板理化性能试验方法》(GB/T 17657—2013)。

(3)涂料

民用建筑工程室内用水性装饰板涂料、水性墙面涂料、水性墙面腻子,应测定游离甲醛的含量,其相应限量要求应符合现行国家标准《建筑用墙面涂料中有害物质限量》(GB 18582—2020)的规定。其他水性涂料和水性腻子,应测定游离甲醛的含量,规范规定了其检测方法和相应限量值,对应国家标准为《水性涂料中甲醛含量的测定 乙酰丙酮分光光度法》(GB/T 23993—2009)。对于溶剂型装饰板涂料、溶剂型木器涂料和腻子、溶剂型地坪涂料,应测定VOC和苯、甲苯+二甲苯+乙苯的含量,其相应限量要求应符合现行国家标准《木器涂料中有害物质限量》(GB 18581—2020)、《建筑用墙面涂料中有害物质限量》(GB 18582—2020)、《室内地坪涂料中有害物质限量》(GB 38468—2019)的规定。对于用酚醛防锈涂料、防水涂料、防火涂料及其他溶剂型涂料,应按其规定的最大稀释比例混合后,测定VOC和苯、甲苯+二甲苯+乙苯的含量,规范规定了其检测方法和相应限量值,对应的国家标准为《色漆和清漆 挥发性有机化合物(VOC)含量的测定 差值法》(GB/T 23985—2009)、《涂料中苯、甲苯、乙苯和二甲苯含量的测定 气相色谱法》(GB/T 23990—2009)。对于聚氨酯类涂料和木器用聚氨酯类腻子,应测定VOC和苯、甲苯+二甲苯+乙苯、游离二异氰酸酯(甲苯二异氰酸酯TDI+六亚甲基二异氰酸酯HDD)的含量,其相应限量要求应符合现行国家标准《木器涂料中有害物质限量》(GB 18581—2020)的规定。

(4)胶黏剂

民用建筑工程室内用水性胶黏剂应测定VOC和游离甲醛的含量,溶剂型胶黏剂、本体型胶黏剂应测定 VOC、苯、甲苯＋二甲苯、游离甲苯二异氰酸酯（TDI）的含量,相应限量值应符合国家标准《建筑胶黏剂有害物质限量》(GB 30982—2014)、《胶黏剂挥发性有机化合物限量》(GB 33372—2020)的规定。

（5）水性处理剂

民用建筑工程室内用水性处理剂包括水性阻燃剂（包括防火涂料）、防水剂、防腐剂、增强剂等,水性处理剂应测定游离甲醛的含量,规范规定了其检测方法和相应限量值,对应的国家标准为《水性涂料中甲醛含量的测定　乙酰丙酮分光光度法》(GB/T 23993—2009)。

（6）其他材料

民用建筑工程中室内用其他材料包括阻燃剂、防火涂料、水性建筑防水涂料、混凝土外加剂、粘合木结构材料、帷幕、软包、墙纸（布）、聚氯乙烯卷材地板、木塑制品地板、橡塑类铺地材料、地毯、地毯衬垫、壁纸胶、基膜的墙纸（布）胶黏剂等。阻燃剂、防火涂料、水性建筑防水涂料、混凝土外加剂应测定氨的释放量,混凝土外加剂、粘合木结构材料、帷幕、软包、墙纸（布）、地毯、地毯衬垫、壁纸胶、基膜的墙纸（布）胶黏剂应测定游离甲醛释放量,聚氯乙烯卷材地板、木塑制品地板、橡塑类铺地材料、地毯、地毯衬垫、壁纸胶、基膜的墙纸（布）胶黏剂应测定 VOC 释放量,壁纸胶、基膜的墙纸（布）胶黏剂还应测定苯＋甲苯＋乙苯＋二甲苯释放量,规范明确规定了相应检测方法和限量要求,对应的国家标准有《混凝土外加剂中释放氨的限量》(GB 18588—2001)、《建筑防火涂料有害物质限量及检测方法》(JG/T 415 −2013)、《混凝土外加剂中残留甲醛的限量》(GB 31040—2014)、《室内装饰装修材料　壁纸中有害物质限量》(GB 18585—2001)、《室内装饰装修材料　聚氯乙烯卷材地板中有害物质限量》(GB 18586—2001)、《建筑胶黏剂有害物质限量》(GB 30982—2014)、《胶黏剂挥发性有机化合物限量》(GB 33372—2020)。

8.1.3　室内装饰装修材料中有害物质的来源和危害

8.1.3.1　甲醛和氨

室内装饰装修材料中甲醛和氨的来源和危害在 3.1.1.3 节中已经详述,在此不再重复。

8.1.3.2　挥发性有机物（VOC）

挥发性有机物(Volatile Organic Compounds,VOC),包括碳氢化合物、有机卤化物、有机硫化物、羰基化合物、有机酸和有机过氧化物等。其定义有以下几种:①指任何能参加气相光化学反应的有机化合物;②一般压力条件下,沸点（或初馏点）低于或等于 250℃的任何有机化合物;③世界卫生组织(WHO)对总挥发性有机化合物(TVOC)的定义是:熔点低于室温、沸点范围为 50～260℃的挥发性有机化合物的总称。这几个含义有相通之处,一般认为 VOC 定义在一般压力条件下,沸点（或初馏点）低于或等于 250℃且参加气相光化学反应的有机物,不参加气相光化学反应的称之为免除化合物;而对室内空气中 VOC 定义为 TVOC,指一般压力条件下,沸点（或初馏点）低于 250℃的任何有机化合物。

（1）来源

涂料、粘合剂、地板、家具都会释放出一定量的 VOC,表 8.1 是用 GC-MS 分析有关装饰材料的 VOC 成分。

表 8.1 室内装饰装修材料中的挥发性有机物

材料或产品	释放出的主要有机化合物
腻子胶	丁酮、丙酸丁酯、2-丁氧基乙醇、丁醇、苯、甲苯
地板胶(水基)	壬烷、癸烷、十一碳烷、二甲基辛烷、2-甲基壬烷、二甲苯
刨花胶合板	甲醛、丙酮、乙醛、丙醇、丁酮、苯甲醛、苯
木着色剂	壬烷、烷、十一碳烷、甲基辛烷、二甲基壬烷、三甲基苯
乳胶涂料	2-丙醇、丁酮、乙基苯、丙苯、1,1-羟基双丁烷、丙脂丁酯、甲苯
家具亮漆	二甲基癸烷、二甲基己烷、三甲基乙烷、三甲基庚烷、乙基苯、1,8-萜二烯
聚氨酯地板抛光剂	壬烷、庚烷、十一碳烷、丁酮、乙基苯、二甲苯

(2)危害

VOC 的危害主要包括五个方面：嗅味不舒适(确定)；感觉性刺激(确定)；局部组织炎症反应(怀疑)；过敏反应(怀疑)；神经毒性作用(怀疑)。长期接触低浓度 VOC 会引起嗅味不舒服和感觉有刺激性,长期接触高浓度 VOC 可能会引起头晕、头痛、嗜睡、无力、胸闷等症状,严重时可损伤肝脏和造血系统等。

8.1.3.3 苯系物

(1)来源

室内苯系物是以苯环为主,苯环上氢被简单基团取代的一类化合物质,包括苯、甲苯、二甲苯等。苯系物能从煤焦油、石油中提取出来,可作为纺织、油墨、涂料及橡胶溶剂,在建筑装修材料及人造板家具、沙发中用作粘合剂、溶剂和添加剂。这些物质在使用中都会散发出苯,而装修中室内苯系物主要来源于溶剂型木器涂料,经检测在新装修后的居室内空气中苯系物的浓度可达到 $1000 \sim 2000 \mu g/m^3$,甚至更高。

(2)危害

苯、甲苯和二甲苯是以蒸气状态存在于空气中,中毒作用一般是由于吸入蒸气或皮肤吸收所致。苯属中等毒性物质,急性中毒主要对中枢神经系统有毒害,慢性中毒主要损害造血组织及神经系统。由于苯属芳香烃类,使人一时不易警觉其毒性。在短时间内吸入高浓度的甲苯、二甲苯时,人可出现中枢神经系统麻醉现象,轻者有头晕、头痛、恶心、胸闷、乏力、意识模糊,严重者可致昏迷以致呼吸循环衰竭而死亡。如果长期接触一定浓度的甲苯、二甲苯会引起慢性中毒,可出现头痛、失眠、精神萎靡、记忆力减退等神经衰弱症。甲苯、二甲苯对生殖功能亦有一定影响,并导致胎儿先天性缺陷,对皮肤和黏膜刺激性大,对神经系统损伤比苯强,长期接触有引起膀胱癌的可能。

8.1.3.4 甲苯二异氰酸酯(TDI)

TDI 是二异氰酸酯类化合物中毒性最大的一种,有特殊气味,挥发性大,不溶于水,易溶于丙酮、醋酸乙酯、甲苯等有机溶剂中。

（1）来源

TDI 是制备聚氨酯的主要单体，主要用于生产聚氨酯树脂和聚氨酯泡沫塑料，具有挥发性，所以一些新购置的含此类物质的家具、沙发、床垫、地板，会释放出 TDI。家装材料也会释放出 TDI，如一些用作墙面绝缘材料的含有聚氨酯的硬质板材；用于密封地板、卫生间等处的聚氨酯密封膏和含有聚氨酯的防水涂料。

（2）危害

TDI 的刺激性很强，特别是对呼吸道、眼睛、皮肤的刺激，是一种毒性很强的吸入性物质，可引起哮喘性气管炎或支气管哮喘。表现为眼睛刺激、眼结膜充血、视力模糊、喉咙干燥；长期低剂量接触时可引起肺功能下降，支气管炎、过敏性哮喘、肺炎、肺水肿，有时可能引起皮肤炎症。TDI 可会通过呼吸道进入人体，尽管浓度不高，但在人体中具有积聚性和潜伏性，故对人体有长期低剂量的危害。

8.1.3.5 重金属

重金属元素种类众多，通常出现在室内装饰装修材料中的重金属有铅、镉、汞、铬、砷、硒、锑等几种元素，而目前 10 项强制性标准中主要是对铅、铬、镉、汞四种元素提出了明确的限量要求。

（1）来源

室内环境中的重金属污染物主要来自涂料、壁纸、卷材地板等装饰装修材料。涂料中重金属主要来源于着色颜料，如红丹、铅铬黄、铅白等。此外，由于无机颜料通常是从天然矿物质中提炼，通过一系列化学物理反应制成的，因此难免夹带微量重金属杂质。对人体的影响主要是通过使用过程中干漆膜与人体长时间接触而误入口中、渗入皮肤等，如婴儿通过吮吸手指而摄入体内，对人体造成危害。

一般情况下，卷材地板中加入铅、镉等重金属盐类作为稳定剂，使用过程中随着磨损，铅和镉等重金属不断向表面迁移，在空气中与尘埃形成气溶胶，通过呼吸道侵入人体，对健康造成危害。

（2）危害

重金属对人体的危害是非常明显和巨大的，铅、镉、汞、铬、砷被称为重金属元素中的"五毒"，其中铅是重金属污染中毒性较大的一种，进入体内直接伤害人的脑细胞，特别是胎儿的神经板，可造成先天智力低下；对老年人造成痴呆、脑死亡等。镉可在人体中急性中毒而使人呕血、腹痛，甚至最后导致死亡；慢性中毒能使肾功能损伤，破坏骨骼，致使骨痛、骨质软化、瘫痪。汞食入后将沉入肝脏，对大脑视力神经破坏极大。天然水每升水中含 0.01mg，就会造成强烈中毒。含有微量汞的饮用水，长期食用会引起蓄积性中毒。总之，这些重金属中的任何一种一旦进入人体，很难通过代谢排出体外，在身体的某些器官累积达到一定程度，会造成头痛、头晕、失眠、健忘、神经错乱、关节疼痛、结石、癌症等。

综上所述，由于这些污染物对人体健康的巨大危害，所以必须对室内装饰装修材料中有害物质进行限量，从源头上加以严格控制，并对使用过程中的释放量进行严格监控。

8.2　室内装饰装修材料中有害物质的检测方法

不同成分的各种室内装饰装修材料中的各种有害物质的检测方法各不相同,涉及标准和方法众多,经整理简化见表8.2。

表8.2　室内装饰装修材料中有害物质的检测方法

标准编号	材料	有害物质	检测方法
GB 18580—2017	人造板及其制品	甲醛	乙酰丙酮分光光度法
GB 18581—2020	木器涂料	苯、TDI	气相色谱法
		甲苯和二甲苯	气相色谱法
		VOC	称重法
		重金属	原子吸收光谱法
GB 18582—2020	墙面涂料	甲醛	乙酰丙酮分光光度法
		VOC	气相色谱法
		重金属	原子吸收光谱法
GB 18583—2008	胶黏剂	甲醛	乙酰丙酮分光光度法
		苯、甲苯、二甲苯	气相色谱法
		卤代烃、TDI	气相色谱法
		VOC	称重法
GB 18584—2001	木家具	甲醛	乙酰丙酮分光光度法
		重金属	原子吸收光谱法
GB 18585—2001	壁纸	甲醛	乙酰丙酮分光光度法
		氯乙烯单体	气相色谱法
		重金属	原子吸收光谱法
GB 18586—2001	聚氯乙烯卷材地板	氯乙烯单体	气相色谱法
		挥发物	称重法
		重金属	原子吸收光谱法
GB 18587—2001	地毯、地毯衬垫及地毯胶黏剂	甲醛	乙酰丙酮分光光度法
		VOC	气相色谱法
GB 18588—2001	混凝土外加剂	氨	滴定法
GB 6566—2010	建筑材料	放射性核素	γ能谱分析法

表 8.2 所列的检测方法中,分光光度法测定甲醛和气相色谱法测定有机污染物,对于不同材料的检测方法略有差别,但原理和过程大致相同,本书前文已经叙述,在此不再重复。对于其他检测方法,同一方法检测不同材料时也大同小异,本书将以其中一种材料为例进行叙述,其他材料可参考借鉴,必要时可参考相关检测标准。

8.2.1　原子吸收光谱法测定材料中重金属

测定铅、铬、镉、汞四种重金属的方法很多,包括原子吸收光谱法、二硫腙比色法、中子活化法、电感耦合等离子体发射光谱法以及 X 射线荧光法等。其中目前使用最普遍、准确性好的检测方法是原子吸收光谱法,国家标准中也大多采用此方法。

8.2.1.1　原子吸收光谱仪的基本构造

原子吸收光谱法(Atomic Absorption Spectrometry,AAS),是分析化学领域中一种对元素定量分析极其重要的分析方法。其原理是:基态原子跃迁成为激发态原子,需要吸收一定频率的光,每一种元素在跃迁过程中所吸收的光的频率各不相同,故每一种元素都有其特征的吸收光谱线。呈气态的原子对由同类原子辐射出的特征光谱线具有吸收能力,这一现象称为原子吸收现象。从光源辐射出具有待测元素特征谱线的光,通过试样蒸气时被蒸气中待测元素基态原子所吸收,由辐射特征谱线光被减弱的程度来测定试样中待测元素的含量。

原子吸收光谱仪是利用原子吸收的原理,对微量元素进行定量分析的仪器,主要由光源、原子化系统、分光系统、检测系统和数据处理系统几个部分构成,如图 8.1 所示。

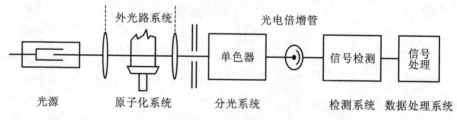

图 8.1　原子吸收光谱仪结构示意

其工作流程是:空心阴极灯(光源)辐射出具有待测元素特征谱线的光,同时试样进入原子化器,试样中待测元素的化合物在原子化器中被解离成基态原子,当光源辐射出的特征谱线光经过原子化器时,被基态的试样原子吸收,按朗伯-比尔定律,即吸光度 $A = \kappa c$,在一定条件下,被吸收的程度与基态原子浓度成正比,由此可以确定样品中待测元素的浓度。光路通过分光系统,单色器分离掉非特征谱线的光,将特征谱线光送到检测系统,检测器根据特征谱线光减弱的情况转变为电信号,经放大后再由数据处理系统产生读数,整个过程如图 8.2 所示。

由于工作过程中的定量关系采用了朗伯-比尔定律,所以原子吸收光谱仪又被称为原子吸收分光光度计。

原子吸收光谱仪通常根据原子化器的不同,可分为:火焰原子吸收、石墨炉原子吸收、石英炉原子吸收(俗称冷原子吸收)和阴极溅射原子吸收。

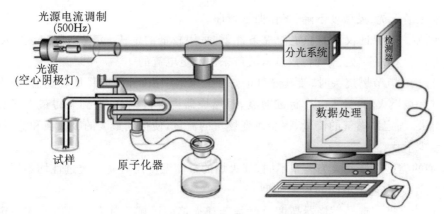

图 8.2　原子吸收光谱仪工作流程示意

8.2.1.2　原子吸收光谱法的特点和工作条件选择

（1）特点

原子吸收光谱法应用最为普遍的是火焰原子吸收,其特点有:

① 检出限低。火焰原子吸收光谱分析法的检出限约为 $1\mu g/mL$ 级。

② 选择性好。原子吸收光谱是元素的固有特征,这是其选择性好的根本原因。

③ 精密度高。原子吸收光谱的强度取决于自由基态原子的个数,受温度变化的影响很小,这是原子吸收光谱法的精密度比原子发射光谱法的精密度好的原因。

④ 抗干扰能力强。一般不存在共存元素的光谱重叠干扰,主要是化学干扰。

⑤ 应用范围广。可以测量绝大多数金属与准金属元素,还可以间接测量非金属元素。

⑥ 用样量少。火焰原子吸收光谱法的进样量为 $3\sim6mL/min$。

⑦ 单元素的定量分析。每次进样只能测量一个元素,这是其缺陷之一。

（2）工作条件的选择

以火焰原子吸收为例,原子吸收光谱法的灵敏度和结果的准确性取决于一些关键参数的设定,即仪器工作条件的选择,主要包括以下几点:

① 分析线。一个元素若有多条分析线,通常采用最灵敏线,但也要根据样品中被测元素的含量来选择。例如测定钴时,为了得到最高灵敏度,应使用 $240.7nm$ 谱线,但要得到较高精度,而且钴的含量较高时,最好使用较强的 $352.7nm$ 谱线。也要考虑干扰问题。如测定铷时,为了消除钾、钠的电离干扰,可用 $798.4nm$ 谱线代替 $780.0nm$ 谱线;测定铅时,为了克服短波区域的背景吸收和噪声,不使用 $217.0nm$ 灵敏线而用 $283.3nm$ 谱线。

② 光谱通带。它是指单色仪出口狭缝包含波长的范围。

$$\Delta\lambda = D \times S$$

式中　$\Delta\lambda$——通带;

　　　D——线色散率倒数;

　　　S——出口狭缝宽度。

选择的原则:在能将邻近分析线的其他谱线分开的情况下,应尽可能采用较宽的通带,可提高信噪比,对测定有利。对于有复杂谱线的元素来说,如铁、钴、镍等,要求选择较窄的通带,否则会带来光谱干扰、灵敏度下降、工作曲线弯曲。

③ 灯电流。在保证仪器的稳定前提条件下,采用较低的电流,可提高测定灵敏度和延长灯的使用寿命。对大多数元素而言,灯电流应采用额定电流的 $40\%\sim60\%$。

④ 对光。在调节燃烧头时,使其缝口正好在光束的中央,升高或降低燃烧器,使光束正好在缝口上方。点燃火焰,吸入一个标准溶液,对燃烧器再进行调节,直到获得最大吸收。吸入一个标准溶液,固定助燃气的流量,逐步改变燃气的流量,使得到最大的吸收值和稳定的火焰,也有利于减少干扰。

⑤ 火焰的类型选择。火焰类型不同,其火焰的最高温度及对光的透过性均不同。因此对测量不同的元素,应选用不同的火焰类型。

⑥ 燃烧器高度。选择燃烧器高度也就是选择火焰的区域。首先从灵敏度和稳定性来考虑选择适宜的高度;遇到干扰时,再改变其高度以设法避免干扰。若干扰仍然存在,应考虑采用其他消除干扰的方法。

8.2.1.3 原子吸收光谱法测定涂料中的重金属含量

本检测方法主要依据《涂料中可溶性有害元素含量的测定》(GB/T 23991—2009)进行。涂料中的重金属元素主要包括铅、铬、镉、汞四种,用 0.07mol/L 盐酸溶液处理制成的涂料干膜,用火焰原子吸收光谱法测定试样中可溶性铅、镉、铬元素的含量,用氢化物发生原子吸收光谱法测定试样中可溶性汞元素的含量。

(1) 主要仪器与试剂

① 火焰原子吸收光谱仪:配备铅、镉、铬空心阴极灯,可通入空气和乙炔的燃烧器。

② 氢化物发生原子吸收光谱仪:配备汞空心阴极灯,并能与氢化物发生器配套使用。

③ 盐酸溶液:0.07mol/L。

④ 硝酸溶液:1∶1(体积比)。

⑤ 铅、镉、铬、汞标准溶液:浓度为 100mg/L 或 1000mg/L。

(2) 仪器工作条件

仪器工作条件见表 8.3。

表 8.3　原子吸收光谱仪工作条件

元素	测试波长(nm)	原子化方法	背景校正
铅(Pb)	283.3	空气-乙炔火焰法	氘灯
镉(Cd)	228.8	空气-乙炔火焰法	氘灯
铬(Cr)	357.9	空气-乙炔火焰法	氘灯
汞(Hg)	253.7	氢化物法	—

注:实验时可根据所用仪器的性能选择合适的工作参数(如灯电流、狭缝宽度、空气乙炔比例、还原剂品种等),使仪器处于最佳测试状况。

(3) 涂膜的制备

按涂料产品规定的比例(稀释剂无须加入)混合各组分样品,搅拌均匀后,在玻璃板或聚四氯乙烯板(需用1∶1的硝酸溶液浸泡24h,然后用水清洗并干燥)上制备厚度适宜的涂膜。待完全干燥(自干漆若烘干,温度不得超过60℃),取下涂膜,在室温下用粉碎设备将其粉碎,并用不锈钢金属筛过筛后待处理。

(4)样品处理

取粉碎、过筛后的试样0.5g(精确至0.1mg)置于化学容器中,用移液管加入0.07mol/L盐酸25mL。在搅拌器上搅拌1min后,用酸度计测其酸度。如果pH值>1.5,用浓盐酸调节pH值在1.0～1.5。再在室温下连续搅拌1h,然后放置1h,接着立即用微孔滤膜过滤。过滤后的滤液应避光储存并应在一天内完成元素分析测试。

若滤液在进行元素分析测试前的保存时间超过1d,应用1mol/L的盐酸加以稳定。

(5)标准溶液的配制

选用合适的容量瓶和移液管,用盐酸溶液0.07mol/L逐级稀释铅、镉、铬、汞标准溶液,配制下列系列标准溶液(也可根据仪器及测试样品的情况确定标准溶液的浓度范围):

铅(mg/L):0.0,2.5,5,5.0,10.0,20.0,30.0 ;

镉(mg/L):0.0,0.1,0.2,0.5,1.0;

铬(mg/L):0.0,1.0,2.0,0.3.0,5.0;

汞(μg/L):0.0,10.0,20.0,30.0,40.0。

注:系列标准溶液应在使用的当天配制。

(6)测试

用火焰原子吸收光谱仪及氢化物发生原子吸收光谱仪分别测试标准溶液的吸光度,仪器会以吸光度值对应浓度自动绘制出工作曲线。

同时测试试验溶液的吸光度。根据工作曲线和试验溶液的吸光度,仪器自动给出试验溶液中待测元素的浓度值。如果试验溶液中被测元素的浓度超出工作曲线最高点,则应对试验溶液用盐酸溶液进行适当稀释后再测试。

如果两次测试结果(浓度值)的相对偏差大于10%。需按上述试验步骤重做。

(7)结果计算

试样中可溶性铅、镉、铬、汞元素的含量按下式计算

$$\omega = \frac{(\rho - \rho_0)V \times F}{m}$$

式中 ω——试样中可溶性铅、镉、铬、汞元素的含量(mg/kg);

ρ_0——空白溶液的测试浓度(mg/L);

ρ——测试溶液的测试浓度(mg/L);

V——盐酸溶液的定容体积(mL);

F——试验溶液的稀释倍数;

m——称取的试样质量(g)。

(8)结果的校正

由于本测试方法精确度的原因,在测试结果的基础上需经校正得出最终的分析结果。即

上式中的计算结果应减去该结果乘以表 8.4 中相应元素的分析校正系数的值,作为该元素最终的分析结果报出。

表 8.4　各元素分析校正系数

元素	铅(Pb)	镉(Cd)	铬(Cr)	汞(Hg)
分析校正系数(%)	30	30	30	50

示例:铅含量的计算结果为 120mg/kg,表 8.4 中铅的分析校正系数为 30%,则最终铅含量分析结果为 $120-120\times30\%=84mg/kg$。

8.2.2　不同采集方法测定材料中甲醛

对于装饰装修材料中的甲醛,含量测定一般是用酚试剂分光光度法或乙酰丙酮分光光度法(第 6 章已经详述,在此不再重复),但是甲醛的采集方法却有很多种。例如室内装饰装修材料中用量最大的人造板,由于其材质成分、制造工艺等不同,测定甲醛释放量时样品的采集方法就各不相同,即使对于同一种人造板来说,使用不同的样品采集方法,甲醛释放量的限量要求也相差甚远(表 8.5)。

表 8.5　人造板及其制品中甲醛释放量采集方法和限量要求

产品名称	采集方法	限量值	使用范围	限量等级[2]
中密度纤维板、高密度纤维板、刨花板、定向刨花板等	穿孔萃取法	≤9mg/100g	可直接用于室内	E₁
		≤30mg/100g	必须饰面处理后可允许用于室内	E₂
胶合板、装饰单板贴面胶合板、细木工板	干燥器法	≤1.5mg/L	可直接用于室内	E₁
		≤5.0mg/L	必须饰面处理后可允许用于室内	E₂
饰面人造板(包括浸渍纸层压木质板、实木复合地板、竹地板、浸渍胶膜纸饰面人造地板等)	气候箱法[1]	≤0.12mg/m³	可直接用于室内	E₁
	干燥器法	≤1.5mg/L		

注:① 仲裁时采用气候箱法,又称环境测试舱法。
　　② E₁ 为可直接用于室内的人造板,E₂ 为必须饰面处理后可允许用于室内的人造板。

另外,对于木家具、地毯、壁纸、涂料、胶黏剂等众多室内装饰装修材料来说,甲醛样品的采集方法也各不相同。目前比较常见的甲醛采集方法主要有干燥器法、穿孔萃取法、环境测试舱法、蒸馏法等。

8.2.2.1　干燥器法

本采集方法主要依据《人造板及饰面人造板理化性能试验方法》(GB/T 17657—2013)中干燥器法测定甲醛释放量的方法进行。

利用干燥器法测定甲醛释放量的基本原理是:将从材料表面释放出的甲醛,用定量的吸收液(水)吸收一定的时间,再测定吸收液中的甲醛浓度,此测试方法实际上是评价小型样本的甲醛释放潜力的过程。

干燥器法根据采集甲醛样品所使用的干燥器的容积不同又分为 10L 干燥器法和 40L 干燥器法两种。通过对干燥器法甲醛释放模型的分析,比较 10 L 与 40L 干燥器法测定值的关系,结果表明:对于同一种材料,在相同的试验条件下,40L 与 10 L 干燥器法甲醛测定值之间存在很好的一元线性关系,即在其他条件相同的情况下,干燥器的容积对甲醛测定值没有影响。

(1) 采集样品的器材和装置

① 干燥器:直径 240mm,容积 9~11L。

② 金属支架:不锈钢丝制成,如图 8.3(a)所示。

③ 结晶皿:直径 120mm,高度 60mm。

④ 胶带纸:不含甲醛的铝胶带纸。

⑤ 恒温试验环境(如空调房),温度(20±2)℃。

⑥ 采集装置:在干燥器底部放置盛有蒸馏水的结晶皿,在其上方固定的金属架上竖直平行放置试件,释放出的甲醛被蒸馏水充分吸收,如图 8.3(b)所示。

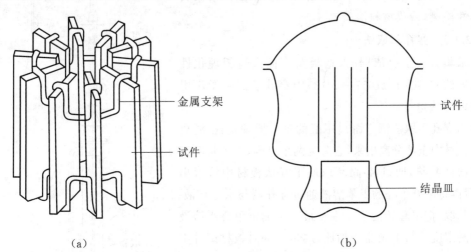

(a)   (b)

图 8.3 干燥器法采集甲醛的装置示意

(a)金属支架;(b)采集装置

(2) 样品采集过程

制备长(150±1)mm、宽(50±1)mm 的试件 10 块。在直径为 240mm、容积为 9~11L 的干燥器底部放置直径为 120mm、高度为 60mm 的结晶皿,在结晶皿内加入 300mL 蒸馏水。在干燥器上部放置金属支架,金属支架上固定试件,试件之间竖直平行、互不接触。测定装置在(20±2)℃下放置 24h,蒸馏水吸收从试件释放出的甲醛,此溶液作为待测液。

(3) 注意事项

① 试件制备完成后应及时进行甲醛采集试验,试件不宜在开放环境中长时间放置。若制

备的试件不能及时试验,应重新制备试件。

② 本采集方法对环境温度的变化非常敏感,采集过程中环境温度变化 1～2℃,吸收溶液的甲醛测定值就会相差很大,所以一定要在采集过程中控制好环境温度。

③ 干燥器在使用之前应该确保干燥洁净,对于内壁有水分的干燥器应该充分干燥后再使用。比较容易发生的错误是:上一次进行过采集试验的干燥器中仍然残留有含甲醛的空气,若没有充分排尽,会影响这一次采集的样品含量。

④ 试件预处理过程、结晶皿大小、吸收液体积以及试件的封边处理等因素都对测定结果影响较大,所以应严格按照相关方法要求进行样品采集。

(4) 本采集方法的特点

本采集方法适用于室内装饰装修用胶合板、装饰单板贴面胶合板、细木工板以及各种饰面人造板(包括浸渍纸层压木质地板、实木复合地板、竹地板、浸渍胶膜纸饰面人造板等)甲醛释放量的测定,而且还适用于木家具、壁纸等材料释放甲醛的采集,是目前甲醛释放量测定中使用最广泛、最受欢迎的采集方法。

优点:设备简单,操作便捷,测试时间短、实用性强,检测成本低,对实验人员身体没有毒害。

缺点:模拟性差,与真实使用情况相差较远。而且属于破坏性检测,造成材料浪费。

8.2.2.2 穿孔萃取法

本采集方法主要依据《人造板及饰面人造板理化性能试验方法》(GB/T 17657—2013)中穿孔法测定游离甲醛含量的方法进行。

利用穿孔萃取法测定游离甲醛的基本原理是:把游离甲醛从板材中全部分离出来,它分为两个过程,首先将溶剂甲苯与试件共热,通过液-固萃取使甲醛从板材中溶解出来,然后再将溶有甲醛的甲苯溶液通过穿孔器与水进行液-液穿孔萃取,把甲醛转溶于水中。最后再测定甲醛水溶液中的甲醛浓度。与干燥器法相比,这是一种对板材试件中游离甲醛采集比较完全的试验方法,板材中游离甲醛含量越高,则可能向周围环境释放的甲醛数量也越大。

(1) 采集样品的器材和试剂

① 穿孔萃取仪:如图 8.4 所示。

② 套式恒温箱:功率 300W,宜于加热 1000mL 圆底烧瓶,可调温度范围 50～200℃。

③ 甲苯:分析纯。

(2) 穿孔萃取仪的工作原理

通过锯切成小块状的试件与甲苯在烧瓶中共同加热

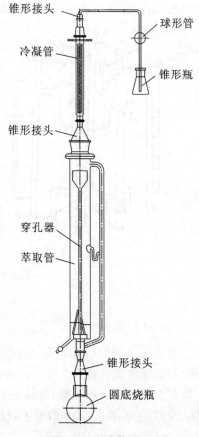

图 8.4 穿孔萃取仪

至沸腾(约110℃),甲醛和甲苯都是极性分子,因此甲醛被甲苯萃取后随着甲苯蒸气上升至烧瓶上部的穿孔器内。穿孔器内装有蒸馏水,甲苯被冷却成液体后通过穿孔板呈细小液滴状与蒸馏水充分混合。由于水分子的极性比甲苯分子的极性大,因此甲醛被转移到蒸馏水中,甲苯则重新回到下方的烧瓶内。如此连续萃取2h后,可以认为试件中几乎全部的游离甲醛已被采集至蒸馏水中,然后测定蒸馏水中甲醛总量。最后计算出每100g绝干人造板试件中萃取出的甲醛毫克数。

(3) 样品采集过程

① 制备长(20±1)mm、宽(20±1)mm 的试件。

② 关上萃取管底部的活塞,加入1000mL蒸馏水,同时加入100mL蒸馏水于有液封装置的锥形瓶中。

③ 倒600mL甲苯于圆底烧瓶中,并加入105~110g(精确至0.01 g)试件。

④ 将仪器按照图8.4所示安装妥当并固定在铁座上,保证每个接口紧密而不漏气,可涂上凡士林。

⑤ 开冷却水,然后进行加热,使甲苯沸腾开始回流,记下第一滴甲苯冷却下来的准确时间,继续回流2h。

⑥ 在萃取结束后,移开加热器,让仪器迅速冷却,此时锥形瓶中的液封水会通过冷凝管回流到萃取管中,起到了洗涤仪器上半部的作用。

⑦ 开启萃取管底部活塞,将甲醛吸收液全部转至2000mL容量瓶中,再加入两份200mL蒸馏水到锥形瓶中,并让它虹吸到萃取管中。合并转移到2000mL容量瓶中,定容待测。

(4) 注意事项

① 在萃取游离甲醛的同时,需将余下的试件在感量0.01g的天平上称取50g试件两份,测定其含水率[测定方法参考《人造板及饰面人造板理化性能试验方法》(GB/T 17657—2013)中相关内容]。计算游离甲醛含量时,从试件质量中扣除含水量,计算出每100g绝干人造板试件中的甲醛含量。

② 在回流萃取过程中,应调节加热器,使回流速度保持为每分钟约30mL,这样的目的是:一方面可以防止液封锥形瓶中的水虹吸回到萃取管中;另一方面可以使穿孔器中的甲苯液面保持一定高度,使冷凝下来的带有甲醛的甲苯从穿孔器的底部穿孔而出并溶入水中,因为甲苯相对密度小于1.0g/mL,浮在水面之上,并通过萃取管的小虹吸管返回到烧瓶中。

③ 回流时萃取管中液体温度不得超过40℃,若温度超过40℃,必须采取降温措施,以保证甲醛在水中的溶解。

④ 萃取管的水面不能超过标识的最高水位线,以免吸收甲醛的水溶液通过小虹吸管进入烧瓶。为了防止上述现象,可将萃取管中吸收液转移一部分至2000mL容量瓶,再向锥形瓶加入200ml蒸馏水,直到此系统中压力达到平衡。

⑤ 测定蒸馏水中甲醛含量时,当测定值大于或等于5mg/100g时,通常允许用碘量法;当测定值小于5mg/100g时,通常推荐使用分光光度法,以保证测定结果的精度。

(5) 本采集方法的特点

用穿孔萃取法可以准确测定板材单位面积和单位时间向周围环境可能释放的甲醛量,能够比较真实地采集试件中所有游离甲醛的含量,以此为社会各界提供了实用性较强的甲醛含量检测方法。这种试验方法主要针对中高密度纤维板、刨花板和定向刨花板。

优点:甲醛采集完全,试验时间短,测定结果受环境影响小。

缺点:需使用大量的甲苯,对环境污染大,而且对试验人员身体毒害较大。

8.2.2.3 环境测试舱法

本采集方法主要依据《室内装饰装修材料 人造板及其制品中甲醛释放限量》(GB 18580—2017)中的气候箱法进行,同时参考《民用建筑工程室内环境污染控制标准》(GB 50325—2020)附录 B、《人造板及饰面人造板理化性能试验方法》(GB/T 17657—2013)以及《室内装饰装修材料 地毯、地毯衬垫及地毯用胶黏剂中有害物质释放限量》(GB 18587—2001)附录 A 中的相关原理和方法。

环境测试舱法是模拟室内环境,试件在实际使用条件下,暴露在舱内持续一定时间后,采集舱内有害气体的样品采集方法。它能比较真实地评价产品向空气中释放甲醛的可能程度,并被作为一个重要的测试方法用于人造板生产厂家的产品质量控制。

环境测试舱(Environmental Test Chamber),又称为人工气候舱或气候箱,是进行室内装饰装修材料卫生学评价的基础设备之一。根据舱的体积大小,可分为大型舱、小型舱和微型舱,通常大型舱是指其体积在 10m³ 以上的气候舱,小型舱是指体积在几升至几立方米之间的气候舱,而微型舱的体积常以毫升计。最初,试验设计为需要可容人走得进的大舱体。然而,其占用空间大,造价昂贵,很多厂家难以接受。微型舱由于其舱内的空气流速和气体交换不能自由调节,模拟性较差,与真实环境相差较远,所以通常也不被认可。相比较而言,小型舱更易于在厂内使用而被认可,在欧洲,与此相当的试验表明大、小舱试验的结果相似。小型舱是国际上测量建筑材料和室内产品排出的有机物污染的推荐设备,我国的环境测试舱也主要以60L 和 1m³ 的小型舱为主。

利用环境测试舱法测定甲醛释放量的基本原理是:将 1m² 表面积的样品放入温度、相对湿度、空气流速和空气置换率控制在一定值的测试舱内。甲醛从样品中释放出来,与舱内空气混合,定期抽取箱内空气,将抽出的空气通过盛有蒸馏水的吸收瓶,空气中的甲醛全部溶入水中;测定吸收液中的甲醛量及抽取的空气体积,计算出每立方米空气中的甲醛量,以 mg/m³ 表示,抽气是周期性的,直到测试舱内的空气中甲醛浓度达到稳定状态为止。

(1) 采集样品的设备和器材

① 环境测试舱(1m³):包括密封舱、清洁空气发生装置、环境参数(气流量、温度和湿度)的自动测量和控制装置、标准发生和校准系统,如图 8.5 所示。

② 空气抽样系统:包括抽样管(如硅胶管)、100mL 吸收瓶 2 个、硅胶干燥器、气体抽样泵、气体流量计、气体计量表(配有温度计)。

③ 其他一些辅助器材:如试件支架、干燥器、玻璃器皿等。

(2) 环境测试舱的运行条件

① 温度:(23±1)℃;

② 相对湿度:(45±3)%;

③ 空气交换率:(1±0.05)次/h;

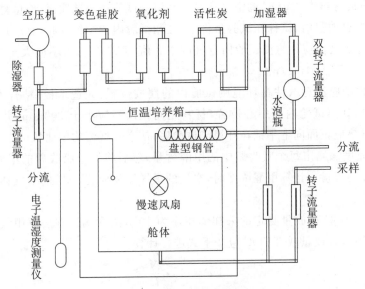

图 8.5 环境测试舱结构示意

④ 试件表面附近空气流速:0.1~0.3m/s;

⑤ 承载率(试件表面积与测试舱容积之比):人造木板、粘合木结构材料、壁布、帷幕 1.0m²/m³,地毯、地毯衬垫 0.4m²/m³。

(3) 样品采集过程

① 试件制备:试件表面积为 1m²[长(1000±2)mm、宽(500±2)mm 一块;或长(500±2)mm、宽(500±2)mm 两块,双面计],有带桦舌的凸出部分应去掉,四周用不含甲醛的铝胶带进行密封。

② 测试舱的准备:首先用碱性清洗剂清洗舱内壁,再用去离子水或蒸馏水擦洗两次,然后进行干燥净化。在试验条件下向舱内通入净化处理后的清洁空气,检测舱内空气本底水平,以保证本底的甲醛浓度低于分析方法的检出限。检查测试舱的气密性和各控制元件是否正常,并将参数调至测试的条件稳定 2h。

③ 释放:试件在测试舱的中心垂直放置,表面与空气流动方向平行。试件持续释放的时间至少为 10d,第七天开始抽取空气样品。

④ 采集:抽取空气时,先将空气抽样系统与测试舱的空气出口相连接,2 个吸收瓶中各加入 25mL 蒸馏水,开动抽气泵,抽气速度控制在 2L/min 左右,每次至少抽取 100L 空气。2 个吸收瓶中的吸收液即为待测样品。

⑤ 采样周期:甲醛释放量的测定每天 1 次,直至达到稳定状态。当测试次数超过 4 次,最后 2 次测定结果的差异小于 5%时,即认为已达到稳定状态,最后 2 次测定结果的平均值即为最终测定值。如果在 28d 内仍未达到稳定状态,则用第 28 天的测定值作为稳定状态时的甲醛释放量测定值。

(4) 注意事项

① 根据《民用建筑工程室内环境污染控制标准》(GB 50325—2020)附录 B 可知,环境测试

舱法也可用于采集材料中 TVOC 的空气样品。环境测试舱法测试地毯、地毯衬垫、壁布、帷幕的 TVOC 或甲醛释放量时,试件在试验条件下,在测试舱内持续释放时间应为 24h。

② 在试验开始之前应注意测试舱内空气的本底值,TVOC 含量不应大于 0.01mg/m³,游离甲醛含量不应大于 0.01mg/m³。

③ 释放过程中应注意试件在环境测试舱内的摆放位置:人造木板、粘合木结构材料、壁布、帷幕应垂直放在测试舱内的中心位置,材料之间距离不应小于 200mm,并与气流方向平行;地毯、地毯衬垫应正面向上平铺在环境测试舱底,使空气气流均匀地从试样表面通过。

④ 用分光光度法测定每个吸收瓶中的甲醛含量,然后将 2 个吸收瓶的甲醛量相加,即得空气样品中甲醛的总量。计算甲醛浓度时,空气的采样体积应将 23℃ 的空气体积换算成标准状态下的空气体积。

⑤ 材料中 TVOC 释放量测定的采样体积应为 10L,浓度测试方法使用气相色谱法。地毯、地毯衬垫的甲醛释放量或 TVOC 应按下式进行计算:

$$EF = C_s \cdot \frac{N}{L}$$

式中　EF——舱释放量[mg/(m² · h)];

　　　C_s——舱浓度(mg/m³);

　　　N——舱空气交换率(h⁻¹);

　　　L——承载率(m²/m³)。

(5) 环境测试舱法测定人造板材中甲醛释放量的意义

① 通过木质人造板材的甲醛释放量水平确定产品的等级,以确定其能否用于室内装饰。

② 提供不同木质人造板材的甲醛释放测试数据,以指导现场研究和辅助对建筑物室内空气质量的评价。通过对木质人造板材甲醛释放的研究,提出相应的防治室内高水平甲醛的对策。

③ 为厂家和建筑商提供有用的数据,评价其产品的甲醛释放量,开发控制其释放的措施或改良产品。

(6) 本采集方法的特点

环境测试舱法是目前三种测试板材甲醛释放量最通用的一种方法,主要针对饰面人造板材和地毯,也是唯一一种被采用为仲裁的样品采集方法。

优点:模拟性强,认可度高,在欧洲越来越多的国家使用环境测试舱法测定人造板中的甲醛释放量,进入美国市场的人造板必须使用环境测试舱法测定其甲醛释放量。

缺点:试验周期太长,设备比较昂贵,与其他方法相比,即使是小型舱的成本也是比较高的。

8.2.2.4　蒸馏法

本采集方法主要依据《水性涂料中甲醛含量的测定　乙酰丙酮分光光度法》(GB/T 23993—2009)进行,同时参考《室内装饰装修材料　胶黏剂中的有害物质限量》(GB 18583—2008)附录 A 中的相关原理和方法。

利用蒸馏法测定游离甲醛含量的基本原理是:将样品加入一定量的水中进行分散稀释(对

于溶剂型胶黏剂,可先用乙酸乙酯溶解稀释后,再加水溶解,取水层),将溶解于水中的游离甲醛随水蒸出,收集的馏分即为待测样品。

(1) 采集样品的器材和装置

① 圆底蒸馏瓶:100mL。

② 蛇形冷凝管:与蒸馏瓶配套。

③ 馏分接收器:50mL,具塞刻度管。

④ 水槽:直径120mm。

⑤ 加热设备:电加热套或万用电炉,功率1500～3000W。

⑥ 分析天平:精确至1mg。

⑦ 其他辅助材料:如玻璃珠、升降台、铁架台等。

由以上器材组装的蒸馏装置如图8.6所示。

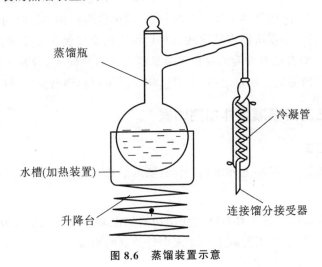

图 8.6 蒸馏装置示意

(2) 样品采集过程

称取搅拌均匀后的试样2g(精确至1mg),置于50mL容量瓶中,加水摇匀,稀释至刻度。再用移液管移取10mL容量瓶中的试样溶液,置于已预先加入10mL水的蒸馏瓶中,在馏分接收器中预先加入适量的水,浸没馏分出口,馏分接收器的外部用冰水浴冷却。加热蒸馏,使试样蒸至近干,取下馏分接收器,用水稀释至刻度,即为待测样品。

(3) 注意事项

① 若待测试样在水中不易分散,则直接称取搅拌均匀后的试样0.4g(精确至1mg),置于已预先加入20mL水的蒸馏瓶中,轻轻摇匀,再进行蒸馏过程操作。

② 在进行蒸馏操作之前,应检查装置的气密性,以防止甲醛蒸气逸失。

③ 蒸馏过程中若水浴加热较难蒸出馏分,可以换成油浴加热。

④ 馏分接收器中预先加入的水不宜过多,约10mL为宜,以防止蒸馏结束时馏分超过定容体积(50mL)。

⑤ 蒸馏结束时,撤去加热装置以后,应及时将馏分出口从吸收液中取出,以防止吸收液倒

吸入蒸馏瓶中。

（4）本采集方法的特点

本采集方法适用于内墙涂料、胶黏剂中游离甲醛含量的测定，过程直接简单。

优点：设备简单、低廉，操作简便，试验时间短，对环境友好。

缺点：适用范围小，只适合涂料、胶黏剂等液态装饰装修材料中游离甲醛的采集。

综上所述，以上四种室内装饰装修材料中甲醛的采集方法各有优点和不足，可以根据不同材料选择合适的试验方法。穿孔萃取法的检验结果仅表示被检测样品中含游离甲醛量的实际多少，不能直接反映对环境污染的真实情况。而环境测试舱法的检验结果虽然比较接近于实际的空气中的甲醛浓度，但其不足之处在于测试周期较长，不能适应快节奏的市场变化和进出口货物的通关要求，而且检验成本高，操作复杂。干燥器法的检测结果则在一定程度上反映了被测样品向周围环境释放甲醛的可能性，适合甲醛释放量比较少的产品检测。如酚醛泡沫夹芯板是一种饰面人造板，泡体基本上处于密封状态，故单位面积和单位时间内向周围环境可释放的甲醛量较少，采用干燥器法能直接反映对环境污染的真实情况。干燥器法分 40L 干燥器法与 10L 干燥器法。前者已被检测低释放甲醛量的木地板所使用，后者常检测胶合板等高释放甲醛量的产品。蒸馏法虽然简单易行，但只适用于液体材料中游离甲醛的测定。

8.2.3 滴定法测定混凝土外加剂中氨

8.2.3.1 方法概况

本检测方法主要依据《混凝土外加剂中释放氨的限量》(GB 18588—2001)附录 A 中进行。

（1）适用范围

本检测方法不仅适用于各类具有室内使用功能的混凝土外加剂中释放氨的测定，也适用于桥梁、公路及其他室外工程用混凝土外加剂中释放氨的测定。

（2）测定原理

从碱性溶液中蒸馏出氨，用过量硫酸标准溶液吸收，以甲基红-亚甲基蓝混合指示剂为指示剂，用氢氧化钠标准滴定溶液滴定过量的硫酸。

8.2.3.2 主要的设备和试剂

（1）分析天平：精度 0.001g。

（2）玻璃蒸馏器：500mL。

（3）碱式滴定管：50mL。

（4）电炉：1000W。

（5）量筒、移液管、烧杯等常规玻璃仪器。

（6）pH 试纸：广泛(1~14)。

（7）盐酸：1+1 溶液。

（8）氢氧化钠：分析纯。

（9）硫酸标准溶液：$c(1/2H_2SO_4) = 0.1mol/L$。

（10）氢氧化钠标准滴定溶液：$c(NaOH) = 0.1mol/L$。

（11）甲基红-亚甲基蓝混合指示剂：50mL 甲基红乙醇溶液（2g/L）和 50mL 亚甲基蓝乙醇溶液（1g/L）混合。

8.2.3.3　检测过程

（1）试样处理

固体试样需在干燥器中放置 24h 后测定，液体试样可直接称量。将试样搅拌均匀，分别称取两份各约 5g 的试料，精确至 0.001g，放入两个 300mL 烧杯中，加水溶解，不同试料按以下方式进行：

可水溶的试料：在盛有试料的 300mL 烧杯中加入水，移入 500mL 玻璃器蒸馏器中，控制总体积 200mL，备蒸馏。

含有可能保留有氨的水不溶物的试料：在盛有试料的 300mL 烧杯中加入 20mL 水和 10mL 盐酸溶液，搅拌均匀，放置 20min 后过滤，收集滤液至 500mL 玻璃蒸馏器中，控制总体积 200mL，备蒸馏。

（2）蒸馏

在备蒸馏的溶液中加入数粒氢氧化钠，以广泛 pH 值试纸实验，调整溶液 pH＞12，加入几粒防爆玻璃珠。

准确移取 20mL 硫酸标准溶液于 250mL 量筒中，加入 3～4 滴混合指示剂，将蒸馏器馏出液出口玻璃管插入量筒底部硫酸溶液中。

检查蒸馏器连接无误并确保密封后，加热蒸馏。收集蒸馏液达 180mL 后停止加热，卸下蒸馏瓶，用水冲洗冷凝管，并将洗涤液收集在量筒中。

（3）滴定

将量筒中的溶液移入 300mL 烧杯中，洗涤量筒，将洗涤液并入烧杯。用氢氧化钠标准滴定溶液回滴过量的硫酸标准溶液，直至指示剂由亮紫色变灰绿色，消耗氢氧化钠标准滴定溶液的体积为 V_1。

（4）空白试验

在测定的同时，按同样的分析步骤、试剂和用量，不加试料进行平行操作，测定空白试验氢氧化钠标准滴定溶液消耗体积 V_2。

8.2.3.4　结果计算

混凝土外加剂试样中的释放氨的量，以氨（NH_3）质量分数表示，按下式计算

$$X_{氨} = \frac{(V_2 - V_1)c \times 0.01703}{m} \times 100\%$$

式中　$X_{氨}$——混凝土外加剂中释放氨的量（%）；

c——氢氧化钠标准溶液的准确浓度（mol/L）；

V_1——滴定试样溶液消耗氢氧化钠标准溶液的体积（mL）；

V_2——空白试验消耗氢氧化钠标准溶液的体积（mL）；

m——试料的质量（g）；

0.01703——与 1.00mL 氢氧化钠标准溶液[c(NaOH)=1.000mol/L]相当的氨的质量。

取两次平行测定结果的算术平均值为测定结果,两次平行测定结果的绝对差值大于0.01%时,需要重新测定。

 思 考 题

1. 室内装饰装修材料中有害物质有哪些?
2. 简述室内装饰装修材料中有害物质的来源及危害。

附录 1

民用建筑工程无机非金属建筑主体材料、装饰装修材料环境污染物检测项目及限量表

材料种类	名称	检测项目及要求								备注
		游离甲醛限量(mg/kg)	游离甲醛释放限量	VOC限量	VOC释放限量	苯限量	甲苯+二甲苯+乙苯限量	TDI	氨释放量	
水性涂料	室内用水性涂料	≤100	—	—	—	—	—	—	—	
	水性腻子	≤100	—	—	—	—	—	—	—	
溶剂型涂料	酚醛防锈涂料	—	—	≤270g/L	—	≤0.3%	—	—	—	
	防水涂料	—	—	≤750g/L	—	≤0.2%	≤40%	—	—	
	防火涂料	—	—	≤500g/L	—	≤0.1%	≤10%	—	—	
	其他溶剂型涂料	—	—	≤600g/L	—	≤0.3%	≤30%	—	—	
墙纸(布)	无纺壁纸	≤120	—	—	—	—	—	—	—	
	纺织面墙纸(布)	≤60	—	—	—	—	—	—	—	
	其他墙纸(布)	≤120	—	—	—	—	—	—	—	
聚氯乙烯卷材地板(发泡类)	玻璃纤维基材	—	—	≤75g/m³	—	—	—	—	—	
	其他基材	—	—	≤35g/m³	—	—	—	—	—	
聚氯乙烯卷材地板(非发泡类)	玻璃纤维基材	—	—	≤40g/m³	—	—	—	—	—	
	其他基材	—	—	≤10g/m³	—	—	—	—	—	
木塑制品地板	基材发泡	—	—	≤75g/m³	—	—	—	—	—	
	基材不发泡	—	—	≤40g/m³	—	—	—	—	—	
橡塑类铺地材料		—	—	≤50g/m³	—	—	—	—	—	
地毯、地毯衬垫	地毯	—	≤0.050 (mg/m²·h)	—	≤0.500 (mg/m²·h)	—	—	—	—	
	地毯衬垫	—	≤0.050 (mg/m²·h)	—	≤1.000 (mg/m²·h)	—	—	—	—	
墙纸(布)胶黏剂	壁纸胶	≤100	—	≤350g/L	—	≤10g/kg	≤10g/kg	—	—	
	基膜	≤100	—	≤120g/L	—	≤0.3g/kg	≤0.3g/kg	—	—	

参考文献

［1］ 中华人民共和国住房和城乡建设部,国家市场监督管理总局.民用建筑工程室内环境污染控制标准:GB 50325—2020[S].北京:中国计划出版社,2020.

［2］ 李新.室内环境与检测[M].北京:化学工业出版社,2006.

［3］ 贵州省建设工程质量检测协会.民用建筑工程室内环境污染检测[M].北京:中国建筑工业出版社,2018.

［4］ 王英健.室内环境检测[M].2 版.北京:中国劳动社会保障出版社,2019.